KB116014

계획 임신부터 임신 초기, 중기, 후기, 출산까지

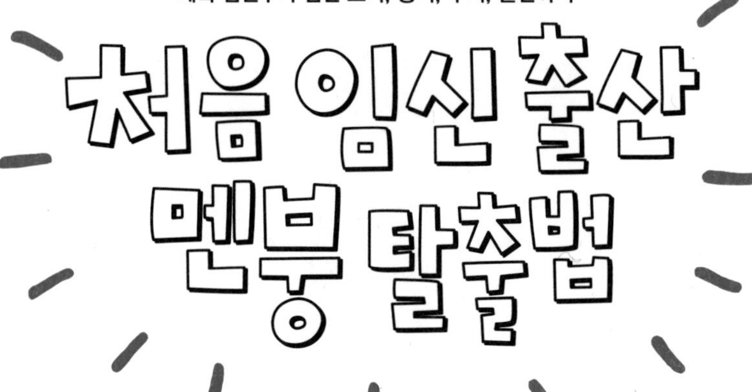

| 일러두기 |

이 책의 정보는 개정판 발행일인 2023년 11월을 기준으로 합니다.

계획 임신부터 임신 초기, 중기, 후기, 출산까지

처음 임신 출산 멘붕 탈출법

서울의료원 산부인과 **황인철**

머리글

처음 임신·출산을 경험하는 예비 엄마의 궁금증이 사이다처럼 뻥 뚫리길 바랍니다

아기 받는 남자.
남자 산부인과 의사에게 두는 거리감을 넘어 여성들에게 따뜻한 남자의사로 다가가기 위해 만든 이 닉네임도 이제 20년이 넘어갑니다. 병원에서 아픈 사람보다는 희망을 보기 위해, 희망 없는 삶보다는 태어나는 생명의 기쁨을 함께 나누기 위해 선택한 이 직업은 지금도 제게 너무나 소중합니다. 이런 선택을 한 자신에게 늘 감사하게 생각합니다.

산부인과 진료실의 풍경은 일반 진료실과 다릅니다. 긴장보다는 웃음이, 아픔보다는 기쁨이, 치료의 고통보다는 초음파에서 뛰는 태아의 역동적인 심장소리가 울려 퍼지는 희망을 담은 공간이죠. 이곳에서 저는 그동안 환자의 질문에 귀 기울이고, 하나라도 더 알려드리고, 한마디라도 더 따뜻하게 전해드리려고 노력했습니다. 하지만 역시 산부인과 진료실은 많은 환자에게 두려움과 민망함이 함께하는 곳임은 부정할 수 없습니다.
평소 궁금한 점이 너무 많았을 테지만 진료실에 들어오면 질문거리가 하얗게 잊혀 머뭇거리고, 어린아이와 함께 진료실을 방문한 경우에는 아이의 분주함에 혼이 쏙 빠진 채 진료실 문을 후다닥 닫고 가는 분도 많습니다. '아, 궁금한 건 이따 인터넷에서 찾아봐야지.' 하고 컴퓨터 앞에 앉아 답을 찾다보면 궁금함은 점차 두려움으로 바뀌기 일쑤입니다. 그 수많은 Q&A에는 정작 내 궁금증에 대한 답이 없고, '이거다.' 싶었던 답은 허무하게도 상품 광고나 병원 홍보에 대한 내용으로 이어집니다. 같은 경험을 한 인생 선배들이 만든 카페를 노크해 봐도 잘못된 답이 너무 많아 결국 불안감만 늘어납니다. 산부인과라는 특성 때문에 차마 의사에게 묻지 못한 조심스럽고 개인적인 질문에 대한 답은 어느덧 미궁에 빠지지요.

병원에 근무하면서 마지막 주 수요일마다 수다방이라는 산모교실을 운영해 왔습니다. 음식을 직접 만들어 환자와 의사의 관계가 아닌 동네 이웃 주민처럼 만난 산모교실은 너무나 화기애애해서 그동안 못했던 질문들이 시간이 모자랄 정도로 쏟아졌습니다. 이런 산모교실을 이 책에 담아내고자 합니다. 많은 여성들이 그간 진료실에서 해결하지 못했던 궁금증을 하나하나 풀어나가며 사이다처럼 뻥 뚫리는 청량감을 선물해 드리려고 합니다.
여러분에게 조금 더 가까이 가려는 저의 프로젝트가 이제 완성이 되어가네요. 21년간 산과 전문의로서의 쌓은 경험과 마음으로 터득한 지식을 바탕으로 최대한 쉽게 궁금증을 풀어내려고 노력했습니다. 이 책이 나오기까지 많은 조언을 해준 서울의료원 가임클리닉 및 산부인과 김민정, 연명진, 이현주 과장님과 항상 옆에서 잔소리로 나의 부족함을 채워준 사랑하는 아내에게 이 책을 바칩니다.

서울의료원 산부인과 주임과장 황인철

차례

머리글 처음 임신·출산을 경험하는 예비 엄마의 궁금증이 사이다처럼 뻥 뚫리길 바랍니다 **4**

chapter 1

임신도 준비가 필요하다고요? 임신 준비 멘붕 탈출법

Doctor's Message 선물과도 같은 임신, 준비할수록 행복해집니다 **14** /
선배아빠 메시지 아내와 함께 임신을 준비했어요 **16** / 임신 준비 체크포인트 **18** /
임신 전에 받아야 하는 검사의 종류 **19** / 선배맘이 추천하는 임신 준비 강추 영양제 **20** /
선배맘이 알려주는 슬기로운 계획 임신 **21** / 선배맘이 알려주는 난임부부 지원 제도 **22**

Q1 임신 전 꼭 해야 하는 예방 접종에 대해 자세히 알고 싶어요 **24**
Q2 임신 전 검사는 무엇을 확인하려는 건가요? **26**
Q3 배란일 측정 방법을 알고 싶어요 **28**
Q4 생리 예정일이 지나도 생리가 없는데, 임신일까요? **29**
Q5 계획 임신을 하려는데 식생활에 주의할 점은 무엇인가요? **30**
Q6 계획 임신을 할 때 남편이 주의해야 할 점은 무엇일까요? **31**
Q7 과체중인데 체중 조절을 꼭 해야 할까요? **32**
Q8 임신하기 좋은 체위가 따로 있을까요? **33**
Q9 임신을 돕는 운동은 어떤 것이 있을까요? **34**
Q10 대학 병원과 동네 산부인과 중 어디로 가야 할까요? **35**
Q11 38세에 임신 계획 중입니다. 이미 고령인데 바로 시험관 시술을 해야 할까요? **36**
Q12 임신부의 나이가 많으면 어떤 위험이 있나요? **37**
Q13 임신 준비한 지 꽤 지났는데 임신이 안 돼요. 난임일까요? **38**
Q14 난임의 주요 원인은 무엇인가요? **39**
Q15 난임 클리닉에서는 어떤 검사가 진행되나요? **40**
Q16 항뮬러관 호르몬 검사는 무엇을 알아보는 검사인가요? **42**
Q17 정액 검사에서 남편의 정자 수가 평균보다 적다는데 자연임신이 어려울까요? **43**
Q18 난임 클리닉에서 받는 시술은 어떤 것들이 있나요? **44**
Q19 난임 치료를 할 때 남편은 어떤 준비를 해야 하나요? **46**
예비 아빠 몸 만들기 십계명 **47**
SOS 임신 준비 **만성 질환이 있다면 어떻게 임신을 준비해야 할까?** **48**

chapter 2

혹시나 잘못될까 봐 매 순간 불안해요! 임신 초기 멘붕 탈출법

Doctor's Message 축하합니다! 임신입니다! 52 / **선배아빠 메시지** 드디어 우리에게 아기가 찾아왔어요! 54 / 임신 초기 체크포인트 56 / 임신 초기에 받아야 하는 검사의 종류 60 / 선배맘이 추천하는 임신 관련 앱 61 / 선배맘이 알려주는 국민행복카드 혜택 62 / 선배맘이 알려주는 임신 의료 지원 혜택 64 / 선배맘이 알려주는 출산 휴가 분할 제도 65 / 선배맘이 알려주는 슬기로운 임신 생활 66

Q1 임신 진단 테스트기에 흐리게 두 줄이 나왔는데 임신이 맞을까요? 68
Q2 임신 진단 테스트기에서 흐리게 양성으로 나오다가 일주일 뒤에 음성으로 나왔어요 69
Q3 임신 진단 테스트기 결과가 음성인데 그 결과를 100% 믿을 수 있나요? 70
Q4 임신 주수와 분만 예정일은 어떻게 계산하는 걸까요? 71
Q5 아기집이 잘 보이지 않는데 복통이 있어요. 초음파 검사가 필요할까요? 72
Q6 질 초음파에 대한 두려움이 있습니다. 어떻게 검사를 하는 건가요? 73
Q7 임신 10주인데 어제부터 갈색 피가 휴지에 묻어 나올 정도로 보입니다. 괜찮을까요? 74
Q8 배가 심하게 아프면 자궁외임신을 의심하던데 그게 무엇인가요? 76
Q9 임신 진단을 받고 집에 온 후로 계속 배가 콕콕 쑤셔요. 괜찮을까요? 77
Q10 임신 초기 검사에서 풍진 항체가 없다고 하는데 어떻게 해야 할까요? 78
Q11 임신 초기 검사에서 이상이 발견되면 어떻게 해야 할까요? 79
Q12 입덧이 심해서 피까지 토했어요. 목이 아프고 속이 많이 쓰린데 괜찮을까요? 80
Q13 직장 생활 중 입덧이 너무 심해서 힘든데 어떻게 해야 하나요? 82
입덧 탈출 십계명 83
Q14 임신으로 진단받기 일주일 전에 약물을 복용했습니다. 괜찮을까요? 84
Q15 임신 중 약물 복용은 어떻게 해야 할까요? 86
Q16 임신 중 먹을 수 있는 약과 먹을 수 없는 약에 대한 기준이 따로 있나요? 87
Q17 일반 의약품 중 임신 중 사용할 수 있는 것은 무엇이 있나요? 88
Q18 임신 초기에는 엽산을 먹으라고 하던데 어떻게 섭취하는 것이 좋을까요? 90
Q19 종합 비타민을 선물로 받았는데 이것만 먹어도 영양소 섭취가 충분할까요? 91
Q20 산전 검사에서 비타민 D의 농도가 낮게 나왔는데 보충제를 얼마나 먹어야 할까요? 92
Q21 신종 플루가 의심된다고 하는데 타미플루를 복용해도 될까요? 93
Q22 목감기가 심하고 열이 높은데 어떻게 해야 할까요? 94
Q23 엑스레이 검사가 태아에게 해롭지 않을까요? 95
Q24 쌍둥이 임신은 정말 위험한가요? 96
Q25 쌍둥이를 임신했다고 합니다. 무엇을 조심해야 할까요? 97
Q26 쌍둥이에 대한 지원 혜택이 있을까요? 98
Q27 쌍둥이 중 한 아이를 계류유산으로 잃었습니다. 남은 한 아이는 괜찮을까요? 99
Q28 임신을 한 이후로 묽고 희끄무레한 냉이 늘었습니다. 치료를 해야 하나요? 100

Q29 난소에 큰 혹이 생겼다는데 어떡하죠? 101
Q30 기형아 검사를 할 예정입니다. 어떤 검사를 어떻게 하나요? 102
Q31 인터그레이티드검사에서 신경관 결손 위험도가 증가했다고 하는데 무슨 뜻일까요? 103
기형아 검사, 이것이 궁금하다 104
Q32 커피가 정말 마시고 싶어요. 딱 한 잔도 안 될까요? 108
Q33 커피 대신 허브티나 녹차는 마셔도 괜찮을까요? 109
Q34 임신 중에 인스턴트 음식과 탄산음료를 먹어도 괜찮을까요? 110
음식물 섭취 십계명 111
Q35 8년간 흡연을 하다가 임신을 했습니다. 괜찮을까요? 112
Q36 임신 확진 전에 술을 마셨는데 어쩌죠? 113
Q37 잠을 자다 배가 고파서 항상 한 번씩 깨게 됩니다. 좋은 방법이 없을까요? 114
Q38 임신 중에는 왼쪽 옆으로 누워 자는 것이 좋다는데 꼭 옆으로 누워 자야 하나요? 115
Q39 평소 잠이 많은 편이 아닌데 임신을 하고부터 낮잠이 쏟아집니다. 왜 그런 걸까요? 116
Q40 임신 초기 운동은 어떻게 해야 할까요? 117
Q41 예비 아빠입니다. 어떻게 아내를 도와줘야 할지 모르겠습니다 118
예비 아빠 십계명 119
SOS 임신 초기 아기가 왜 유산된 걸까요? 120

chapter 3

아기가 자라면서 몸이 무겁고 불편해요! 임신 중기 멘붕 탈출법

Doctor's Message 이제 제법 아기의 모습을 갖춰갑니다 126 / 선배아빠 메시지 아내의 임신을 함께해 주세요 128 / 임신 중기 체크포인트 130 / 임신 중기에 받아야 하는 검사의 종류 133 / 선배맘이 추천하는 임신 중기 강추 아이템 134 / 선배맘이 알려주는 슬기로운 임신 생활 135

Q1 임신 중 적절한 몸무게의 증가를 알려주세요 136
Q2 태동이 주수마다 다르게 느껴진다고 하는데, 어떻게 느껴지는지 궁금합니다 137
Q3 꼭 잠잘 때만 태동이 심해집니다. 내가 잠이 들면 태아도 잠드는 거 아닌가요? 138
Q4 태동이 갑자기 줄어들면 태아가 위험할 수 있다던데 병원에 빨리 가봐야 하나요? 139
Q5 입체 초음파가 태아에게 안 좋다는 말이 있는데, 괜찮을까요? 140
Q6 정밀 초음파로 태아의 기형을 어느 정도 찾아낼 수 있나요? 141
Q7 정밀 초음파에서 아이의 손가락이 여섯 개라는데 수술만 하면 괜찮은 건가요? 142
Q8 아이가 구순열이라는데 수술하면 괜찮을까요? 143
Q9 임신성 당뇨 검사에서 당 수치가 높게 나왔습니다. 임신성 당뇨는 무엇인가요? 144
임신성 당뇨의 식생활 십계명 145
Q10 임신성 당뇨로 인슐린 치료 중인데 혈당은 어느 정도로 유지해야 하나요? 146

Q11 임신을 하니 더위를 심하게 타는데 몸에 이상이 있는 걸까요? 147
Q12 임신 후 기미가 더 뚜렷해지고 있어서 신경이 쓰여요 148
Q13 임신한 이후로 여드름이 계속 생깁니다. 여드름 치료가 가능할까요? 149
Q14 임신 중 헤어펌이나 네일아트를 해도 될까요? 150
Q15 임신 중기부터 자다가 깰 정도로 복부 주변이 가려워요. 어떻게 해야 할까요? 151
Q16 임신해서 배가 나오니 살이 트기 시작했어요. 나중에 없어질까요? 152
Q17 왜 임신 중에는 잇몸이 잘 붓고 피가 날까요? 154
Q18 임신 중인데 며칠 전부터 귀에서 '쉭쉭' 소리가 들립니다. 왜 그런 걸까요? 155
Q19 임신 후에 코막힘이 심해졌습니다. 어떤 치료를 받아야 하나요? 156
Q20 임신 후에 코피가 자주 납니다. 병원에 가봐야 할까요? 157
Q21 임신 후에 시력이 많이 나빠졌습니다. 임신이 시력에도 영향을 미치나요? 158
Q22 임신하고부터 머리가 너무 아픕니다. 왜 그럴까요? 159
Q23 생활용품에서 납 성분이 검출되었다는 기사가 나와서 걱정입니다 160
Q24 전자 기기에서 발생하는 전자파가 태아에게도 해로울까요? 161
Q25 플라스틱 용기를 사용하면 태아에게 안 좋다고 하는데 왜 그런가요? 162
Q26 미세먼지나 황사가 태아에게 미치는 영향이 없을까요? 163
Q27 임신 중 반려동물을 키울 때 주의할 점은 무엇이 있나요? 164
Q28 고양이 기생충이 임신부에게 위험하다고 하던데 고양이를 키워도 될까요? 165
Q29 임신 중 빈혈이 걱정입니다. 빈혈에 좋은 음식은 어떤 것들이 있나요? 166
Q30 임신 후 몸이 힘들다보니 때론 우울해집니다. 어떻게 해야 할까요? 167
Q31 우울증에 좋은 음식이 있다고 하던데 어떤 음식이 좋은가요? 168
임신 중 우울증 극복 십계명 169
Q32 임신 후 살이 너무 쪄서 운동을 시작하려 합니다. 무엇을 주의해야 할까요? 170
임신 중기 하체 근력 강화 요가 171
Q33 골반이 아파서 너무 괴롭습니다. 왜 그런 걸까요? 172
Q34 임신 중 손발이 심하게 부어 힘든데 좋아질 방법은 없을까요? 173
부종을 좋아지게 하는 방법 174
Q35 하지정맥류라고 하는데 치료해야 하나요? 176
Q36 허리가 아픈데 파스를 사용해도 괜찮을까요? 177
요통을 좋아지게 하는 방법 178
SOS 임신 중기 조기 양막 파수, 어떻게 대처하나요? 180

chapter 4

갑자기 아기가 나올까 봐 불안해요! 임신 후기 멘붕 탈출법

Doctor's Message 분만을 앞두고 지치고 힘든 당신에게 184 / 선배아빠 메시지 두근두근, 드디어 아기를 만날 준비를 해요 186 / 임신 후기 체크포인트 188 / 임신 후기에 받아야 하는 검사의 종류 191 / 선배맘이 추천하는 임신 후기 강추 아이템 192 / 선배맘이 추천하는 출산 강추 아이템 193 / 선배맘이 알려주는 슬기로운 출산 준비 194 / 출산 가방 체크리스트 198 / 출생신고 199

Q1 배가 딱딱하게 뭉치면서 너무 아파요. 조기 진통일까요? 200
Q2 배가 자꾸 뭉치는데 진진통인지 가진통인지 잘 모르겠어요. 어떻게 구별하나요? 201
Q3 자궁경부 길이가 짧다고 합니다. 자궁경부 길이와 조산은 어떤 관계가 있나요? 202
Q4 자궁경관 무력증으로 진단받으면 어떤 조치를 받게 되나요? 203
Q5 조기 진통의 원인은 무엇인가요? 어떻게 알 수 있는지도 궁금합니다 204
Q6 첫아이를 조기 진통으로 조산했습니다. 둘째를 또 조산할까 봐 걱정됩니다 205
Q7 조기 진통으로 입원하면 폐 성숙 주사를 맞는다고 하던데요? 206
Q8 이른둥이로 태어날 경우 어떤 위험이 있을까요? 207
Q9 진통 억제제를 투여 중입니다. 심장이 두근거리는데 괜찮을까요? 208
Q10 태아가 거꾸로 있다고 합니다. 역아면 자연분만이 어려울까요? 209
Q11 역아를 돌리는 고양이 체조는 위험하지 않나요? 어떻게 하는 건가요? 210
역아를 돌리는 자세 211
Q12 역아라 수술을 해야 한다고 합니다. 정말 자연분만이 어려울까요? 212
Q13 쌍둥이를 자연분만하고 싶은데 병원에선 제왕절개를 권합니다 213
Q14 태반 조기 박리로 조산한 경우를 봤는데 태반 조기 박리는 무엇인가요? 214
Q15 임신 33주의 임신부입니다. 태반이 낮다고 하는데 전치태반일까요? 215
Q16 전치태반으로 대량 출혈이 예상되면 자궁을 제거해야 한다는 게 사실인가요? 216
Q17 규칙적으로 배가 뭉치더니 이슬처럼 피가 비쳤습니다. 바로 분만하는 건가요? 217
Q18 임신 34주에 들어서면서 손발의 부기가 심해졌습니다. 임신중독증이 아닐까요? 218
Q19 임신중독증은 임신에 어떤 영향을 미치나요? 220
Q20 임신 34주에 임신중독증으로 제왕절개를 권유받았어요 221
Q21 임신 중 자다가 갑자기 다리가 저리면서 화끈거려 깨곤 합니다. 왜 그런 걸까요? 222
임신 후기 순산을 위한 요가 223
Q22 임신 34주인데 아이의 몸무게가 1.5kg 밖에 안 나간다고 해서 걱정입니다 224
Q23 자다가 화장실을 너무 자주 갑니다. 문제가 있는 걸까요? 225
Q24 자는 도중에 속이 쓰려서 자주 깹니다. 어떻게 하면 좋을까요? 226
Q25 태동 검사(비수축 검사)를 하자고 하는데 어떤 검사인가요? 227
임신 후기 요통 완화 운동법 228
SOS 임신 후기 조산, 어떻게 대비해야 할까요? 230

chapter 5

아기를 무사히 낳을 수 있을까요? 출산 멘붕 탈출법

Doctor's Message 이제, 새로운 가족을 만날 시간입니다 234 / 선배아빠 메시지 새로운 시작을 반드시 함께해 주세요 236 / 출산 시 체크포인트 238 / 선배맘이 알려주는 출산 휴가 제도 242 / 선배맘이 알려주는 육아휴직 제도 243

Q1 자연분만과 제왕절개 중 원하는 출산 방법을 선택할 수 있나요? 244
Q2 가족 분만은 일반 분만과 어떤 점이 다른가요? 245
Q3 라마즈 분만은 어떤 분만인가요? 246
Q4 르바이예 분만에 대해 알고 싶습니다 248
Q5 수중 분만법에 대해 알고 싶습니다 250
Q6 갑자기 아기가 나오면 어쩌죠? 언제 병원에 가야 하나요? 252
Q7 역아여서 제왕절개 수술을 할 예정입니다. 제왕절개 수술은 어떤 장단점이 있나요? 253
Q8 계획 제왕절개 수술과 응급 제왕절개 수술은 어떻게 다른가요? 254
Q9 계획 제왕절개 수술은 어떻게 진행하나요? 256
Q10 제왕절개 수술을 해야 하는데 수술 자국이 크게 남을까요? 257
Q11 제왕절개 수술을 앞두고 있는데 마취는 어떻게 하나요? 258
Q12 부분마취에도 합병증이 있을까요? 259
Q13 자연분만 중에 무통주사를 요구하면 놔주나요? 260
Q14 출산 중에 출혈로 위험할 수 있다는 말을 들어서 걱정됩니다 261
Q15 첫아이가 역아여서 수술을 했어요. 둘째 위치는 정상인데 자연분만이 가능할까요? 262
Q16 진통 도중 내진은 왜 해야 하나요? 264
Q17 회음부 절개를 하고 싶지 않습니다. 안 하면 안 되나요? 265
Q18 출산 후 태반으로 인해 출혈이 일어날 수 있다는데 어떤 경우인가요? 266
Q19 분만 도중 열상으로 인해 고생했는데 열상은 예측하거나 피할 수는 없나요? 267
Q20 출산 후 감정 기복이 심해지고 예민해졌습니다. 우울증일까요? 268
Q21 출산한 지 2주가 지났는데도 계속 오로가 나옵니다. 언제쯤 오로가 끝날까요? 272
Q22 제왕절개 수술 후 3일째가 되었는데 아침부터 몸 여기저기가 아프고 열이 납니다 274
Q23 제왕절개 상처 부분이 너무 아픕니다. 언제쯤 괜찮아질까요? 275
Q24 자연분만으로 출산했는데 회음부 통증이 너무 심합니다. 좋은 방법이 없을까요? 276
Q25 출산 후 다시 진통이 오는 것처럼 배가 아픕니다. 괜찮은 걸까요? 277
Q26 출산 후 병원은 언제 방문하는 것이 좋은가요? 278
Q27 출산 후 3일부터 가슴이 부어오르면서 너무 아파요. 어떻게 해야 하나요? 279
SOS 출산 **분만할 때 어떤 문제가 발생할 수 있을까요?** 280

부록

태교와 태담 288 태교 여행 296 균형 잡힌 영양소 섭취 302 임신 중 조심해야 할 음식 306 임신 중 부부관계 310 임신 중 하기 좋은 운동 316

임신도 준비가 필요하다고요?

임신 준비 멘붕 탈출법

과거에는 '임신'을 기다리면 찾아오는 행운 정도로 생각했지만, 요즘은 고령 임신이 많아지고 난임이나 임신 관련 위험이 점점 커지면서 '계획 임신'의 중요성이 부각되고 있습니다. 선물과도 같은 아기를 맞이하기 위해 부부가 함께 임신을 철저히 준비하고 계획하는 것이지요. 임신을 위한 준비는 어떻게 하는 게 좋은지, 하나씩 알아볼까요?

선물과도 같은 임신, 준비할수록 행복해집니다

과거에는 아기가 생기지 않을 때 삼신할머니에게 아이를 점지해달라고 간절히 빌었다면, 지금은 간절한 마음과 더불어 신체적으로도 철저하게 준비하는 현명함이 필요합니다. 점차 높아지는 결혼 연령 탓에 고위험 임신부가 증가하면서 난임이나 조산, 미숙아, 기형아 출산 등의 위험이 커졌기 때문입니다. 건강한 부부라도 1년 이내 자연 임신을 하여 건강한 아이를 낳을 확률은 겨우 30%에 불과합니다. 그래서 저와 같은 산부인과 전문의들은 미리 준비하는 계획 임신의 중요성을 강조하고 있습니다. 그 이유는 당연합니다. 계획 임신은 몸과 마음을 최상의 상태로 만든 후에 임신하는 것이기에 태아와 엄마 모두에게 좋기 때문이지요.

계획 임신은 무엇보다 건강한 아기를 위해 필요합니다. 삶의 질은 좋아졌지만 우리는 알게 모르게 여러 유해 환경에 노출되어 있습니다. 그로 인해 임신이 되었다고 해도 자연유산율이 65~70%에 이릅니다. 건강한 아기를 낳을 가능성이 매우 낮은 것이지요. 그러므로 건강한 태아를 만나려면 이런 유해 요소를 먼저 제거해야 합니다.

또한, 임신부의 건강을 위해서도 계획 임신은 필요합니다. 유해 환경에 노출되기 쉬운 현대 여성들에게는 자궁에 혹이 생기는 자궁근종이나 질염, 인유두종 바이러스 감염 등 산부인과 관련 질환이 흔히 발생합니다. 하지만 결혼 전에 산부인과 진료를 받는 여성이 많지 않다 보니 대부분 본인의 산부인과 질환을 임신 진단 때에야 발견하게 됩니다. 미리 발견했으면 쉽게 치료할 수 있고 크게 문제도 되지 않을 질병도 임신 중에는 치료가 쉽지 않습니다. 이것이 임신 전에 건강을 점검하고 준비하는 게 좋은 또 하나의 이유입니다.
마지막으로, 계획 임신은 무분별한 임신중절 수술을 예방합니다. 임신을 계획하지 않고 있다가 약물이나 알코올 등을 섭취한 후 임신 사실을 알게 되면 태아 기형에 대한 불안감으로 인해 임신중절까지 고려하게 됩니다. 반면 계획 임신을 하면 평소 피임에 신경을 쓰게 되고, 술과 약물 복용 등에 대해서도 조심하게 되니 결과적으로 무분별한 임신중절 수술을 예방하는 효과가 있습니다.

예비 아빠 역시 임신 전 건강 관리가 필수입니다. 사춘기 때 이미 세포분열을 끝낸 난자와는 달리 정자는 수정되기 약 3개월 전에 만들어지기 때문에 계획 임신에서는 남성의 역할이 무척 중요합니다. 많은 경우, 불임의 원인이 여성이 아니라 남성에게 있으니 임신을 계획하기 전에 예비 아빠 역시 반드시 건강상의 문제가 없는지 검진을 받는 것이 좋습니다.
이렇게 예비 엄마와 아빠 모두가 임신 전부터 규칙적인 운동과 금연, 금주로 건강한 몸을 만들고 임신을 시도한다면 곧 건강한 아기의 탄생을 마주하게 될 것입니다.

선배아빠 메시지

아내와 함께 임신을 준비했어요

마음의 준비가 우선입니다

요즘은 덜하다고 하지만 그래도 '결혼했으니 어서 아이를 가져야지.'라는 주변의 시선과 말은 여전합니다. 설령 양가 부모님의 압박(?)이 심하다고 해서 서둘러 아이를 가지려 해서는 안 됩니다. 그분들이 대신 아이를 길러주시는 게 아니니까요. 아내와 내가 온전히 아이를 함께 기를 현실적인 준비가 되었는지를 점검하는 것이 우선입니다. 자식을 돌보는 일은 그 어느 것과도 바꿀 수 없는 행복이지만 현실은 현실이니까요. 그러니 아이를 가지는 것은 배우자와 미래에 대해 충분한 대화를 나누고 부부 모두가 새 생명을 맞을 마음의 준비가 되었을 때 시작해야 합니다.

건강한 몸이 건강한 아기를 만듭니다

건강한 아이는 임신에서 시작하는 것이 아니라 임신 전부터 시작한다고 합니다. 특히 요즘처럼 결혼과 임신 시기가 늦어지는 환경에서는 임신 전 부모의 몸 상태가 더욱 중요하다고 하죠. 임신 전 준비는 엄마뿐 아니라 아빠도 함께 해야 합니다. 평소 술을 많이 마시고, 담배를 피웠다면 적어도 100일 전부터는 술을 줄이고, 금연해야 합니다. 꾸준히 운동하고 엽산을 미리 복용하는 것도 중요하고요. 이런 노력이 아내의 편안한 임신과 건강한 아기를 위한 가장 기본이 될 겁니다.

 **바로 임신이 되지 않는다고 초초해하지 마세요**

저와 아내는 신혼 생활을 어느 정도 즐긴 후 아이를 가질 준비를 했습니다. 그런데 막상 아이를 가지려 하니 생기지 않더군요. 피임을 하지 않으면 아이가 바로 들어설 줄 알았는데 그렇지 않았습니다. 아이를 바라시는 양가 부모님, 아내보다 늦게 결혼한 친구들의 임신 소식은 아내를 점점 더 초조하게 만들었습니다. 임테기를 보고 실망하는 일이 계속되었죠. 임신에 대한 스트레스가 오히려 임신 확률을 점점 떨어뜨리는 듯했습니다. 이때 남편인 제게 가장 중요한 일은 아내의 마음을 편하게 하는 것이었습니다. 우리 몸에 이상이 없다는 것을 확인하고 아내와 대화를 하며 마음을 차분히 진정시키고 편안하게 기다리다 보니 결국 3년 만에 사랑스러운 아이를 가질 수 있었습니다.

 **임신 전 검사를 꼭 받으세요**

임신 전 검사는 예비 엄마뿐 아니라 예비 아빠에게도 중요합니다. 일부 예비 아빠의 경우 자신의 건강에 문제가 없다고 여겨 검사를 꺼리는 경우가 있는데, 문제가 없더라도 꼭 검사를 받으셔야 합니다. 검사는 나의 문제점을 찾아주기도 하지만 임신 과정에 대해 배우는 과정이기도 합니다. 저도 처음에는 검사에 거부감이 있었지만 용기 내어 검사를 받았고, 덕분에 한결 편안한 마음으로 임신 준비를 할 수 있었습니다.

임신 준비 체크포인트

임신에도 준비가 필요합니다. 갑작스러운 임신으로 "감기약을 먹었는데 어쩌지?", "술도 마셨는데…" 하며 멘붕에 빠진 선배맘들이 많거든요. 임신 준비의 첫 단계는 임신 전 검사와 예방 접종입니다. 그 외 생활습관을 정비하면서 몸과 마음을 건강하게 해두면 여유 있게 임신을 할 수 있습니다.

[임신 전 검사와 백신은 미리미리]

임신 전 검사해야 할 항목과 맞아둬야 할 예방 접종 목록을 확인해요. 백일해, 인플루엔자, B형 간염, A형 간염 등의 경우 생후 신생아에게 옮길 수 있으니 예비 아빠도 예비 엄마와 함께 접종하는 것이 좋아요.

임신 전 필수 예방 접종(여성)

백신명
☐ MMR(풍진, 홍역, 볼거리)
☐ Td(파상풍, 디프테리아, 백일해)
☐ HPV(자궁경부암)
☐ 수두
☐ A형 간염
☐ B형 간염
☐ 인플루엔자

임신 전 필수 예방 접종(남성)

백신명
☐ MMR(풍진, 홍역, 볼거리)
☐ Td(파상풍, 디프테리아, 백일해)
☐ 수두
☐ A형 간염
☐ B형 간염
☐ 인플루엔자

[생활 습관도 건강하게]

예비 엄마, 예비 아빠 모두 건강한 생활 습관을 들여놓는 것이 좋아요. 어떤 준비가 필요한지 알려드릴게요.

☑ 예비 엄마가 챙길 것

❶건강한 식습관 들이기(금주, 금연, 커피 및 인스턴트 음식 섭취 줄이기)
❷체중 조절에 신경 쓰면서 하루 30분 적당한 강도의 운동하기
❸몸 따뜻하게 하기
❹유해환경, 유해물질 피하기
❺엽산제 복용하기

☑ 예비 아빠가 챙길 것

❶건강한 식습관 들이기
❷스트레스 줄이기
❸과도한 운동, 사우나 자제하기
❹유해환경, 유해물질 피하기
❺엽산제 복용하기

임신 전에 받아야 하는 검사의 종류

임신 전 검사는 첫아이를 가지기 전, 건강을 확인하고 감염성 질환 감염 여부를 미리 알고 대처함으로써 건강한 아기 출산을 준비하도록 돕는 검사예요.

❶ 초음파 검사
자궁의 기형이나 자궁근종, 난소 종양 및 물혹 등의 유무를 체크한다.

❷ 유방암 검사
35세 이상의 고령이거나 지금까지 유방암 검사를 한 번도 하지 않았다면 산전에 체크해 보는 것이 좋다.

❸ 자궁경부암 검사
자궁경부 세포진 검사와 인유두종 바이러스 검사를 해서 이상 소견이 보이면 질 확대경 검사, 조직 검사로 정확히 진단한다.

❹ 질염 검사
질염은 조기 진통의 원인이 되기도 하므로 질염 여부를 검사하고 균이 있다면 임신 전에 미리 치료해야 한다. 성접촉에 의한 균일 경우에는 반드시 남편도 치료해야 하며 치료 중에는 성관계를 금하는 것이 좋다.

❺ 혈액 검사
- **일반 혈액 검사 :** 빈혈, 혈소판 검사
- **간 기능 검사 :** 간 기능 수치(AST/ALT), A형 간염 및 B형 간염 항원/항체 검사
- **바이러스성 질환 항체 검사 :** 매독, AIDS, 풍진
- **톡소플라스마 항체 검사 :** 고양이를 키우는 집에서는 따로 검사를 신청해야 한다.

❻ 소변 검사
단백뇨, 혈뇨, 당뇨 등 소변을 통해 질병의 유무를 확인한다.

❼ 갑상샘 검사
갑상샘 기능 이상은 불임의 원인이 되기도 하므로 미리 확인해 보는 것이 좋다.

❽ 잇몸 질환 검사
잇몸 질환은 조기 진통의 원인이 되기도 하므로 미리 검사하여 치료해야 한다.

✚ 보건소에서도 예비 신부, 또는 신혼부부임을 증명할 수 있는 서류를 지참하면 일부 검사를 무료로 받을 수 있어요. 단, 보건소 별로 상황에 따라 검사 항목과 검사 가능 여부가 다르니 사전에 미리 확인하세요.

선배맘이 추천하는 임신 준비 강추 영양제

임신을 계획하고 있다면 우선 엄마 아빠부터 건강한 몸을 만들어야 합니다. 꾸준한 운동과 적당한 휴식, 균형 잡힌 영양 섭취가 기본이 되겠지요. 사실 모든 영양소를 고려해서 골고루 먹기는 쉽지 않아요. 그래서 임신 준비를 위한 필수 템으로 예비 엄마, 예비 아빠에게 도움이 될 영양제를 추천할게요.

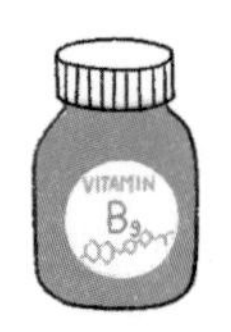

엽산

엽산은 임신 준비를 할 때 필수 영양제입니다. 적혈구를 만들거나 세포 합성에 필요한 DNA를 만드는 데 필요한 성분으로, 태아의 신경관을 정상적으로 발달시키는 데도 중요한 역할을 해요. 식품 섭취만으로는 부족하니 건강한 아기를 위해 보통 임신 3개월 전부터 예비 아빠와 함께 복용하는 것이 좋아요.

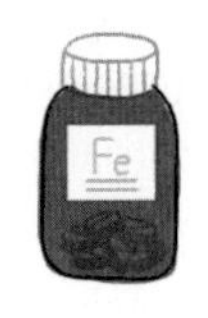

철분

철분제도 임신 전부터 복용하는 것이 좋아요. 혹시 임신 전 검사에서 빈혈을 진단받았다면 반드시 복용하세요. 철분제는 흡수가 잘 안 되고 위장 장애를 일으킬 수 있으니 나에게 맞는 철분제를 찾는 과정도 필요해요. 오렌지주스나 비타민 C와 함께 복용하면 섭취율을 높일 수 있어요.

오메가3

항산화 효과가 있어서 난자의 질을 좋게 해줘요. 특히 늦은 나이에 임신을 계획한다면 반드시 챙겨야 할 영양제예요. 자궁 내 염증을 억제하고 난소 기능을 향상해서 임신 확률을 높여준다는 보고도 있어요. 엽산과 함께 섭취하면 체내 DHA 농도가 올라가 더 효과적이에요.

비타민 D

우리나라 여성은 특히 비타민 D 결핍이 심해요. 비타민 D는 자궁 내막을 강화해서 임신율을 높여줄 뿐만 아니라 태반 발달을 돕고 임신중독증과 조산도 예방해주는 만능템이에요. 햇볕을 쬐면 자연히 만들어지지만 부족하기 쉬우니 별도로 복용하는 게 좋아요. 비타민 D 수치가 낮으면 800~1000 IU의 비타민 보충제를 매일 꾸준히 복용하는 게 좋아요.

유산균

유산균은 질 안의 유익균을 증가시켜 질염 예방에 도움을 주고 태아의 면역력 형성에도 도움을 줘요. 임신 전부터 꾸준히 섭취해서 건강한 질을 만들고, 태아 건강까지 함께 챙겨요.

선배맘이 알려주는 슬기로운 계획 임신

아이에 관해서는 계획대로 되는 것이 별로 없지만, 그렇다 해도 임신만큼은 예비 엄마·아빠가 함께 계획을 세우고 준비하는 게 좋아요. 계획을 세울 때 가장 중요한 것은 부부가 충분히 대화를 나누면서 임신 시기나 자녀의 수, 육아 방식 등에 대해 공감대를 형성하는 거예요.

✚ 계획 임신 준비하기

❶결혼과 함께 배우자와 임신에 대해 계획을 세우고 그에 맞춰 준비하는 것이 좋아요.

❷적어도 임신 계획 3개월에서 6개월 이전에 산부인과에서 임신과 관련된 상담을 받고 기본적인 검사를 받으세요.

❸문제를 발견했다면 이를 해결하고 임신을 시도해야 해요.

- 비만이나 저체중이라면 정상 체중에 도달하려고 노력
- A형 간염 백신 2회 예방 접종(6개월 간격)
- B형 간염 백신 3회 예방 접종(첫 접종 후 1개월 혹은 2개월, 6개월 후)
- 풍진 항체가 없다면 1회 예방 접종(3개월 후 임신 시도)
- 자궁경부암 백신은 3회 예방 접종(6개월 소요)
- 만성질환(고혈압, 당뇨)이 있으면 적절한 조치 후 의사와의 상담에 따라 임신 시도
- 최소 임신 3개월 전부터 0.4mg(400μg)의 엽산 복용

❹정액 검사를 미리 받아보세요. 추가적인 검사와 치료 방향을 정하는데 도움이 돼요.

❺정확한 가임 기간을 파악하고 자연스럽게 임신을 시도해요.

❻만 35세 이하는 1년, 만 35세 이상은 6개월이 지나도 자연임신이 되지 않으면 난임 전문의에게 상담을 받는 것이 좋아요.

✚ 임신 스트레스를 줄이는 7가지 방법

❶일부러라도 웃을 일을 만드세요.

❷1주일에 3회 이상 꾸준히 운동하세요. 남편과 함께하면 좋아요.

❸잠을 푹 주무세요.

❹인공 조미료를 멀리하고 몸에 좋은 음식을 섭취하는 등 식생활에 신경 쓰세요.

❺임신에 대해 같은 고민을 하는 친구를 만나세요.

❻임신에 대한 스트레스를 주는 사람과는 가능한 한 멀어지세요.

❼자신만의 스트레스 해소법을 개발하세요.

선배맘이 알려주는 난임부부 지원 제도

피임을 하지 않은 상태에서 정상적인 성관계를 해도 1년 이내에 임신이 되지 않은 경우를 '난임'이라고 해요. 2021년 기준, 공식적으로 난임 진단을 받은 사람이 서울에는 5만 2천 명, 전국적으로는 25만 명에 달해요. 난임 진단을 받고 치료를 시작하게 되면 몸도, 마음도 힘들지만 비용면에서도 큰 부담이 됩니다. 불행 중 다행으로 난임은 곧바로 출산율 저하로 이어지는 만큼 정부와 지자체에서는 저출산 문제 해결을 위해 여러 가지 난임 지원 계획을 확대하여 시행하고 있어요.

❤ 난임부부 시술비 지원

난임부부 시술비 지원대상

난임부부 시술비를 지원받으려면 부부 중 최소한 한 명은 주민등록이 되어 있는 대한민국 국적 소유자이면서 부부 모두 건강보험 가입자여야 하고, 난임 진단서를 제출해야 해요.

2023년 11월 현재 난임부부 시술비 지원사업의 지원대상은 서울, 경기 등 일부 지자체를 제외하고는 중위소득기준 180%(2023년 현재 2인 가족 기준 세전 월 622만 원) 이하예요. 그러나 2024년부터는 서울시 난임부부 확대 지원제도처럼 소득기준이 폐지되어 모든 난임부부가 소득수준과 관계없이 전국 어디에서나 같은 시술비를 지원받을 수 있어요.

난임부부 시술비 지원 절차

건강보험공단의 난임시술 급여를 적용받으려면 우선 난임시술 지정기관을 방문하여 난임시술 대상자가 되어야 해요. 2022년 1월 기준 전국의 279개 병원이 지정되어 있으니 미리 국민건강보험공단에서 지정기관을 확인하고 방문하여 난임 진단을 받도록 하세요. 난임부부 시술비 지원은 주소지의 관할보건소 또는 온라인 보건소(www.e-health.go.kr)에서 신청할 수 있어요. 지원 결정 통지서가 발급되는 날부터 시술비를 지원받을 수 있으니 반드시 시술을 시작하기 전에 신청해서 통지서를 받아야 해요. 그 이전에 받은 시술비는 지원을 받을 수 없어요.

난임부부 시술비 지원 내용

체외수정(신선배아, 동결배아), 인공수정 시술비를 나이를 기준으로 1회당 지원금액 상한 범위 내에서 지원받을 수 있어요. 2023년까지는 체외수정(신선배아) 최대 9회, 체외수정(동결배아) 최대 7회, 인공수정(최대 5회) 등 지원횟수에 제한이 있었지만 2024년부터는 시술 종류에 상관없이 총 22회 내에서 시술비를 지원받을 수 있어요.

지원대상	지원횟수	시술 종류	1회당 지원 최대 금액	
			만44세 이하	만45세 이상
모든 난임부부	총 22회	신선배아	최대 110만 원	최대 90만 원
		동결배아	최대 50만 원	최대 40만 원
		인공수정	최대 30만 원	최대 20만 원

이 외에 배아동결비 30만 원, 유산방지제 및 착상보조제 각 20만 원을 지원하며 약제비도 지원하고 있어요. 단, 공난포 발생은 본인부담률 30%가 적용되며, 인정 횟수를 초과하여 시술을 받게 되면 일정 부분 본인부담률이 높아집니다.

기타 난임 지원 혜택

난임부부 시술비 지원 외에도 거주하는 시도 별로 난임부부 지원사업을 여러 가지 시행하고 있어요. 예를 들어 서울시, 대전시, 진주시, 전라남도의 경우 현재 난임치료 한의약 비용의 대부분을 지원하고 있으며, 난자 동결 시술비용 및 35세 이상 고령 산모의 검사비, 다태아 자녀안심보험 등으로 지원을 확대할 예정이에요. 이처럼 난임 지원 제도가 지자체별로 확대되고 있으니 꼼꼼히 확인하고 받을 수 있는 최대한의 도움을 받으세요.

문의처

보건복지상담센터(국번 없이 129), **주소지 관할 시·군·구 보건소**

보건복지부 www.mohw.go.kr

보건복지상담센터 www.129.go.kr

국민건강보험공단 www.nhis.or.kr

만약 내가 받을 수 있는 혜택이 얼마나 남았는지 잘 모르겠다면 국민건강보험공단 사이트(www.nhis.or.kr)의 개인민원에서 남은 횟수를 조회할 수 있어요.

임신 전 꼭 해야 하는 예방 접종에 대해 자세히 알고 싶어요

임신 기간 중 병에 걸린다면 임신부나 태아에게 부담이 될 뿐 아니라 아무래도 약을 쓰거나 치료를 하기에 매우 조심스러워요. 그래서 임신을 준비할 때 가장 중요한 것 중 하나가 예방 접종입니다. 미리 예방 접종을 통해 병에 걸릴 위험 요소를 제거하고 안전한 임신을 준비하는 것이지요.

예방 접종에는 시간이 소요되므로 계획 임신을 준비한다면 임신 전 필수 예방 접종이 정확히 무엇인지 확인하고 맞아두세요.

임신 전 필수 예방 접종

풍진 백신

임신 12주 이전 임신부가 풍진에 감염되면 풍진 바이러스가 태반까지 감염시킨다. 이는 곧 태아의 감염까지 초래하여 다발성 기형인 선천성 풍진증후군을 일으킬 수 있으니 반드시 백신을 접종하는 것이 좋다. 홍역, 볼거리와 함께 MMR 백신으로 접종하며, 백신 접종 후 3개월 이후에 임신을 시도해야 한다.

파상풍 백신

어린 시절 파상풍 접종을 했더라도 항체가 사라지기 쉬우니 10년마다 추가접종을 하는 것이 좋으며 최근에는 과거 접종 여부와 상관 없이 임신을 준비한다면 다시 접종하도록 권장한다. 특히 임신 중 파상풍에 걸리면 태아 사망률이 50% 이상 되니 꼭 추가 접종을 해야 한다. 백일해와 함께 Td 백신으로 접종하며, 백신 접종 후 1개월 이후에 임신을 시도해야 한다.

백일해 백신

백일해는 호흡기 질환으로 전염력이 높다. 질병에 가장 취약한 생후 2개월까지는 엄마로부터 전해지는 항체에 의존할 수밖에 없기 때문에 엄마가 반드시 준비해야 하는 예방 접종이다. 백일해 접종은 파상풍 백신과 마찬가지로 평생 면역이 안 되기 때문에 10년마다 추가 접종을 해야 하며, 임신을 할 경우 면역이 미숙한 태아에게 항체를 전달해야 하기 때문에 과거 추가 접종과 상관없이 임신 27~36주에 접종한다. 만일 임신 전이나 임신 중에 백일해 접종을 놓쳤다면 출산 후에 바로 접종해서 모유 수유를 통해 아이에게 항체를 전달하는 것도 좋은 방법의 하나다.

자궁경부암 백신

자궁경부암 백신은 자궁경부암의 원인인 인유두종 바이러스에 의한 감염을 예방하는 백신이다. 이 백신으로 자궁경부암을 70% 정도 예방할 수 있으므로 미혼 여성이나 출산 전 여성은 꼭 접종하는 것이 좋다. 인유두종 바이러스는 자궁경부암 발생과 관련이 있을 뿐, 태아 분만 시 영향을 미치지는 않는다. 백신은 처음 접종 후 2개월 후 그다음 6개월 후에 접종하여 총 8개월 동안 3회 접종하며(가다실 접종의 경우), 도중에 임신을 하면 일단 나머지 접종은 중단했다가 출산 후 접종한다.

수두 백신

수두는 어릴 때 예방 접종을 했거나 수두에 걸린 경험이 있다면 90% 정도가 항체를 가진다. 만약 수두 백신을 맞지 않았다면 반드시 임신 전에 예방 접종을 해야 한다. 임신부가 임신 16주 이전에 수두에 걸리거나 수두에 걸린 사람에게 노출되면 태아에게 감염을 일으킬 수 있는데, 태아에게 감염된 수두는 선천성 수두증후군이라는 기형을 유발할 수 있기 때문이다. 임신 중 수두 백신은 금기이기 때문에 반드시 임신 전에 접종을 하고 접종 후 최소 1개월 이후에 임신을 시도해야 한다.

A형 간염 백신

오염된 음식이나 물 또는 A형 간염 바이러스에 감염된 환자와 접촉했을 때 걸리는 A형 간염은 임신 초기에 유산을 일으킬 수 있으며 출산 과정에서 태아에게 전염될 수 있다. 따라서 임신 전에 항체 검사를 해보고 항체가 없다면 접종을 하는 것이 좋다.

B형 간염 백신

임신부가 임신 전 B형 간염 보균자였거나 임신 중 B형 간염에 걸렸을 경우, 간염 바이러스가 태아에게 수직 감염을 일으킨다. 그 경우 태아에게 향후 간경화나 간암의 발생률이 높아질 수 있으므로 미리 백신을 접종하는 게 좋다. 6개월 동안 3회 접종하며, 접종 도중에 임신을 해도 일정대로 접종할 수 있다.

인플루엔자 백신

독감 백신으로도 불리는 인플루엔자 백신은 임신부가 꼭 챙겨야 할 백신 중 하나이다. 임신 중에는 인플루엔자에 걸리기 쉬울뿐더러 인플루엔자 바이러스가 태반을 통해 태아에게 전염될 수 있기 때문이다. 또한 생후 6개월 미만의 아기는 독감 예방 접종을 할 수 없지만 임신부가 미리 예방 접종을 하면 태아에게도 면역력이 생겨 독감을 예방할 수 있다. 독감 예방 접종 후 항체가 형성되기까지는 약 2주의 시간이 걸리므로 독감이 유행하기 1~2주 전에 임신 주수와 관계없이 맞는 것이 가장 좋다.

Q2 임신 전 검사는 무엇을 확인하려는 건가요?

임신 전 검사는 아이를 가지기 전에 미리 감염성 질환의 감염 여부를 확인하고, 자궁 등에 이상이 없는지 확인하는 과정입니다. 자칫 문제가 있으면 불임이나 유산 등의 합병증을 겪을 수 있기 때문이지요. 임신 전에 다음 질병의 유무를 확인하면 임신이 잘 안 되는 원인을 발견할 수도 있고, 임신에 영향을 미치는 질환을 치료할 수 있습니다.

임신 전, 반드시 치료해야 하는 대표적 질환

자궁근종

자궁의 물혹으로 불리는 자궁근종은 가임 여성 10명 중 2~3명에게서 발견될 만큼 흔한 질환 중 하나이다. 과거에는 30~45세에 가장 많이 발생했지만 최근에는 발생 빈도가 더 높아지고 연령층 또한 점점 낮아지고 있다. 일반적으로 자궁근종은 크기와 위치에 따라 다양한 증상을 보이지만 임신 때는 태아의 유산 및 사산 위험이 2배 정도 증가하는 것으로 보고되고 있다. 또한 임신 후 자궁근종은 2차 변성을 하면서 마치 조기 진통과 비슷한 통증을 일으킬 수 있으므로 초음파 검사를 통해 자궁근종의 유무를 확인해야 한다. 만일 자궁근종이 발견되면 위치나 크기를 정확히 파악하여 내과적 수술 치료를 해야 할지 경과 관찰을 해야 할지를 결정한다.

자궁선근증

자궁선근증은 자궁의 근육에 비정상적으로 침투한 자궁내막 조직이 자궁근층의 성장을 촉진하여 자궁이 단단해지고 커지는 질환을 말한다. 생리통이 심하고 생리량이 많아지며 아랫배가 단단하게 만져지는 통증이 있으면 자궁선근증을 의심할 수 있으므로 반드시 초음파 검사로 확인해야 한다.
자궁선근증은 자궁근종과는 달리 임신에 심각한 영향을 미쳐 불임을 초래하는 경우가 많다. 또 근본적인 치료는 자궁 적출만 있기 때문에 가임기 여성에게 가장 고민되는 질환 중 하나이다. 자궁선근증 진단을 받고 임신을 계획 중이라면 수술보다는 내과적인 보존적 치료를 병행하며 병이 더 진행되기 전에 빨리 임신을 시도하는 것이 좋다.

다낭성 난소 증후군

난소의 남성 호르몬이 증가하고 배란이 잘 되지 않는 질환으로 생리 불순과 다모증, 비만, 불임 및 장기적으로는 대사 증후군과도 관련된다. 발생 원인은 정확하게 밝혀지지 않았지만 다낭성 난소 증후군 진단을 받으면 무배란으로 인해 불임을 초래할 수 있으며 인슐린 저항성이 발생하여 임신성 당뇨로 발전할 위험이 증가한다.

그러니 임신이 급하지 않다면 일단 경구용 피임약을 사용하여 배란을 유도하고 생활 습관 개선과 체중 감량을 통해 비만을 치료하는 것이 중요하다. 만약 이 같은 노력에도 불구하고 무배란이 지속되면 의사의 처방에 따라 배란 유도를 시도해야 한다.

결혼 후 몇 년간 임신이 되지 않아 걱정하다 산부인과 진료를 보고서야 자궁근종이 많다는 것을 알았어요. 다행히 임신이 되었는데 글쎄 근종이 임신 주수에 따라 같이 커진다는 거예요. 그나마 자궁근종의 위치가 임신에 영향을 덜 주는 쪽이라고 해서 경과를 관찰하며 무사히 출산을 할 수 있었어요. 그러니 임신을 생각한다면 꼭 산부인과 검사를 받아서 자궁근종 유무를 확인하세요!

난소낭종

임신 전 발견된 난소의 물혹은 임신을 계획하는 여성에게 큰 고민을 안겨주는 질환이다. 난소는 배란과 수정에 매우 중요한 역할을 하므로 수술적 치료를 선택하는 데 있어 매우 신중해야 한다. 일반적으로 단순한 기능성 낭종인 경우 크기가 줄어들거나 변화가 없고 통증이 크지 않으면 경과 관찰을 할 수 있다.

그러나 난소의 혹이 꼬이는 난소낭종 염전이거나 난소낭종이 파열되어 극심한 통증을 일으키는 경우, 크기가 매우 커지는 경우에는 난소 제거술이나 낭종 적출술과 같은 수술을 고려해야 한다. 난소의 수술은 자궁을 건드리지 않으며 난소를 제거할 경우도 한쪽 난소만 제거하기 때문에 수술 후 임신이 되어도 자연분만이 가능하므로 안심해도 된다.

질염

최근의 연구 결과들에 의하면 질염을 치료하지 않은 채 임신을 하거나 임신 중에 질염을 치료하지 않았을 경우 유산이나 조기 진통, 조기 양막 파수 등의 합병증을 일으키는 것으로 알려져 있다. 그러니 계획 임신 전에 평소와 달리 냉이 심하거나 냄새, 가려움증, 작열감 등이 동반하면 반드시 질염 치료를 마친 후 임신을 시도해야 한다.

또 잇몸 질환이나 충치 등 구강의 염증도 질염과 비슷한 결과를 보일 수 있으니 임신 전에 치과에서 치아와 잇몸 검진을 받아야 한다.

잇몸 질환이 조기 진통을 유발한다니! 누가 상상이나 했겠어요! 그런데 진짜 그런 경우가 있더라고요. 임신을 하면 성했던 이도 시릴 정도이니 잇몸 질환이 심해지면서 극심한 고통이 밀려오거든요. 그러니 임신 전, 치과 진료와 치료를 잊지 말아야 해요.

배란일 측정 방법을 알고 싶어요

배란은 난소에서 성숙한 난자를 배출하는 것을 의미합니다. 여성은 보통 한 달에 한 번 배란을 하며, 이때 자궁에 들어온 정자와 만나면 수정을 통해 임신이 이루어집니다. 배란 시기를 알면 임신이 수월해지니 다음 몇 가지 방법으로 배란일을 측정해보세요.

몸의 변화

배란기에는 여성의 약 20%가 배가 아프거나 뒤틀리는 듯한 배란통이나 유방의 통증을 느끼고, 식습관이나 감정의 변화를 느낀다. 하지만 이는 증세가 개인마다 다르게 나타나기 때문에 정확도가 떨어진다.

생리 주기가 일정하다면 생리 관리 앱으로 배란일을 계산할 수 있어서 좋아요. 핑크다이어리나 봄캘린더, Flo 등 다양한 앱이 나와 있으니 나에게 맞는 앱을 골라 쓰세요.

생리 주기법

배란이 이루어지고 14일 뒤에 생리를 하는 생리 주기의 특징을 바탕으로 배란일을 측정하는 방법이다. 이 방법은 생리 주기가 일정하게 유지되어 생리 날짜가 정확한 여성에게 유용하지만 배란이 불규칙하게 일어나는 여성에게는 사용하기 어려운 방법이다.

기초 체온법

배란 다음날부터 그다음 생리 시작 전까지를 황체기라고 하는데, 이때는 황체호르몬으로 인해 체온이 0.3~0.6도 오른다. 즉, 몸의 온도가 상승하면 배란기라는 의미이다. 기초 체온법은 매달 반복적으로 측정하여 대략적인 체온 변화를 알고 있어야 하며, 감기 등으로 체온 변화가 있으면 정확도가 떨어진다는 점, 매일 같은 시간에 체크해야 된다는 점 등이 단점이다.

배란 진단 키트로 임신에 성공했어요! 생리 주기를 계산해서 생리 시작 예정일로부터 19일 전부터 매일 1회씩 양성반응이 나올 때까지 테스트하면 된답니다. 배란 진단 키트는 여러 개를 사용해야 하니 미리 충분히 사두세요. 임신 진단 테스트기처럼 아침 첫 소변이 아니고 하루 중 같은 시간에 테스트하면 돼요.

배란 진단 키트 검사 방법

배란이 일어나기 전 여성 몸의 황체 형성 호르몬 분비가 최고조에 이르렀다가 배란 후 갑자기 떨어지는 특성을 이용한 진단 기구이다. 배란 키트가 양성일 때 48시간 이내에 부부 관계를 하면 임신에 성공할 확률이 높아진다. 임신 진단 테스트기와 비슷한 방법으로 측정한다.

4 생리 예정일이 지나도 생리가 없는데, 임신일까요?

생리의 중단은 임신의 중요한 신호입니다. 보통 생리 예정일에 생리가 없으면 1~2주 후에 임신 진단 테스트기로 검사를 하고, 양성 반응이 나오면 병원을 방문해서 검사와 초음파로 아기집을 확인하게 됩니다. 하지만 생리가 불규칙한 여성의 경우는 생리만으로 임신 여부를 초기에 알기 쉽지 않습니다. 그러니 생리 여부와는 별개로 임신을 준비 중이거나 임신 가능성이 있는 여성이라면 술이나 약물, 심한 운동 등은 피하고 몸 관리에 신경 쓰는 것이 좋습니다.

또한 생리가 나오지 않는다고 해서 모두 다 임신인 것은 아닙니다. 배란과 생리에 관여하는 갑상샘 호르몬이나 유즙 호르몬 등에 이상이 생겨도 생리를 하지 않을 수 있고 신경성 식욕 부진, 심한 운동이나 다이어트로 인한 체중 감소, 과도한 스트레스 역시 생리를 하지 않게 하는 원인 중 하나입니다.

만약 평소 생리를 규칙적으로 했는데 갑자기 생리가 없다면 우선 임신 진단 테스트기로 임신 여부를 확인해보세요. 생리를 하지 않는데도 음성으로 나온다면 2주 정도 더 기다려 본 후 가까운 산부인과에 방문하여 무월경에 대한 진료를 받는 것이 좋습니다.

제 경우, 워낙 생리 주기가 불규칙적이어서 배란일 측정도 어렵고 임신 여부를 확인하기도 어려웠어요. 그래서 임신 진단 테스트기를 여러 개 사두고 생리가 늦어진다 싶을 때마다 테스트해보았죠. 진짜 임신을 했을 때도 첫 테스트기에는 음성으로 나왔었어요. 그런데 뭔가 느낌이 달라서 2주 후에 다시 했더니 양성 반응이 나왔답니다. 엄마의 직감이 맞았던 거예요!

임신 초기 나타나는 증상

- 구역질을 비롯한 입덧
- 화장실 가는 빈도수의 증가
- 감정의 기복
- 유방의 압통
- 특정 음식 취향의 변화 및 후각의 과민증

계획 임신을 하려는데 식생활에 주의할 점은 무엇인가요?

계획 임신을 준비할 때 음식물 섭취의 목표는 크게 두 가지입니다. 하나는 정상 체중을 유지하는 것, 또 하나는 건강한 음식을 섭취하는 것입니다. 정상 체중은 임신 확률을 높일 뿐 아니라 임신 후 각종 합병증을 예방합니다. 또한 건강한 음식을 먹는 습관은 태아에게 충분한 영양분을 주고 기형을 예방하도록 돕습니다.

예비 엄마의 식생활 유의점

❶정상 체중을 유지해야 한다

풍부한 단백질을 섭취하되 탄수화물 섭취를 줄이고 적당한 운동으로 체중을 조절한다. 몸무게의 조절은 장기적으로 계획을 세우고 천천히 시도해야 한다.

❷나트륨 섭취를 줄여야 한다

나트륨이 많은 음식은 임신성 고혈압과 비만을 불러오고 임신성 당뇨 등 각종 합병증을 초래할 수 있다. 따라서 임신 전부터 싱겁게 먹는 습관을 들이는 것이 좋다.

❸양질의 단백질을 섭취해야 한다

기름기가 너무 많은 고기는 콜레스테롤을 증가시키기 때문에 가급적 피하는 것이 좋다. 생선은 일주일에 두 번 정도, 흰 살 생선 중심으로 먹는 것이 좋다. 참치, 연어 등 대형 어류는 중금속 오염을 유발할 수 있으니 너무 많이 섭취하지 않도록 한다.

❹철분 함유량이 높은 음식을 섭취해야 한다

임신 전에 빈혈이 있는 경우라면 임신 후 빈혈이 더 심하게 나타날 수 있으므로 평소 철분을 음식이나 보충제로 보충함으로써 빈혈을 예방해야 한다.

❺금연과 금주를 실천한다

태아에게 직접적인 영향을 주니 임신을 계획한다면 평소 금연과 금주를 철저하게 지키면서 몸 관리를 해야 한다.

6 계획 임신을 할 때 남편이 주의해야 할 점은 무엇일까요?

정자는 원시 정모세포에서 태어난 뒤 성숙한 정자가 되어 운동 능력이 생길 때까지 약 3개월이 걸립니다. 지금 사정되는 정자는 약 3개월 전에 만들어지기 시작한 것이므로 건강한 아이를 위해서는 남편도 임신을 계획하기 최소한 3개월 전부터 건강과 생활 습관에 유의하는 것이 좋습니다.

예비 아빠의 유의점

❶금연과 금주는 필수다

흡연과 음주는 정자의 건강에 치명적이다. 흡연을 할 경우 정자의 수가 약 20% 줄고 운동 능력도 10% 감소하는 것으로 보고되고 있으며, DNA 손상을 가져올 수 있다는 연구 결과가 있다. 또한 음주는 고환에서 호르몬을 생성하는 세포에 영향을 주고 정자의 기형을 가져올 수 있으므로 금연과 금주는 계획 임신의 필수 요소이다.

❷적절한 운동을 해야 한다

적절한 운동은 심리적, 육체적인 건강을 도모하고 정자의 기능을 증가시켜 계획 임신을 돕는다. 가벼운 조깅이나 수영, 등산 등이 좋으며, 자전거를 탈 때는 남성용으로 나온 안장을 사용하고 고환 부위를 환기해 주어야 한다.

❸아랫도리를 시원하게 유지한다

고환의 정자 생산 온도는 정상 체온보다 1~2도 낮으며, 36도를 넘으면 정자 생산이 정지된다. 따라서 생식기를 시원하게 유지하고 너무 꽉 끼는 옷은 피하도록 한다. 더운 곳에 장기간 노출되는 것을 삼가고 찬물에 들어가는 것도 좋지 않으니 주의해야 한다.

❹과도한 전자파와 환경호르몬을 피해야 한다

과도한 전자파는 정자의 생산을 저하하고, DNA에 영향을 줄 수 있으므로 평소 휴대전화나 전자 기기, 노트북 사용은 최소화하는 것이 좋다. 정자의 수와 질을 떨어뜨리는 환경호르몬 비스페놀 A는 플라스틱이나 포장지, 종이컵 등에 많으니 평소 포장 음식이나 인스턴트는 피하는 게 좋다.

7 과체중인데 체중 조절을 꼭 해야 할까요?

과체중은 임신에 도움이 되지 않습니다. 더욱이 비만은 여러 가지 병적 질환을 일으키는 만병의 근원으로 임신 이후에도 임신성 고혈압, 임신성 당뇨 등을 야기하는 주요 원인입니다. 영국의 헐의과대학 연구팀은 여성 비만이 난자와 수정란에 이상을 일으켜 임신율이 떨어진다고 밝힌 바 있으며 비만 여성은 정상 체중의 여성보다 유산율이 높고 초고도 비만인 경우 태아의 조기 사망률도 2~3배 정도 높은 것으로 알려져 있습니다.

하지만 저체중 역시 임신에는 좋지 않습니다. 저체중은 영양 부족이나 골다공증, 불규칙한 심박동 등 위험한 증상을 동반하며 무월경 등의 증상으로 임신을 방해합니다. 또한 과도한 다이어트는 호르몬의 교란을 초래하여 난임의 원인이 됩니다.

결국 임신을 하려면 적정 체중이 가장 좋습니다. 적절한 식이 조절과 꾸준한 운동으로 체중을 관리하는 것이 계획 임신의 첫걸음이며 건강한 임신을 유지하는 토대가 됩니다.

운동할 때 신경 써야 할 점

❶가능하면 매일 30분 이상 땀이 날 정도의 운동을 한다.

❷운동이 어렵다면 대중교통을 이용한 걷기, 계단 오르기 등 일상생활에서 움직임을 크게 하는 신체활동을 한다.

❸무리한 운동은 배란 장애를 일으킬 수 있으니 피하도록 한다.

❹빨리 걷기나 조깅, 수영, 테니스, 헬스, 요가, 필라테스 등 적당한 유산소운동과 근력운동을 병행하는 것이 좋다.

❺가능하면 임신 시도 6개월 전부터, 적어도 1개월 전부터는 위험하거나 격렬한 운동은 하지 않는다.

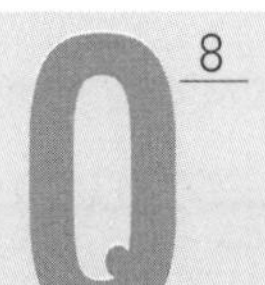

임신하기 좋은 체위가 따로 있을까요?

임신이 잘 되지 않는 부부들은 무엇이 문제일까 늘 궁금해합니다. 그래서인지 임신과 관련된 속설, 그중에서도 부부관계에 대한 이야기가 많습니다. '이런 체위로 하면 아들을 가진다는데, 사정 전에 애무 시간이 길면 아들이라던데, 관계 전 어떤 음식을 먹으면 임신이 잘된다던데' 등과 같은 이야기지요.

결론부터 말하자면 임신하기 좋은 체위는 없습니다. 사정 전에 깊숙이 삽입하는 체위나 사정 후 물구나무를 서는 행동 역시 임신과 크게 상관이 없습니다. 다만 부부관계가 끝난 후 바로 샤워를 하는 것보다는 서로 간의 터치를 통해 오랜 시간 같이 있는 것이 심적으로 안정이 되고 정액이 흘러나오는 것을 막을 수 있어 도움이 된다고 알려져 있습니다.

지금까지 임신을 목적으로 한 부부관계보다는 서로 뜨거운 사랑을 표현하는 행위 자체가 바로 임신으로 이어지는 경우를 많이 보았습니다. 그러니 아기를 원한다면 서로 뜨겁게 사랑하세요.

❤ 임신 가능성을 높이는 부부관계 팁

❶배란 시기를 확인해서 부부관계를 하면 임신 확률이 높아진다. 한 연구에 의하면 배란 2~3일전 부부관계를 할 때 가장 임신 확률이 높았다고 확인되었다. 생리 예정일보다 14일 전을 배란일로 정하고 배란 전 7일 사이에 1~2일 간격으로 부부관계를 시도한다.

❷배란 전 냉을 확인한다. 배란 전에는 끈끈하고 맑은 냉이 나오는데 보통 배란하기 5~6일 전부터 나오기 시작해서 배란하기 2~3일 전에 가장 많이 나온다. 이렇게 냉을 확인하여 배란 시기를 예측하고 부부관계를 시도한다.

❸스트레스를 받지 말자. 부부관계는 아이를 갖는 행위가 아니라 부부의 사랑을 확인하는 행복한 시간이어야 한다. 부부간에 서로 사랑하고 존중할 때 사랑스러운 아이가 생긴다는 자연의 법칙을 꼭 명심하자.

임신을 돕는 운동은 어떤 것이 있을까요?

사회생활에 집안일까지 하다 보면 몸에 좋다는 운동을 자꾸 뒤로 미루게 되는 것이 현실입니다. 하지만 계획 임신을 준비한다면 운동을 생활화해야 합니다. 몸이 건강해야 임신이 쉬워지고 이후 임신 중에 무거워지는 몸을 지탱할 수 있기 때문입니다.

평소 요가나 수영, 달리기 등을 해왔다면 임신을 준비하는 동안 꾸준히 하던 운동을 계속하는 게 좋습니다. 임신 후기로 갈수록 자궁의 크기가 커지고 복강의 압력이 증가하면서 폐 용적이 줄어들어 쉽게 숨이 차니 평소 달리기와 수영 등으로 폐활량을 늘려두고, 허리 운동과 복근 운동으로 허리에 힘을 길러두면 임신 중 건강을 유지하는 데 도움이 됩니다.

❤ 임신을 돕는 운동

골반저 근육 강화 운동

골반을 받쳐주는 골반저 근육을 강화하는 데 가장 효과적인 운동이 바로 케겔 운동이다. 케겔 운동은 골반과 고관절을 강화하고 생식기 근육을 강화해 임신에 도움을 준다. 또한, 출산 후 늘어난 골반을 원래대로 복구하는 데도 효과적이며 요실금 예방에도 효과가 있으니 평소 꾸준히 연습하면 좋다.

❶똑바로 누운 상태에서 무릎을 세운 후 손은 배 위에 올려놓는다.
❷항문, 요도, 질을 오므리는 느낌으로 하복부에 힘을 주고, 다섯까지 센 다음 서서히 힘을 뺀다. 5회 반복.
❸다리를 뻗은 후 똑바로 누워 손을 배 위에 올려놓고 ❷번 동작을 5회 반복한다.

즐겁게 운동하길 원한다면 밸리댄스를 추천해요. 밸리댄스는 다른 운동에서 잘 쓰지 않는 골반과 엉덩이를 많이 쓰기 때문에 골반과 고관절을 강화하고 생식기 근육을 강화해 임신에 도움을 준다고 해요. 저 역시 밸리댄스로 효과를 톡톡히 봤답니다.

10 대학 병원과 동네 산부인과 중 어디로 가야 할까요?

임신 준비를 시작할 때 가장 먼저 하는 고민 중의 하나가 어느 산부인과에 갈 것인가입니다. 사실 간단한 임신 전 검사는 보건소에서도 가능하고 가까운 병원 어디에 가도 상관없습니다. 하지만 처음 찾은 병원을 임신, 출산 때까지 계속 다닐 계획이라면 미리 여러 사항을 고려하는 것이 좋습니다. 난임 클리닉을 생각한다면 더더욱 고민하고 알아볼 점이 많습니다.

대학 병원과 동네 일반 산부인과는 각각 장단점이 있습니다. 대학 병원은 시설에 걸맞게 분만이나 다른 응급 상황에서 적절히 대처할 수 있는 장점이 있지만 시간적인 면이나 친절도에서는 동네 산부인과보다 불편한 게 사실입니다. 일반 산부인과는 시간적인 면이나 경제적인 면에서 좋고, 친절도에서는 만족도가 높지만, 응급 상황이나 특이 상황에서의 대처 능력이 떨어진다는 단점이 있습니다. 그러니 다음과 같은 항목을 꼼꼼히 체크해 자신에게 맞는 산부인과를 선택하는 것이 좋습니다.

교통의 편리성 임신 중에는 갑작스러운 출혈이나 복통, 진통 등 시간이 지체되면 안 되는 응급 상황이 벌어질 수 있기 때문에 산부인과를 선택할 때는 교통의 편리성을 고려해야 한다. 또한 임신이 진행될수록 몸이 무거워지므로 될 수 있으면 대중교통으로 쉽게 갈 수 있는 곳이 좋다.

고위험 임신 여부 고령 임신이거나 산전 진찰 중 임신성 고혈압이나 당뇨, 출혈이나 미숙아 분만 가능성이 높은 고위험 임신으로 판명되면 미숙아를 처치할 수 있고 수혈이 용이한 대학 병원을 고려하는 것이 좋다.

의료 전문가의 선택 출생률의 감소로 최근에는 분만을 시행하는 의사의 수도 급감했을 뿐 아니라 분만 경험이 많지 않은 산부인과 전문의도 상당수 있다. 병원을 선택할 때 전문의의 나이, 경험 등을 꼼꼼히 살펴보자.

병원 시설 병원이 정해지면 직접 방문해서 병원 환경이 깨끗한지, 분만실은 따뜻한 분위기인지, 분만 시 가족을 위한 시설은 어떤 것들이 있는지 등을 꼼꼼히 체크한다.

38세에 임신 계획 중입니다. 이미 고령인데 바로 시험관 시술을 해야 할까요?

요즘은 결혼이 늦다 보니 초산 나이도 점점 늦어지고 있습니다. 산부인과에서는 산모 나이 만 35세 이상을 고령 임신이라고 하는데, 아무래도 나이가 많아질수록 임신 성공률도 낮아지고 산모 건강이나 체력도 약해집니다. 그러니 비교적 늦은 나이에 임신을 계획하고 있다면 처음부터 난임 클리닉으로 가서 상담을 받아보는 것도 좋습니다.

하지만 고령 임신이라고 해서 무조건 시험관 시술을 해야 하는 것은 아닙니다. 난임 클리닉에서 검사와 상담을 받고 나면 발견되는 문제에 따라 여러 가지 해결책을 제시해 줍니다.

보통 난임 여성들은 이런저런 핑계로 임신이 되지 않는 상황을 회피하는 경우가 많습니다. 이번 달까지 해보고 안 되면 병원에 가봐야지 하는 마음으로 1년, 2년이 지나게 되면 임신은 점점 힘들어집니다. 임신 성공률은 37세, 40세를 기점으로 급감한다는 통계를 볼 때 35세 이상에서는 좀 더 적극적인 자세가 필요합니다. 최근에는 20~30대에게서도 난소 기능 저하가 많이 나타나니, 1년간 정상적인 성생활을 함에도 임신이 안된다면 계속 자연임신을 기다리기보다는 난임 클리닉에서 상담받을 것을 권합니다.

난임 클리닉을 방문해 상담을 받고 나면 대부분은 조금 더 빨리 올 걸 하는 후회를 합니다. 그러니 35세 이상의 여성이라면 임신 전 상담과 검사를 통해 몸 상태를 정확하게 파악하고, 정확한 계획에 따라 임신을 시도하세요. 시술이 필요하면 가급적 이른 시일 내에 시작해야 합니다. 이때부터 여성의 1년은 임신에 있어서 정말 중요한 시기라는 것을 꼭 명심하세요.

인터넷에 떠도는 근거 없는 임신 방법, 과학적으로 검증되지 않는 시술, 성분이 정확하지 않은 한약 등은 오히려 임신을 저해하는 요소가 될 수 있습니다.

12

임신부의 나이가 많으면 어떤 위험이 있나요?

최근 우리나라에서는 저출산과 함께 고령 임신이 늘어나는 추세입니다. 여성의 사회 참여가 늘어나면서 자아실현의 욕구가 커진 탓도 있겠지만 무엇보다 결혼 시기가 늦어지고 있는 것이 가장 큰 원인입니다. 또한 임신부의 나이와 상관없이 난임이 증가하고 있어 난임 치료 후 아이를 늦게 출산하는 가정이 늘어나고 있습니다.

만 35세 이상의 고령 임신부는 고혈압, 심혈관계 질환, 당뇨, 자궁근종, 산전 산후 합병증의 증가로 주산기 사망률이 높아지며 조산과 난산이 늘어날 위험이 있다고 알려져 있습니다.

하지만 고령 임신이라고 해서 불안해할 필요는 없습니다. 임신부의 나이와 상관없이 임신에는 늘 위험 요소가 존재합니다. 그리고 대부분, 무사히 건강한 아기를 출산합니다. 나이 역시 위험 요소의 하나일 뿐입니다. 따라서 미리 임신을 준비하고 문제의 원인을 파악해서 적절히 대처하면 누구나 건강하게 출산할 수 있습니다.

고령 임신의 위험

산전 합병증 고령 임신은 임신성 고혈압과 임신성 당뇨가 증가한다. 우리나라 통계에 따르면 만 35세 이전에서는 임신성 당뇨가 임신부의 약 0.4%에서 발생한 데 비해, 35세 이후에서는 4.0%로 10배가 증가했다. 또한 전치태반과 태반 조기 박리와 같은 출혈성 응급 질환의 발생이 높아 주산기 사망률이 높아지는 경향을 보인다.

분만 합병증 고령 임신의 경우 분만 중 출혈 발생률이 높고, 이에 따라 수혈의 빈도가 높아진다. 또한 자연분만보다는 제왕절개 분만이 급증한다.

태아 및 신생아 예후 고령 임신에서는 자연유산, 염색체 이상으로 인한 초기 유산율이 증가하며, 조산 및 저출생 체중아, 자궁 내 태아 사망 등이 증가한다.

임신 준비한 지 꽤 지났는데 임신이 안 돼요. 난임일까요?

최근 난임 부부가 급증하고 있습니다. 고령 임신이라 정의하는 만 35세 이후에는 난임이 노화에 따라 나타나는 현상이라고 할 수 있지만, 최근에는 20대나 30대 초반에도 여러 이유로 임신이 쉽지 않은 경우가 나타납니다.

난임을 정의하는 것은 매우 주관적일 수 있습니다. 부부마다 부부관계를 하는 날이 모두 다를 뿐 아니라 횟수 또한 다르기 때문이죠. 그리고 아이를 기다리는 마음도 같지 않으니 기다림에 대한 체감도 다릅니다.

일반적으로 나이에 따른 부부관계 횟수는 20대가 1주일에 3~4번, 30대가 2~3번, 40대가 1번이라고 알려져 있습니다. 이러한 통계를 바탕으로 정상적인 부부관계를 가진다고 가정할 때, 만 35세 이전에는 1년간 자연임신이 되지 않는 경우, 만 35세 이상에서는 6개월간 자연임신이 되지 않는 경우를 난임이라고 정의합니다. 이러한 경우와 더불어 40대 이상이라면 임신 시도 기간과 상관없이 난임 클리닉을 방문하여 전문가의 상담 및 도움을 받는 것이 좋습니다.

병원에서 난임이라는 진단을 받으면 부부간에 어두운 그림자가 드리워집니다. 누구의 잘못도 아닌데 죄를 지은 것 같고 마음이 조급하고 불안해집니다. 하지만 난임은 임신을 할 수 없다는 의미가 아닙니다. 모든 결과에는 원인이 있듯이 난임에도 다양한 원인이 존재하며, 거꾸로 이야기하면 이런 원인을 빨리 파악하고 교정한다면 난임을 극복할 수 있습니다.

14

난임의 주요 원인은 무엇인가요?

난임의 원인을 알기 위해서는 먼저 여성의 몸에서 일어나는 임신의 과정을 알아야 합니다. 여성의 몸에서 임신 준비가 끝나면 난소에서 성숙된 난자를 배출하는데 이를 '배란'이라고 하며, 배란된 난자가 자궁을 통해 들어온 정자와 만나는 것이 '수정'입니다. 정자와 난자가 만나 수정된 수정란은 나팔관을 따라 자궁내막으로 7일간 이동하여 자궁내막에 안착하는데 이를 '착상'이라고 합니다. 임신은 이렇게 배란, 수정, 착상의 3단계를 거쳐 이루어진다고 보면 됩니다. 그리고 난임은 이 배란, 수정, 착상의 과정에 문제가 있을 때 발생합니다.

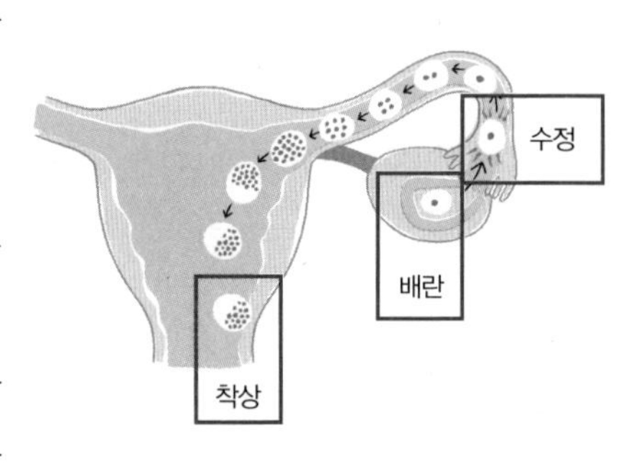

많은 여성이 난임이라고 하면 배란의 문제를 가장 먼저 생각하는데 오히려 배란은 난임의 원인 중 큰 비중을 차지하지 않을뿐더러, 배란 장애가 원인일 경우 배란을 인위적으로 만들어주면 되기 때문에 치료가 쉽습니다. 이 외에 자궁, 난관, 복강, 자궁경부 등의 구조가 난임의 원인일 수 있습니다. 이 모두가 정상이라면 자가면역질환과 같은 면역학적 원인도 고려해봐야 합니다.

무엇보다 난임은 여성만의 문제가 아닙니다. 우리나라는 안타깝게도 난임의 원인을 여성에게 돌리는 경향이 있지만, 최근 통계를 보면 난임의 원인 중 남성요인이 차지하는 비율이 30~50%로, 남성과 여성의 비율이 엇비슷하다고 할 수 있습니다. 따라서 난임과 관련된 상담 및 진료 시에는 항상 부부가 함께 방문하여 동시에 검사를 진행하는 것이 바람직합니다.

15

난임 클리닉에서는 어떤 검사가 진행되나요?

난임이 의심되거나 고령 임신인 경우 난임 클리닉을 방문하게 됩니다. 그런데 난임 클리닉을 방문하더라도 바로 시험관 시술과 같은 시술을 하는 것은 아닙니다. 먼저 매우 자세한 상담과 호르몬 검사, 자궁난관조영술, 배란 초음파 검사 등을 통해 난임의 요인을 찾습니다. 그리고 여성과 남성의 나이 및 질병, 임신을 시도한 기간, 상담 결과를 가지고 담당 의사와 함께 앞으로의 임신 계획을 세웁니다.

난임의 요인	원인이 되는 질환
난소 요인	배란 장애(다낭성 난소 증후군), 난소부전, 조기폐경, 고령
자궁 요인	자궁근종, 자궁내막용종, 자궁내막협착, 자궁 기형
난관 요인	난관수종, 난관폐쇄, 난관 주위 유착
복강 요인	수술, 골반염, 방사선 치료 등으로 인한 복강 내 유착
자궁경부 요인	자궁경부 원추절제술
면역학적 요인	자가면역질환, 동종면역
남성 요인	무정자증, 정자 수 감소, 정자 운동성 저하, 정상 모양 감소

난임 클리닉에서 하는 대표적인 검사

호르몬 검사

생리 시작 후 2~3일 이내에 병원을 방문하여 호르몬 검사를 진행한다. 호르몬 검사는 생리 주기에 영향을 미칠 수 있는 유즙분비 호르몬, 갑상샘 호르몬, 여성 호르몬, 난소 나이를 알 수 있는 항뮬러관 호르몬 검사를 시행하며, 각각의 검사를 통해 배란이나 수정 등에 적합한 상태인지를 일차적으로 파악한다.

자궁난관조영술

나팔관 촬영으로 알려진 자궁난관조영술은 생리가 완전히 끝난 후 4~5일쯤, 배란이 되기 전에 시행한다. 자궁경관에서 자궁강으로 조영제를 주입하고 자궁경관, 자궁강, 난관의 소통성, 골반의 유착 여부를 파악하는 검사이다. 엑스레이 및 조영제를 이용하는 검사이기 때문에 임신 가능성이 있는 경우 의료진과 상의 후 검사 여부를 결정한다. 조영제에 부작용이 있거나 알레르기가 생긴 과거력이 있으면 반드시 의사에게 알려야 한다.

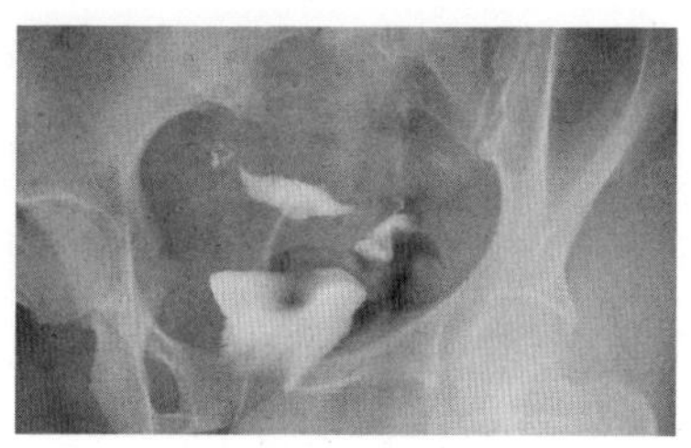

자궁난관조영술

처음 난임 클리닉에 갔을 때, 이렇게 여러 가지 검사를 하는 줄 몰랐기에 당황했어요. 문진표는 또 얼마나 길던지요. 대학병원급의 난임 클리닉은 검사 비용도 만만치 않아서 상당히 부담이 되었고요. 그래도 전 고령 임신이었기에 난임 클리닉으로 바로 가길 참 잘했던 것 같아요. 간단한 배란유도만으로도 임신에 성공했거든요.

배란 초음파 검사

배란이 가까워지면 배란의 여부를 알기 위해 초음파 검사를 시행한다. 난소 안의 난포 크기를 측정하여 배란일을 예상하며, 보통 배란 예상일 2일 전에 방문하여 난포의 성장과 크기를 살펴보면 어느 정도 정확한 배란일 측정이 가능하다.

난임 검사 스케줄

SUN	MON	TUE	WED	THU	FRI	SAT
			1 생리 시작	2 호르몬 검사	3	4
5	6	7	8	9	10 생리가 완전히 끝난 후 배란 전 자궁난관조영술	11
12 배란 초음파 검사	13	14	15	16	17	18
19	20	21	22	23	24	25

간혹 난임 부부 중에서 남편이 병원 가기를 꺼린다는 얘기를 들은 적이 있어요. 그래도 반드시! 남편을 동행해야 해요. 난임의 원인이 누구에게 있는지도 모르는데다가 난임 치료는 처음부터 부부가 함께해야 하니까요.

난임 클리닉에서는 여성이 하는 3가지 검사 외에 남성의 정액 검사도 병행한다. 정액 검사는 언제든지 가능하며 3일간의 금욕 후 시행한다.

16

항뮬러관 호르몬 검사는 무엇을 알아보는 검사인가요?

난임 클리닉에서는 항뮬러관 호르몬 검사라는 것을 합니다. 혈액을 채취해서 항뮬러관 호르몬의 농도를 측정하는 검사인데 항뮬러관 호르몬은 남성의 고환 및 여성의 난소와 같은 생식기 조직에서 생성되는 호르몬입니다. 흔히 난소의 나이를 측정하는 검사로 알려져 있습니다.

항뮬러관 호르몬의 정상 수치는 성별과 연령에 따라 다양합니다. 여성의 경우 사춘기가 될 때까지 매우 낮게 유지되다가 사춘기 이후 난소가 성장하면서 항뮬러관 호르몬 분비가 증가합니다. 이후 가임기 초기에 최고조에 이르고 생식 가능 연령 동안에 꾸준하게 감소하다가 폐경 이후로는 측정이 불가능할 정도까지 감소합니다.

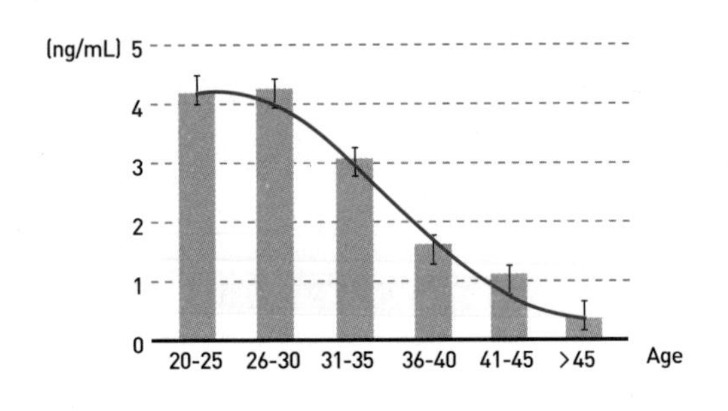

나이별 항뮬러관 호르몬(AMH) 정상수치값

항뮬러관 호르몬은 난자의 성숙 및 배란 과정에 중요한 역할을 하므로 임신에 있어서도 그 역할이 큽니다. 따라서 난임 시술을 하기 전, 항뮬러관 호르몬 검사를 통해 난소예비능(난소의 수와 질)을 평가합니다. 또한 폐경이 가까울수록 정상 수치가 의미 있게 떨어지기 때문에 폐경의 시점을 예측하는 데 도움을 줍니다.

정액 검사에서 남편의 정자 수가 평균보다 적다는데 자연임신이 어려울까요?

남성의 정자 수는 지속해서 감소하고 있습니다. 1940년 남성의 평균 정자 수는 정액 1mL당 약 1억 천 마리였는데 50년 후인 1990년에는 평균 6천만 마리로 거의 반으로 감소하였습니다. 이는 환경의 문제와 스트레스, 비만, 음주, 흡연 등이 원인이라고 추정하고 있습니다.

최근에는 정상 정자의 수가 더욱 감소하여 2010년 세계보건기구에서 발표한 참고치에 의하면 정액 검사 결과에서 정액량은 최소 1.5mL 이상, 정자 수는 1,500만 이상을 정상으로 보고 있습니다. 정액 검사에서는 정자의 수도 중요하지만 운동성, 모양 등 여러 가지가 평가 대상이 됩니다. 즉 평균보다 정자 수가 적더라도 운동성이 좋은 건강한 정자가 많은 비율을 차지한다면 임신율에는 큰 차이를 보이지 않는다는 것이죠. 바꾸어 말하면 정자 수가 정상치에 조금 못 미치더라도 임신에 크게 영향을 끼치진 않습니다.

한 가지 덧붙이자면 정액 검사는 정력 검사가 아닙니다. 정액 검사는 남성의 발기부전과는 전혀 관계가 없으며, 임신을 위한 검사에 불과합니다. 오히려 남성의 스트레스가 난임의 원인이 될 수 있다는 것을 명심하세요. 정액 검사 전에 3일(최소 2일)간은 금욕을 해야 하며 정액 검사에서 이상이 발견되면 재검을 통해 결과를 다시 봅니다.

세포질 내 정자 주입술

시험관 시술은 여성의 난임을 해결하는 데 효과적인 치료 방법이지만 난임의 원인이 남성에게 있는 경우, 시험관 시술로는 임신하기가 어렵다. 남성의 정자 수나 모양, 운동성에 문제가 있어서 난임인 경우에는 세포질 내 정자 주입술이라는 시술을 한다. 아주 가는 침을 이용해 정자를 난자 속에 직접 찔러 넣어 수정시키는 방법이다. 난자에 정자를 직접 넣는 것 외에는 시험관 시술과 같은 과정으로 진행된다.

난임 클리닉에서 받는 시술은 어떤 것들이 있나요?

난임 클리닉에서 난임 진단을 받게 되면 예상하던 결과라 하더라도 크게 실망하게 됩니다. 치료는 어떻게 받아야 하는지, 치료하면 아이를 가질 수는 있는 것인지, 실패할 확률은 얼마나 되는지, 비용은 얼마나 들지 등 걱정이 꼬리에 꼬리를 물게 되죠. 사실 난임 치료는 시간과 비용이 많이 들고 몸도 마음도 힘들고 지치는 과정입니다. 그러니 쉽지는 않겠지만 치료를 시작하기 전 마음을 진정시키고 편안한 마음으로 치료받는 것이 중요합니다. 무엇보다 부부가 치료에 대해 상의하고 함께 공감하는 과정이 중요합니다.

❤ 난임 클리닉에서 받는 대표적 시술

자연임신을 위한 배란일 파악하기

난임 클리닉에 오면 배란일을 잡는 것이 가장 기본적인 시술 중 하나이다. 요즘에는 인터넷이나 앱 등 배란일을 알 수 있는 여러 가지 방법이 있지만 사실 이것은 생리가 정확한 사람에게나 도움이 되는 방법이어서 난임 클리닉에 오는 대부분의 사람에게는 무용지물인 경우가 많다. 초음파와 소변 검사, 호르몬 등의 피검사를 통해 배란일을 파악하는데, 정확한 배란일을 파악하게 되면 상황에 따라 다르지만 2~3회 정도 그 날짜에 맞춰 부부관계를 함으로써 자연임신을 시도해본다.

인공수정

인공수정과 시험관 시술을 혼동하는 경우가 많은데, 인공수정은 남성의 건강한 정자를 채취하여 특수처리한 다음 약이나 주사 등으로 배란이 유도된 여성의 자궁에 주입하는 방법이다. 마취 등이 필요 없고 통증이 적은 비교적 간단한 시술이다. 주로 여성의 자궁경관이나 점액에 이상이 있는 경우, 남성의 성교 장애로 인해 질내 삽입이나 사정이 어려운 경우, 자궁의 심한 전굴, 후굴 등으로 정상적인 성교를 통해 임신을 못 하는 경우에 시행한다. 1주기당 성공률은 10~15% 정도로 난임 기간이 길어질수록 성공률이 떨어진다. 따라서 3~4회 인공수정에 실패하면 시험관 시술(체외수정)을 고려하게 된다.

시험관 시술(체외수정)

인공수정에서 임신이 안 되거나 여성의 나이가 많은 경우, 나팔관이 모두 막힌 경우, 자궁내막증이 심한 경우, 정자 가임력이 많이 떨어지는 경우에 시험관 시술을 고려한다. 통상적으로 많은 사람이 생각하는 인공적인 임신 방법이 시험관 시술이다.

여성에게 주사제로 과배란을 시켜 난자를 여러 개 채취한 다음 남성에게 받은 정자로 연구실에서 수정을 시키고 배아를 배양한다. 이후 배양된 배아를 여성의 자궁강 내로 넣어 착상에 성공하면 임신이 된다.

여러 시술 중 임신 성공률은 30% 내외로 가장 높긴 하지만 연구실과 연구 인력, 여러 장비가 필요한 비교적 까다로운 시술이어서 전문 클리닉에서 시행한다. 여성은 매일 과배란 유도 주사를 맞아야 하며 과배란으로 인한 과배란 증후군도 생길 수 있다. 게다가 난자 채취 시 마취를 해야 하고, 착상을 시켜야 하므로 시술의 전체 과정에서 육체적으로 힘이 든다. 또한 합병증이 오지 않기 위해서는 임신 전에 철저한 산전 관리가 필요하다.

상담을 해보면 육체적으로 힘들어하는 경우 못지않게 정신적으로 힘들어하는 경우가 많을 정도로 스트레스가 심하므로 가족의 전폭적인 지지가 필요하다.

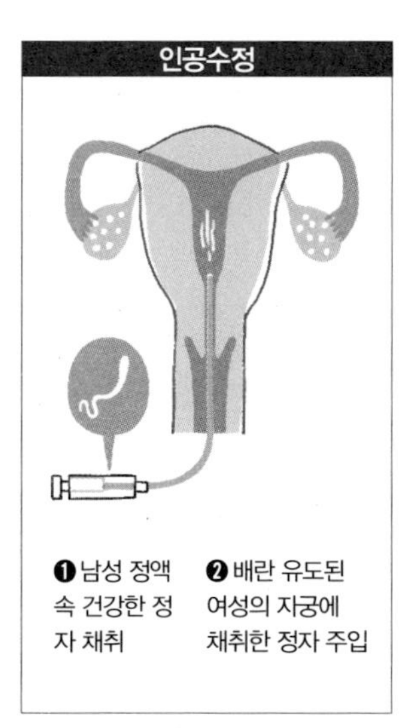

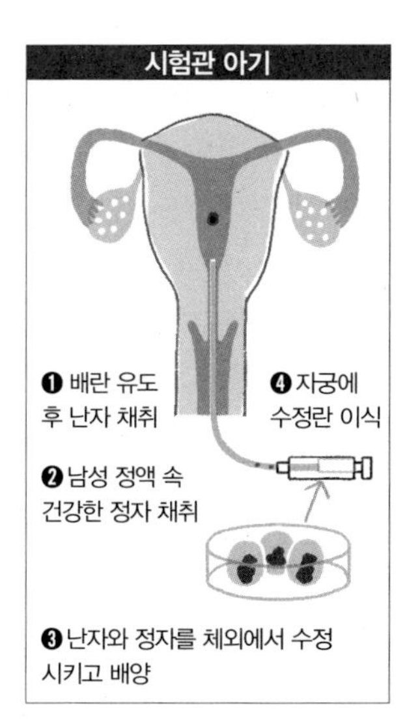

직장을 다닌다면 난임 치료를 받을 때 국가에서 보장한 난임 치료 휴가를 사용할 수 있어요. 넉넉하지는 않지만 유급 1일과 무급 2일, 연간 총 3일을 쓸 수 있답니다. 직장에 휴가 내기가 어렵다면 새벽이나 저녁까지 클리닉 진료 시간을 연장하는 병원이 있으니 가까운 곳을 찾아보세요.

시험관 시술은 사실 여자에게 몸도, 마음도 매우 힘든 과정이에요. 제 친구는 몇 차례 시도한 후 그냥 깨끗이 마음을 접었답니다. 그런데! 그 후 몇 년 뒤, 기적적으로 자연임신에 성공해서 예쁜 아기를 낳았어요. 이런 경우가 적지 않으니, 설령 난임 치료로 임신이 되지 않더라도 절대 포기하지 말고 마음을 편히 가지세요.

19 난임 치료를 할 때 남편은 어떤 준비를 해야 하나요?

여성의 고령화가 난임의 원인이 되는 것처럼 남성의 고령화도 난임을 유발하는 원인이 되고 있습니다. 난임의 원인을 분석해보면 여성이 1/3, 남성이 1/3, 원인불명이 1/3을 차지한다고 하니, 남성과 여성의 난임 원인은 거의 같은 비율이라고 할 수 있습니다. 그러니 여성뿐 아니라 남성도 임신을 위해서는 스스로 준비해야 합니다.

가장 건강한 임신을 하려면 적어도 10개월 전부터는 임신을 위한 준비를 해야 합니다. 남성의 고환에서 기능적으로 성숙한 정자는 약 74일의 과정을 거쳐 만들어지는데 이 성숙된 정자가 수정력을 가지려면 약 2~3주가 더 필요하니 결국 오늘 수정된 남성의 정자는 약 3~4개월 전의 정조세포부터 생성되었다고 보면 됩니다. 건강한 정자를 위해서는 먼저 이 정조세포를 건강하게 만들어야 하니 최소 5~6개월 전부터 준비하는 것이 좋습니다. 그러니 결국 10개월이라는 긴 시간이 필요한 거죠.

심지어 임신하기 어렵다는 난임 진단을 받았다면 남성도 좀 더 세심한 몸 관리가 필요합니다.

예비 아빠에게 도움이 되는 보충제

비타민 C 정자의 기형을 줄이고 정자의 운동성을 향상한다.
비타민 E 일명 섹스 비타민이라 불릴 정도로 생식 환경에 필수적인 비타민이다.
아연 정자의 양과 테스토스테론의 수치를 높인다.
셀레늄 남성의 생식 환경 개선에 좋다.
라이코펜 전립선 질환을 예방한다.
코큐텐 정자의 활력을 높인다.
칼슘 전반적인 가임능력을 향상한다.

예비 아빠 몸 만들기 십계명

1 금주와 금연을 한다 과음은 발기부전의 원인이며 정자 수와 정자의 운동성을 저하시키고 정자를 생산하는 능력을 감소시킨다. 또한 흡연은 남성 수정 능력의 30%까지 손상을 줄 뿐 아니라 정자세포의 유전적 돌연변이를 일으키니 금주와 금연은 필수이다.

2 아내와 함께 백신을 접종한다 남편은 아내의 감염 위험을 최소화해야 하기 때문에 MMR, 성인용 Td 및 수두 백신, B형 간염 및 A형 간염 백신, 인플루엔자 백신을 접종할 것을 권장한다.

3 카페인을 피한다 남성의 경우 여성보다는 부담이 덜 하지만 하루 700mg 이상의 카페인을 섭취하면 임신을 하는데 시간이 걸린다는 연구 결과가 있다. 따라서 하루 두 잔 이상의 카페인 음료는 피하는 것이 좋다.

4 엽산을 섭취한다 엽산은 세포 분열을 하는데 연료가 되므로 수정 전 난자와 정자에는 충분한 엽산이 포함되어야 한다. 따라서 하루 0.4mg(400㎍)의 엽산 섭취를 권장한다.

5 더운 환경을 피한다 정자 생산을 위해서는 고환의 온도가 체온보다 1도 정도 낮아야 한다. 너무 더운 환경은 정자 생산에 방해가 된다.

6 푹신한 의자를 멀리한다 푹신한 의자에 장시간 앉아 일하는 것 역시 고환의 온도를 올릴 수 있다.

7 직장의 유해환경을 조심한다 도자기를 굽거나 배터리 제조, 페인트칠, 화학 물질 등을 다루는 직업은 정자의 질과 수가 감소하기 쉽다. 항상 조심해서 유해환경에 노출되지 않도록 주의하자.

8 적절한 운동을 한다 운동량은 적절해야 하며 극도의 피로를 느낄 정도의 과도한 운동을 할 경우 오히려 테스토스테론의 수치가 감소하여 생식능력이 떨어질 수 있다.

9 체중을 조절한다 남성이 비만일 경우에도 여성과 마찬가지로 정자의 양과 질에 문제가 생긴다. 남성의 체질량 지수가 정상보다 3 정도 높으면 불임 확률을 10% 높인다는 연구 결과가 있다.

10 필요하면 비타민 등 보충제를 섭취한다 적절한 보충제로 정자의 운동성을 향상하면 가임 능력을 향상할 수 있다.

SOS

임신 준비

만성 질환이 있다면 어떻게 임신을 준비해야 할까?

만성 질환이 있는 여성이라 하더라도 임신이 불가능한 것은 아닙니다. 임신 전 검사를 통해 질환을 파악했다면 가능한 임신 전에 치료하는 것이 좋고, 설령 임신 후에 질환을 파악했더라도 의사와 상담을 통해 원만한 출산이 가능하도록 관리하면 됩니다. 그러나 만성 질환은 임신 기간 중 여러모로 건강에 영향을 미치고, 태아에게 질환이 전달될 수 있으므로 철저한 관리가 필요합니다. 만성 질환의 임신 전 관리는 다음과 같이 해야 합니다.

비만

임신 전 비만은 불임의 원인이 될 수 있으며 비만인 임신부는 임신성 당뇨와 임신성 고혈압의 빈도를 증가한다. 따라서 임신을 계획할 때 비만이라면 적절한 운동과 함께 식생활의 변화로 체중을 정상 체중으로 돌리는 것이 중요하다. 하지만 피하지방의 감소 없이 몸무게만 줄이는 것은 오히려 무월경 등 다른 질환을 가져올 수 있으니 주의한다.

식이 장애

폭식과 거식을 반복하는 식이 장애는 영양의 불균형을 불러오며, 이는 약물의 오남용으로 이어져 태아의 기형을 초래할 수도 있으니 임신 전에 반드시 치료해야 한다. 또한 식이 장애는 우울증을 동반하는 경우가 많아서 임신 중이나 산후에도 계속 이어질 수 있으므로 반드시 전문의의 치료를 받은 후 임신을 시도해야 한다.

당뇨

임신 시 혈당의 조절은 경구용 혈당강화제보다는 주사제로 조절하기 때문에 인슐린 의

존성 당뇨 환자라면 반드시 의사와 상의하여 주사제로 바꾸는 것을 고려해야 한다. 임신 전부터 혈당 조절이 안 되면 임신 후 조절 능력이 더 떨어질 수 있으며, 거대아 및 난산으로 인한 제왕절개와 산후 출혈 빈도가 증가할 수 있기 때문에 철저한 관리가 필요하다.

고혈압

혈압이 높은 여성은 임신을 계획할 경우 혈압약을 바꾸는 것을 고려해야 한다. 혈압약은 임신부의 혈압뿐 아니라 탯줄을 통해 태아로 가는 혈류량의 변화를 가져올 수 있기 때문이다. 고혈압은 임신에 큰 영향을 미칠 뿐만 아니라 임신 합병증이 올 수 있으므로 내과 전문의와 상의하여 혈압을 조절하고 신중하게 임신을 계획해야 한다.

간질

간질을 앓고 있는 여성이 임신할 경우 간질 발작의 빈도가 늘어날 수 있으며, 간질 발작으로 태아의 저산소증을 유발하거나 심한 경우 유산이 될 수 있기 때문에 반드시 항경련제로 간질을 조절해주어야 한다.

우울증

우울증을 앓고 있다면 임신 전에 반드시 정신과 전문의와 상담할 것을 권한다. 또한 산부인과 진료 시에도 우울증 과거력을 이야기해야 한다. 우울증은 임신 후 더 심해지는 경향이 있는 데다 임신 중의 임신 우울증과 겹쳐 생각지도 못한 결과를 낳을 수 있다. 만약 우울증약을 복용 중이라면, 태아에게 영향이 가장 적은 약물로 바꾸는 것이 좋다.

갑상샘 질환

갑상샘 호르몬에 이상이 있다면 불임이 될 수 있으니 임신 전 갑상샘에 질환이 있다면 반드시 치료 후에 임신을 시도해야 한다. 또 임신 중의 갑상샘 질환은 임신부에게는 임신중독증, 신부전, 조기 진통을, 태아에게는 미숙아, 저체중아의 출산 등을 초래할 수 있으므로 임신 중이라도 약물을 통한 적극적인 치료가 필요하다. 갑상샘 항진증을 앓고 있다면 비교적 태반의 통과가 적은 약물인 프로필티오우라실 제제를 투여하면 된다.

chapter 2

혹시나 잘못될까 봐 매 순간 불안해요!

임신 초기 멘붕 탈출법

드디어 기다리던 임신을 했어요. 임신 소식을 듣자마자 며칠 전 마신 술 한 잔과 커피 때문에 아기에게 문제는 없는지 걱정이 되네요. 임신 초기에 잘못하면 유산이 될 확률이 높다는데 일은 해도 되는지, 운동은 해도 되는지, 매 순간 걱정입니다. 혹시나 잘못될까 봐 불안한 임신 초기의 걱정, 어떻게 대처해야 할까요?

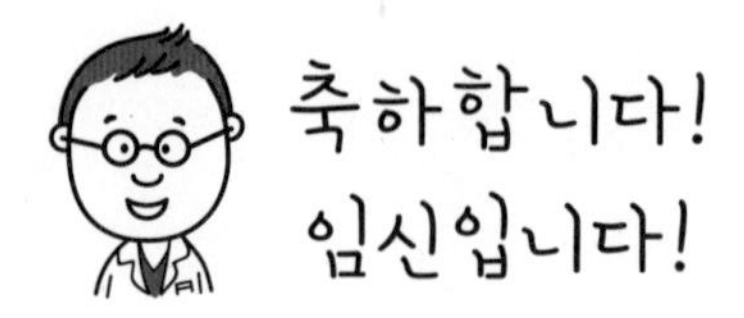

드디어 임신하셨다고요? 진심으로 축하드립니다! 산부인과 의사인 저는 매일 접하는 소식인데도 임신은 언제나 경이롭게 느껴집니다. 수억 개의 정자가 벌이는 극악의 생존경쟁에서 살아남은 남편의 우월한 정자가 당신의 건강한 난자와 만나 수정을 이룬 수정란이 정성스럽게 준비를 마친 자궁 내막에 착상하면서 드디어 새로운 생명이 시작된 순간이니까요.

수정란은 착상과 동시에 빠르게 세포 분화가 되며 사람의 형태를 갖추기 위한 준비에 들어가고, 조그만 세포에서 시작한 생명 탄생의 작업은 한 달이 지나면서 한 개체로서의 성장 필수 조건인 심장을 갖추게 됩니다. 심장을 가진다는 것은 사람으로 성장하기 위한 엔진을 갖는다는 의미이며, 이때부터 본격적으로 세포 변화와 분열을 거듭하며 사람의 형태로 점점 변화하게 됩니다.
태아는 임신 8주에는 몸을 지배하는 신경들이 하나씩 성장하면서 퉁퉁 튀어오르거나 구부리는 단순한 운동을 시작하고, 임신 10주에는 숨을 쉬고 음식을 소화하며 호르몬을 지배하는 주요 장기들이 제 기능을 수행할 수 있도록 하는 본격적인 성장이 나타납니다.
임신 초기의 태아 성장은 마치 영화 필름을 빨리 돌리는 것처럼 급격히 일어납니다. 그리고 이 시기에 당신의 몸은 아이를 보호하기 위해 모든 노력을 기울이게 됩니다. 그 덕에 태아는 눈부신 성장을 이루게 되어 임신 15주경에는 보고 느끼고 맛보는 이른바 오감이 발달하면서, 엄마를 느끼고 아빠를 생각하며 바깥세상에 적응하기 위한 혼자만의 노력을 시작하게 되지요.

임신은 여성에게 커다란 변화의 시작입니다. 이제까지 당신은 자신의 몸을 보호하고 자신의 몸을 성장시키기 위해 살아왔다면 임신 이후부터는 하나의 생명을 더 돌보기 위해 그에 맞게 몸의 변화가 시작됩니다. 이 같은 변화의 시작인 임신 초기에는 마치 병에 걸린 것처럼 복통이 나타나고, 소화가 안 되기도 하며, 때로는 두통이나 현기증을 느끼는 등 신체적으로나 정신적으로도 평소와 다른 변화가 일어납니다. 특히 이 시기의 입덧은 많은 임신부가 가장 힘들어하는 증상 중 하나인데, 대부분 12~14주 정도면 어느 정도 해결되지만 심한 경우에는 임신 기간 내내 임신부를 괴롭히는 고약한 증상이 되기도 합니다. 입덧과 더불어 임신부에게 커다란 고민으로 다가오는 것이 바로 질 출혈입니다. 임신 초기 소량의 출혈은 수정란의 착상과 성장 과정에서 생기는 자연스러운 현상이긴 하지만 때로는 이런 출혈이 유산을 일으킬 수 있기 때문입니다.

임신 초기는 임신 10개월 중에서 태아에게는 물론 엄마가 될 당신에게도 가장 많은 변화가 일어나는 시기입니다. 또 앞으로 일어날 변화를 미리 준비해야 하는 시기이기도 합니다. 아직은 모든 것이 힘들고 낯설지만 먹는 것, 자는 것, 입는 것 등 가장 기본적인 것부터 조금씩 적응해나간다면 임신 10개월은 평생토록 기억에 남을 커다란 행복과 추억을 안겨줄 소중한 시간이 될 것입니다.

선배아빠 메시지

드디어 우리에게 아기가 찾아왔어요!

아기가 생겼을 때 가졌던 마음을 기록하세요

임신 테스트기에 그어진 두 줄, 초음파 속에 조그맣게 보이는 아기집, 그리고 콩닥거리는 아기의 심장 소리…, 임신부터 새로운 생명이 태어나는 과정 하나하나가 정말 소중했던 것 같습니다. 아내의 임신을 확인하고 부모라는 이름의 무게를 느끼며 태교 일기를 썼습니다. '맘스다이어리'라는 앱으로 아이를 기다리는 아빠 엄마의 마음을 함께 적어 나갔죠. 간단하게 몇 줄 적는 것만으로도 아이에 대한 책임감과 사랑이 더욱 커지는 것을 느낄 수 있었습니다. 그 시절 썼던 일기들이 지금도 책장에 꽂혀 있는데, 육아에 지치고 힘들 때 가끔 꺼내 보면 당시의 마음이 새록새록 떠오르면서 지금 제 모습을 돌아보게 됩니다.

조심 또 조심!

임신하고 얼마 지나지 않아 아내가 아랫배가 콕콕 쑤시는 듯한 증상을 조금씩 느끼기 시작했습니다. 통증이 계속되고 피가 비추기도 하자 놀란 마음에 급히 병원을 찾았습니다. 다행히 큰 이상은 없었지만, 선생님께서는 스트레스를 덜 받고 잘 쉬는 것이 이 시기에 제일 중요하다는 말씀을 해주셨습니다. 임신 초기는 아기가 엄마 자궁 속에서 자리를 잡아가는 시기라 그만큼 유산의 위험도 큰 때입니다. 중요한 시기이니만큼 아내가 스트레스받지 않고 편안하게 쉴 수 있도록 충분히 배려해주세요.

병원에 꼭 함께 가세요

임신 후 출산까지 병원을 찾을 일이 꽤 많았는데 가능하면 아내와 함께 병원에 갔습니다. 아내는 제가 주말 근무 시간까지 바꾸며 정기검진에 함께 가려는 모습을 보고 말로 표현하진 않았지만 큰 감동을 받았다고 합니다. 출산을 여자의 몫으로만 미루지 않는다는 것을 많이 느꼈다고 해요. 무엇보다 정기검진을 함께 가면 아빠도 아기의 모습을 가까이서 확인할 수 있습니다. 쿵쿵쿵쿵 울리는 아기의 심장 소리, 꼬물꼬물 움직이는 아기의 모습은 그 자체로 감동이지요. 아내가 병원을 찾을 때마다 늘 함께했던 덕분에 아빠가 된다는 것을 실감하고 준비도 나름 열심히 할 수 있었던 것 같습니다.

육아 지식을 본격적으로 쌓을 때입니다

아기가 엄마 배 속에 있는 이 시기야말로 육아 지식을 차곡차곡 쌓을 수 있는 최고의 시기입니다. 막상 아기가 태어나면 책이나 인터넷을 찾아보며 공부하는 시간을 갖기가 쉽지 않기 때문입니다. 사실 저는 임신 후기에 가서야 육아 책을 조금씩 봤던 것 같습니다. 예비 엄마인 아내도 그랬겠지만 아빠인 저 역시 출산이 다가올수록 불현듯 '내가 과연 아빠 역할을 잘할 수 있을까?' 두려움을 느낄 때가 많았거든요. 다행히 육아책을 읽으면서 그 두려움도 조금씩 옅어졌던 것 같습니다. 다시 그 시절로 돌아간다면 임신 초기부터 육아 책을 읽으며 아기의 성장과정과 발달단계를 미리 공부하고 싶습니다.

임신 초기 체크포인트

[임신 1개월 : 1주~4주]

난자와 정자가 결합해 하나의 개체를 형성하는 것을 '수정'이라고 하는데 배란 후 일주일간 수정이 가능해요. 남성이 한 번 사정하는 정자 수는 약 3억~4억 마리로 난자의 방어벽을 뚫고 들어가는 단 하나의 정자만이 수정에 성공할 수 있어요. 마지막 첫 생리 시작일을 임신 첫날로 보기 때문에 수정이 되었다면 배란일 다음 날은 수정 첫날, 즉 임신 3주의 시작이에요.

- 난자는 나팔관에서 정자를 만나 임신 14일 무렵에 수정이 이루어져요. 따라서 임신 1~2주는 사실상 임신의 준비 과정이지 아직 임신이 이루어지지 않은 상태예요.
- 임신 15일째부터 수정란은 세포분열을 시작하면서 나팔관을 따라 약 6일간 자궁을 향해 이동하고 7일째에는 자궁내막에 착상해요.
- 아직 몸을 구성하는 기관의 발달이 이루어지기 전이라 수정 후 8주까지를 배아라고 불러요. 그 이후부터 태아라는 명칭을 사용해요.
- 1~2주에는 몸에 변화가 없지만 배란 직후 수정이 이루어지면 호르몬에 급격한 변화가 생겨 몸에도 변화가 나타나기 시작해요.
- 수정된 후에는 융모성 생식선 자극 호르몬(hCG)이 분비되는데, 이 호르몬으로 임신을 확인할 수 있어요.

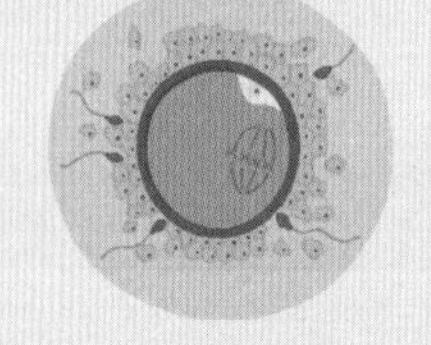

수정란

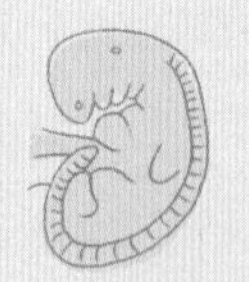

4주 배아는 아주 작고 아직 아기의 모습을 갖추지 못했어요.

☑ 임신 1개월 check point

□ 임신 초기에는 내과적인 질환을 의심하게 하는 증상들이 나타나 종종 내과에서 약을 처방받기도 해요. 그러므로 가임기의 여성이라면 몸에 예상하지 못한 변화가 나타날 때 항상 임신을 염두에 둬야 해요. 그리고 내과 의사에게 임신의 가능성 유무를 미리 알려야 해요.

[임신 2개월 : 5주~8주]

임신 5주 차부터 배아는 태반을 통해 엄마로부터 혈액과 영양분을 공급받기 시작해요. 스스로 혈액을 이동시키기 위해 심장을 형성하고 중요한 장기를 만드는 분화 과정을 시작하지요. 올챙이 모습의 배아는 분화 과정을 통해 신경관을 이루는 외배엽층, 순환기 계통의 분화에 관여하는 중배엽층, 주요 장기를 형성하는 내배엽층이 발달해요. 중배엽에서 발달한 심장은 임신 6주가 지나면 초음파에서도 감지될 정도로 활발하게 움직여요.

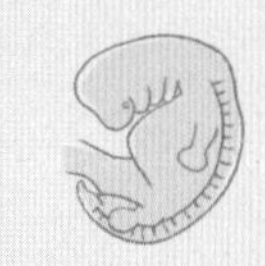
5주 배아는 2mm 정도예요.

- 이 시기 심장 박동수는 분당 160회 정도로 매우 빨라요. 심장 박동수는 점차 떨어져서 태어날 즈음에는 분당 120회 정도가 돼요.
- 몸의 각 부분에서 발달과 성장이 활발히 이루어지는데, 그중에서도 내장 기관의 발달이 두드러져요.

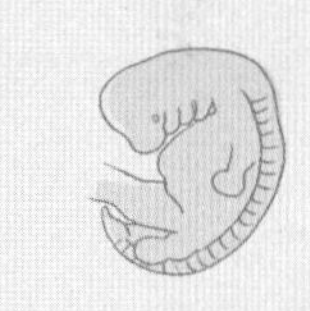
6주 배아는 4~5mm 정도예요.

- 임신 8주가 되면 제법 큰 움직임을 보이기 시작해요.
- 혀에는 미뢰가 형성되어 맛을 느낄 수 있어요.
- 눈꺼풀이 생겨 이제는 눈을 덮을 수 있어요.
- 손가락과 발가락을 물갈퀴처럼 연결했던 막이 점차 사라지면서 손과 발의 형태가 나타나고 관절이 형성돼요.

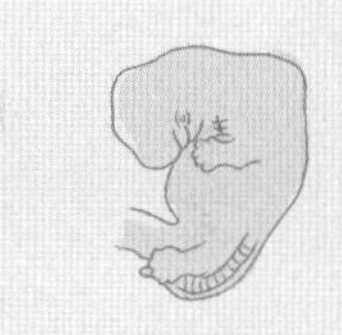
7주 배아는 1.25cm 정도예요.

☑ 임신 2개월 check point

☐ 이 시기 잘못된 약물 복용은 태아의 기형을 유발할 수 있으니 주의해야 해요.

☐ 임신 5주경에는 배 속의 배아를 성장시키기 위해 자궁으로의 혈액량이 증가해서 배에 불편함이나 통증이 나타나요.

☐ 태반이 형성되는 이 시기에는 검은색의 출혈이 약간 나타나지만 2~3주 정도 지나면 사라져요.

☐ 입덧이 본격적으로 시작하면서 임신임을 실감하게 되고, 달갑지 않은 두통이나 유방통도 때때로 나타나요.

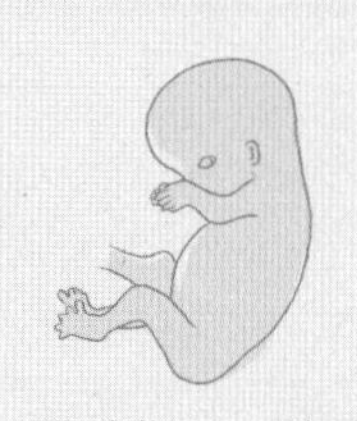
8주 배아는 1.6cm 정도예요.

☐ 몸살 같은 느낌과 미열이 지속되며 질에서는 분비물이 늘어나고 소변도 자주 보게 돼서 질염이나 요도염의 증상이 나타나지만, 이는 임신 초기에 나타나는 자연스런 증상이므로 걱정하지 않아도 돼요.

[임신 3개월 : 9주~12주]

임신 9주가 되면 태아는 본격적으로 사람의 형태를 갖추기 시작해요. 이제는 내외부적인 발달과 성장을 책임질 기관이 준비를 마쳤기 때문에 배아가 아닌 태아라는 명칭을 사용해요. 아직 머리와 몸체, 두 부분으로 구분되지만 이제 머리를 세울 수 있는 목이 형성되고 등뼈는 곧게 뻗고, 배아 때의 상징인 꼬리도 없어져요. 근육과 관절, 뼈대가 발달하여 손목과 발목이 만들어지고, 초음파로 손가락과 발가락이 구분되지요.

- 생식기가 발달하지만 초음파로는 아직 구분이 안 돼요. 임신 4개월 정도 돼야 외관상으로 성별을 구분할 수 있어요.
- 태반이 완벽하게 형성되어 많은 호르몬의 생산을 담당하게 돼요.
- 10주에는 머리를 시작으로 간과 폐, 위, 심장을 비롯한 순환계의 분화가 모두 끝나 본격적으로 각 기능이 시작해요.
- 얼굴은 코와 귀, 입이 구분되는데, 눈은 눈꺼풀로 덮여 있어서 27주가 되어야 눈을 뜰 수 있어요.
- 양수는 태아의 영양분과 노폐물의 제거, 산소 공급의 역할을 담당하는데 점차 태아가 양수에서 활동을 많이 하게 돼요.
- 11주부터 키와 몸무게가 빠르게 증가해요.

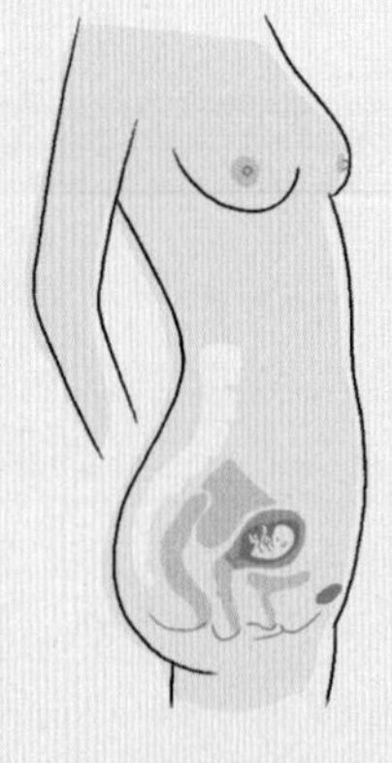

12주가 되면 태아는 5.5cm, 14g 정도로 자라요.

☑ 임신 3개월 check point

□ 약물이나 방사선과 같은 위험한 요인에 노출되지 않았다면 선천성 기형에 대한 위험도는 크게 떨어지니 안심해도 돼요.

□ 임신 12주에는 태아도 자극에 따른 반사 신경으로 운동을 시작하므로 태교가 중요해지기 시작해요.

□ 횡격막이 발달해 양수를 마시고 내뱉는 운동을 시작해요. 가끔 딸꾹질도 하지만 태아에게 위험한 증상은 아니니 걱정하지 않아도 돼요.

□ 가끔은 장이 지나치게 팽창될 때가 있어 탯줄로 장이 튀어나오는 탈장 현상이 나타나기도 하지만, 자연스럽게 제자리를 찾으니 걱정할 필요는 없어요.

[임신 4개월 : 13주~16주]

임신 14주는 임신 2분기의 시작이에요. 이때부터는 생리적으로 안정되기 때문에 성장에 가속도가 붙기 시작하며, 태아는 점차 온전한 인격체로 성장해요. 유산의 위험이 줄어들었기 때문에 모체는 태아의 성장에만 힘을 쓰면 돼요. 즉, 엄마에게는 지금이 가장 황금기예요. 입덧도 누그러지고, 감정의 기복도 안정되고, 무엇보다 유산으로 인한 걱정에서 자유로워져요.

- 손가락과 발가락에 지문이 생기고 손톱과 발톱도 자라요.
- 이 시기 태아는 외부 자극에 대해 반응하는데, 이런 새로운 자극에 대한 행동은 두뇌 발달이 시작됨을 의미해요. 즉, 태교에 신경 쓰기 시작해야 할 시점입니다.
- 오감 중 가장 중요한 감각인 시각, 미각, 청각을 형성해요.
- 점차 복잡한 운동을 하는데 발가락을 웅크리거나 손을 움켜잡기도 하고 하반신이 크게 발달하여 다리로 차는 힘도 세져요. 일반적으로 임신 18~20주경부터 태동을 느끼지만, 예민한 엄마는 이 시기에도 태동을 느낄 수 있어요.
- 근육에 신경이 전달되어 얼굴을 찡그리거나 눈을 가늘게 뜨는 게 가능해져요. 뼈는 이제 더욱 단단하고 길어지고, 목도 길어져 턱을 들 수 있어요.

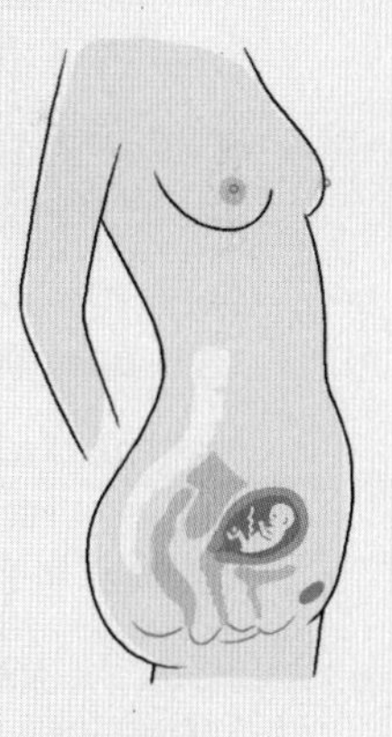

16주가 되면 태아는 12cm, 100g 정도로 자라요.

임신 4개월 check point

☐ 자궁이 딱딱해지는 증상인 브랙스톤 힉스 수축이 나타나고 자궁이 배의 오른쪽 기관을 압박해서 맹장염 같은 통증이 나타나기도 해요. 임신 진행 중 자궁이 커지면서 생기는 자연스러운 증상인 경우가 많으니, 이럴 때는 몸의 자세를 바꾸거나 배를 따뜻하게 해 주세요.

☐ 두통이나 여러 통증이 나타나지만 특별히 심하지 않다면 걱정하지 않아도 돼요.

☐ 이제부터 무리가 가지 않는 가벼운 운동을 시작하면 출산에 도움이 돼요.

 임신 초기에 받아야 하는 검사의 종류

다음은 임신 초기 엄마의 건강 상태 확인을 위해 하는 검사예요. 복용하는 약이 있거나 갑상샘 질환, 당뇨, 심장 질환, 천식, 류머티즘 등의 면역 질환, 우울증 같은 정신과 질환은 임신에 큰 영향을 미치기 때문에 의사에게 꼭 알려야 해요. 또한 복용하는 약이나 여드름 치료제 등은 임신 도중 안전한 약으로 바꾸거나 사용을 중단해야 하므로 꼭 이야기하세요.

❶ 문진 과거 임신한 경험이나 유산한 경험, 자궁근종 수술과 같은 병력 등을 확인한다.

❷ 혈압과 체중, 키 기본 검사이다. 최근에 체중이 크게 늘었거나 줄었다면 담당 의사에게 반드시 이야기한다.

❸ 혈액 검사 채혈로 혈액형을 확인하고 간 기능, 바이러스성 질환 항체 등을 검사한다.

• **혈액형 검사 :** 분만은 출혈이 예상되니 수혈에 대비하여 미리 정확히 확인한다.

• **일반 혈액 검사(빈혈, 혈소판 검사) :** 빈혈이나 출혈성 질환 등이 있는지 확인한다. 만약 임신 초기에 빈혈이 심하다면 철분제를 복용한다.

• **간 기능 검사(간 기능 수치 및 간염 항체 검사) :** 지방간은 임신으로 인해 악화될 수 있으며, 엄마가 간염 보균자이면 태아에게도 수직 감염될 수 있기 때문에 분만 전에 반드시 체크한다.

• **바이러스성 질환 검사(매독, AIDS, 풍진) :** 바이러스성 질환은 태아에게 수직 감염될 수 있으니 미리 검사한다.

❹ 갑상샘 기능 검사 갑상샘 질환은 태아에게 영향을 미치기 때문에 검사해야 하며 필요하다면 약을 복용한다.

❺ 소변 검사 요도염과 방광염은 면역이 떨어진 임신부에게 패혈증을 초래할 수도 있으므로 치료해야 한다.

❻ 자궁경부암 검사 임신 후에 자궁경부암이 발견되면 적극적인 치료가 힘들기 때문에 반드시 임신 전에 자궁경부암 검사를 시행해야 하는데, 임신 전에 하지 못했다면 초기에라도 받아야 한다.

❼ 질염 검사 질염을 일으키는 균은 유산, 조기 양막 파수, 조산 등을 일으키므로 임신 초기의 질염 검사는 매우 중요하다. 성접촉에 의한 균일 경우에는 반드시 남편도 치료해야 하며 치료 중에는 부부관계를 금한다.

❽ 초음파 검사 임신 4~8주에는 질 초음파로, 임신 8주 후에는 복부 초음파로 아기집의 상태를 확인한다.

선배맘이 추천하는 임신 관련 앱

임신 관련 앱이 워낙 많다 보니 내게 맞는 앱을 선택하는 게 쉽지 않지요? 몇 번 쓰다가 다른 앱을 깔아 쓰는 것도 번거롭고요. 그래서 요즘 엄마들이 가장 즐겨 쓰는 임신 출산 관련 앱 몇 가지를 소개합니다. 아이와 함께하는 10개월을 기록으로 남기고, 다양한 정보도 얻어보세요.

280days
임신 기록 일기 앱이에요. 귀여운 아기 캐릭터가 임신 주차별로 자라면서 아기의 상태, 엄마의 상태, 아빠가 알아야 할 것 등에 대해 조언해주어서 매일 매일 누르는 재미를 줘요. 임신 초기 막연한 불안감을 없애는 데 도움을 받았다는 엄마들의 평이 많아요. 부부끼리 공유할 수 있고 출산 후 기록을 출력하여 한 권의 책으로 만들 수 있어요.

베이비빌리
임신 육아 필수정보 알림 앱. 귀여운 캐릭터 빌리가 매일 자라나는 아기의 상태와 함께 출산까지 얼마나 남았는지 알려줍니다. 임신 주차별로 제공하는 아기와 산모에 대한 정보가 꽤 알차요. 무엇보다 동기 모임 게시판을 통해 나와 비슷한 시기의 엄마, 아빠들과 고민을 나누고 정보를 공유할 수 있어서 좋아요.

열달후에
임신을 준비하는 시기부터 임신 후까지 사용할 수 있는 앱! 생리주기, 가임기, 배란 예정일 알림을 통해 임신 확률을 예측할 수 있고, 난임모드도 제공해요. 임신 후에는 주차별 태아 성장 그래프를 제공하고 초음파 사진을 올리면 캘린더에 자동으로 수치가 입력되는 자동분석 기능과 태아성장수치를 확인하는 태아성장보고서가 매우 유용해요.

마미톡
여러 산부인과와 연계하여 병원에서 녹화한 초음파 영상을 바로 확인하고 공유할 수 있어서 좋아요. 산모 커뮤니티를 통해 다양한 정보를 공유할 수 있고, 시기별 검사 및 정보를 확인할 수 있어요. 유료 멤버십에 가입하면 VOD 콘텐츠를 볼 수 있어요.

순산해요
진통 주기를 기록하는 타이머 앱이에요. 진통이 있을 때마다 버튼을 눌러서 시간을 기록할 수 있고, 진통 주기에 따라 병원 갈 타이밍을 알려준답니다. 출산을 해본 엄마 개발자가 직접 만든 앱인지라 불필요한 기능은 제외하고 진통 주기만 한눈에 볼 수 있는 직관적인 UI여서 좋아요.

선배맘이 알려주는 국민행복카드 혜택

임신 후 병원에 갈 때마다 여러 가지 검사 비용이나 진료비가 만만치 않지요? 그래서 정부에서는 임신·출산 및 영유아 진료비의 일부를 지원하는 제도를 운영하고 있답니다. 임신 확진 후 임신 확인서를 받아서 국민행복카드를 신청(www.voucher.go.kr)하면 여러 바우처를 지원받을 수 있어요.

건강보험 임신 · 출산 진료비 지원

대상자 임신·출산이 확인된 건강보험 가입자(피부양자)면 누구나 가능해요. 산부인과에서 발행한 임신 확인서가 있어야 하는데 출산 예정일이 써 있어야 해요.

지원 금액 임신 1회당 100만 원, 다태아는 140만 원, 분만 취약지에 거주하는 임산부에게는 20만 원이 추가 지원돼요. 지원금은 진찰과 관련된 치료, 출산, 출산 후 진료에 모두 사용할 수 있어요. 앞으로는 태아 당 100만 원으로 지원액을 확대할 예정이에요.

신청 방법 먼저 산부인과에서 임신 확인서와 '건강보험 임신·출산 진료비 지원 신청서'에 확인을 받은 후 가까운 국민건강보험공단지사 또는 카드 영업점을 방문하여 신청서를 제출하고 발급받아요. 전화, 홈페이지, 모바일앱을 통해 온·오프라인 모두 신청 가능해요.

사용 방법 국민행복카드를 이용하여 전국 요양기관에서 본인부담금을 결제하면 돼요. 카드 수령 후 분만 예정(출산·유산진단)일로부터 2년까지 사용할 수 있어요.

사용 범위 임산부 및 2세 미만 영유아의 진료비 및 약제 등에 대한 본인부담금

산모 · 신생아 건강 관리 지원

산모와 신생아의 건강관리를 위해 출산가정에 산후조리 가정방문 서비스를 지원하는 제도예요. 부부의 건강보험료 본인부담금 합산액이 기준중위소득 150% 이하에 해당하는 출산가정에 지원해주며, 출산일 후 60일 이내에 사용할 수 있어요. 지원 기간은 단태아 5~20일, 쌍태아 20~20일로 태아의 유형, 출산 순위, 서비스 기간 등에 따라 다른데 전체 서비스 가격에서 지원금을 뺀 차액만 부담하면 됩니다. 소득 기준을 초과하더라도 지방자치단체별로 다른 지원 혜택을 마련한 경우가 많으니 확인해보세요.

첫만남 이용권 지원

출산 후 육아에 따른 경제적 부담을 덜어주기 위해 지급하는 바우처예요. 2022년 이후 출생아 보호자가 아이의 주민등록상 주소지 행정복지센터, 또는 복지로나 정부24에 바우처를 신청하면 총 200만 원의 국민행복카드 바우처 포인트가 지급됩니다.

아이돌봄 서비스 지원

부모의 맞벌이 등으로 양육 공백이 발생한 가정의 만 12세 이하 아동을 대상으로 아이돌보미가 방문하여 양육을 도와주는 서비스예요. 가구 기준중위소득 150% 이하 가정이 신청할 수 있는데 가구 소득에 따라 정부 지원 범위가 달라지고, 소득 기준이 초과할 때도 자부담으로 예치금을 충전하고 서비스를 이용할 수 있어요.
시간제서비스는 기본형(가사돌봄 제외)과 종합형(아이 관련 가사 서비스 제공)이 있는데 연 960시간까지 신청 가능하고 만 36개월 이하 영아를 대상으로 한 영아종일제서비스는 월 200시간까지 신청 가능해요. 지원금액은 소득에 따라 달라져요. 예를 들어 일반 가정 시간제 아이돌봄의 경우, 중위소득 75% 이하라면 시간당 9,418원을, 120% 이하는 6,648원을, 150% 이하는 1,662원을 지원해요. 서비스 신청은 1577-2514로 전화하거나 아이돌봄 지원사업 사이트(idolbom.go.kr)에서 할 수 있어요.

원스톱 서비스

정부에서 임신, 출산, 돌봄 등에 대해 여러 서비스를 제공하고 있지만 각각의 정보를 제대로 찾아서 누리기가 쉽지 않아요. 그래서 정부24(gov.kr)에서 그런 서비스를 모두 모아 한 번에 통합 신청할 수 있는 원스톱 서비스를 제공하고 있어요. 출산자 본인 또는 배우자라면 누구나 신청 가능해요.

맘편한 임신 서비스 엽산제(3개월분), 철분제(5개월분) 지원, 표준모자보건수첩, 맘편한 KTX(특실 할인), SRT 임산부 할인 등 10여 가지 혜택을 통합 신청할 수 있어요.

행복출산 서비스 부모급여, 양육수당, 아동수당, 해산급여, 첫만남이용권, 전기료 경감 등 13가지 혜택을 통합 신청할 수 있고, 지역별로 제공하는 출산 지원 서비스도 확인하고 신청할 수 있어요.

선배맘이 알려주는 임신 의료 지원 혜택

보건소의 의료 지원을 활용해요

지역별 보건소에서는 임신 전 건강검진 외에도 임산부의 건강관리를 위해 여러 가지 의료 지원을 무상으로 해준답니다. 임신 초기에 필요한 다양한 검사부터 후기의 막달 검사, 당뇨 검사 등 여러 혈액 검사와 기본 초음파도 무료로 받을 수 있지요. 보건소의 지원은 시기마다, 지역마다 조금씩 다르니 정확한 지원 내용은 각 지역 보건소에 문의하거나 홈페이지에서 꼼꼼히 확인해서 알차게 챙겨보세요.

❤ 보건소의 임신 준비 & 임산부 검진 항목과 지원

임신 전 혈액, 소변 검사, 흉부 X-ray, 풍진 등 임신 전 예방 가능한 질환의 조기 진단을 위해 필요한 검사를 무료로 받을 수 있어요. 이 외에도 임신 준비 지원을 위해 정액검사 및 난소기능 검사, 엽산제 등을 제공합니다.

임신 초기 검사(12주 이내) 임신 초기에는 풍진 항체 검사 외에도 에이즈, 매독, 혈액, B형 간염 확인을 위해 혈액 검사와 소변 검사를 받아야 해요. 산부인과에서도 초기 검사를 진행하지만, 가능한 것은 보건소의 무료 검사를 이용하고 나중에 추가적인 검사만 산부인과에서 검진하면 의료비도 절감하고 검진도 미리 할 수 있어요.

복부 초음파(임신 주수 확인) 초음파는 다른 진료에 비해 비용이 많이 들기 때문에 간단한 초음파 검사는 보건소에서 하는 것도 좋아요. 내진 초음파, 정밀 초음파, 입체 초음파처럼 병원에서 제공하는 고급 초음파 검사는 아니지만, 일반적으로 양수의 양이나 태반 위치, 태아의 몸무게를 측정하는 점은 크게 다르지 않거든요.

기형아 검사(16~18주) 다운증후군, 에드워드증후군, 신경관결손 위험도를 확인하는 쿼드 검사를 무료로 받을 수 있어요.

임신성 당뇨 검사(24~28주) 임신성 당뇨 검사를 무료로 받을 수 있어요.

기타 사항 임산부로 등록하면 '임산부 배지'나 임산부 전용 주차구역을 이용할 수 있는 '자동차표지'를 제공하고, 분만 후에는 유축기를 무료로 대여해 주거나 복대나 다른 용품을 지원해주니 미리 확인해두세요.

선배맘이 알려주는 출산 휴가 분할 제도

임신 초기에도 출산휴가를 나눠 쓸 수 있어요

임신 초기는 입덧도 있고 유산의 위험도 있어서 힘들고 불안한 시기이기도 해요. 만약 유산이 걱정되어 일을 잠시 쉬어야 한다면 출산전후휴가를 나눠서 쓸 수 있어요. 현재 출산 전후로 90일(다태아 120일)을 쓸 수 있는데 출산 후 45일(다태아 60일)을 확보하고 나머지 날은 출산 앞이나 뒤, 원하는 때에 붙여 쓰면 돼요. 그런데 출산 시기가 아니어도 유산이나 사산의 위험이 있는 임신부의 경우는 휴가를 나눠서 사용할 수 있답니다. 분할 횟수에도 제한이 없어요. 다만 아래의 조건에 맞아야 하니 확인해두세요.

❤ 임신 중인 여성 근로자가 출산 휴가 분할이 가능한 경우

- 임신한 근로자에게 유산·사산의 경험이 있는 경우
- 임신한 근로자가 출산 전후 휴가를 청구할 시 연령이 만 40세 이상인 경우
- 임신한 근로자가 유산·사산의 위험이 있다는 의료기관의 진단서를 제출한 경우

✚ 유산 휴가 제도

슬프게도 유산이나 사산을 경험하게 되는 일이 생길 수 있어요. 이런 경험을 한 여성은 몸도 마음도 힘든 상황에 처하게 되지요. 그래서 유산과 사산의 경우에도 휴가를 주도록 법으로 정하고 있어요. 유산 휴가는 자연유산이나 사산을 겪었을 경우, 그리고 모자보건법 제14조에 따라 허용되는 인공 임신중절을 받았을 때 사용할 수 있어요.

유산에 따른 휴가 기간

임신 기간	유산 · 사산 휴가 기간
11주 이내	유산 또는 사산한 날부터 5일까지
12주 이상 15주 이내	10일까지
16주 이상 21주 이내	30일까지
22주 이상 27주 이내	60일까지
28주 이상	90일까지

선배맘이 알려주는 슬기로운 임신 생활

임신을 하고 나면 이것저것 걱정이 많아져요. 평소 아무렇지 않게 했던 행동도 해도 되는지 안 되는지 걱정하는 경우도 많고요. 주변에 물어봐도 정확하게 대답해주는 사람도 없고 사람마다 답이 다 다르기도 하죠. 그래서 임신 기간을 보내면서 알아두면 좋을 사항들을 정리해봤어요.

✚ 임신 중 운전해도 될까요?

임신 중 운전은 가급적이면 삼가는 것이 좋지만 대중교통을 이용할 때도 불편한 점이 적지 않지요. 부득이하게 운전할 경우에는 다음 몇 가지를 주의하세요.
첫째, 반드시 안전벨트를 착용해요. 안전벨트는 자궁에 압박을 덜 주는 3점식 안전벨트가 좋아요. 정확한 착용법은 297쪽을 참고하세요.
둘째, 등받이를 뒤로 젖혀 운전하기 편안한 자세를 유지하고, 어깨가 구부러지지 않도록 목과 허리를 뒤로 젖혀 바로 세워요. 핸들과는 최소 25cm 이상 거리를 유지합니다.
셋째, 장거리 운전은 삼가되 부득이 해야 할 경우 1시간마다 휴식을 취해요.
넷째, 32주 이후부터는 운전은 금물!
다섯째, 조산의 위험성, 임신성 고혈압, 전치태반 등 고위험 임신인 경우에는 운전을 삼가야 해요.
여섯째, 운전 중 환기를 잘 시키고 에어컨이나 히터를 너무 세게 틀지 않도록 주의해요.

✚ 임부복은 언제부터 입어야 할까요?

임신부마다 몸의 변화가 다르니 꼭 언제부터 임부복을 입으라고 권하지는 않아요. 임신 초기에는 굳이 임부복을 입지 않고 그냥 헐렁하고 여유 있는 옷을 입는 것도 괜찮아요. 다만 임신으로 인해 배가 점점 나오고 가슴이 커지는 등 몸이 변하면서 기존의 옷이 불편하게 느껴질 때가 올 거예요. 이때부터 임부복을 입으면 좋아요. 보통 임신 4개월 이후 배가 커지면서 임부복을 입기 시작해요. 임부복을 고를 때는 다음을 고려하면 좋아요.
첫째, 디자인보다는 편안한 것을 골라요.
둘째, 허리둘레와 엉덩이가 헐렁한지 확인해요. 임신 중 몸은 계속 변하기 때문에 처음 입었을 때 맞는 것이 아니라 이후 몸이 불어날 것까지 생각해야 해요.
셋째, 출산 후 한두 달까지 입고 다니는 경우가 많으니 출산 후까지 고려해서 골라요.

넷째, 임부복은 적어도 4~5개월 정도 입기 때문에 내 임신기에 맞는 두 계절을 고려해 계절별로 2~3벌 정도 구입하는 것이 좋아요.
다섯째, 임신 기간 중 가족 행사나 지인 결혼식 등을 고려하여 특별한 날에 입을 수 있는 원피스 한 벌 정도는 구비해 두면 좋아요.

✚ 임산부용 속옷을 따로 입어야 하나요?

임신 3~4개월이 넘어가면 가슴이 커져 기존에 입던 브래지어가 답답해지고, 배가 나오면서 팬티라인이 조이게 돼요. 이때부터는 임신부용 속옷을 입는 게 편해요. 속옷을 새로 준비하는 경우 몸이 점점 더 커질 테니 사이즈는 넉넉한 것이 좋아요. 그리고 통기성이 좋고 자극이 적은 순면 재질을 구입하는 것이 좋겠죠.
브래지어는 평소 입던 것에서 사이즈만 늘려서 입는 사람도 있고 와이어나 패드가 없는 브라렛을 입기도 해요. 아예 수유용 브래지어를 미리 사서 입다가 출산 후 모유수유 때까지 입는 사람도 많아요.
임부용 팬티는 배를 압박하지 않는 V형과 배를 덮는 형 두 가지인데 개인의 취향에 따라 고르는 게 좋아요. 사이즈, 재질, 신축성은 고려해야 할 기본 사항이고요. 제왕절개를 할 경우 V형은 조이는 부분이 상처 부위와 맞닿을 수 있으니 배를 덮는 형을 고르도록 하세요.

✚태아보험은 언제 어떤 것으로 들어야 할까요?

태아보험은 아직 태어나지 않은 아기를 위해 임신 중에 가입하여 출생과정부터 보장받는 보험이에요.
대부분의 태아보험은 임신 중 시행하는 산전 검사, 치료 등은 보장되지 않지만 산모 특약을 선택하면 임신, 출산과 관련된 의료비를 대부분 보장받을 수 있으니 가능하면 여러 보험사의 견적과 조건을 받아 비교해보고 결정하세요. 가입 시기는 보험사마다 다르지만 늦어도 임신 22주 6일까지는 선택해야 해요. 가입 시 태아의 건강 상태, 자궁경부 길이 측정을 통한 조산의 위험성, 산모의 건강 상태에 관한 의사의 소견이 필요해요. 쌍둥이 임신의 경우 양막과 융모막의 개수 등의 소견도 필요하니 임신 초기에 미리 이러한 소견을 받아두는 것도 하나의 꿀팁이랍니다. 또 하나, 보장시기가 길수록 보험료가 올라가니 태아 보험은 보장 나이를 20세 전후로 해두고 만기 시 적절한 보험을 새로 드는 것도 방법이에요.

Q1 임신 진단 테스트기에 흐리게 두 줄이 나왔는데 임신이 맞을까요?

임신 여부가 궁금할 때 쓰는 방법 중에 가장 손쉽게 사용하는 것이 바로 임신 진단 테스트기입니다. 임신 유무를 간단히 확인할 수 있어 편리하지만 사용법을 잘 모르거나 결과 해석을 잘못하는 여성들이 의외로 많습니다. 지금부터 임신 진단 테스트기를 사용하는 법과 해석법에 대해 정확히 알아보겠습니다.

임신 진단 테스트기 사용법

• 가장 정확한 테스트를 위해서는 임신 여부를 알 수 있는 hCG 호르몬의 농도가 가장 농축된 아침 시간이 좋다. 따라서 기상 후 공복 시의 첫 소변으로 테스트한다.

• 임신 진단 테스트기에 약 10초간 소변을 충분히 적신 후 2~3분 뒤 확인한다.

• 최근의 임신 진단 테스트기는 과거에 비해 민감도가 높아져서 hCG의 농도가 매우 낮아도 검출된다. 그러나 확실한 결과를 위해서는 생리 예정일에서 일주일 정도 지난 이후에 사용하는 것이 좋다.

• 임신 초기에는 테스트기의 임신표시선이 흐리게 보일 수도 있다. 임신표시선의 진하기는 hCG 농도의 차이일 뿐 임신 진단에는 큰 의미가 없다. 단, 임신표시선이 거의 보이지 않을 정도로 흐리게 나왔다면 일주일 뒤 다시 한 번 검사하는 것이 좋다.

★임신 진단 테스트기 결과

비임신(음성)	C / T	결과 표시창 내 종료선 부분인 C에만 붉은 선이 나타난다.
임신(양성)	C / T	결과 표시창 내 임신표시선인 T와 종료선 C 부분 모두 붉은 선이 나타난다. 두 선의 두께나 흐린 정도는 결과에 영향을 주지 않는다.
무효(재검사)	C / T	결과 표시창 내 임신표시선인 T와 종료선인 C 모두에 선이 나타나지 않거나 임신표시선에만 선이 나타난다면 사용 방법이 잘못되었거나 테스트기가 손상된 것이므로 새로운 테스트기로 다시 검사한다.

Q 2 임신 진단 테스트기에서 흐리게 양성으로 나오다가 일주일 뒤에 음성으로 나왔어요

임신 진단 테스트기에서 흐리게 양성으로 나왔다는 것은 hCG의 농도가 매우 낮다는 의미입니다. 이런 경우에는 일주일 후에 다시 한번 테스트해보는 것이 좋습니다. 만약 다시 검사했을 때 음성으로 바뀌었다면 화학적 임신에 이은 화학적 유산을 생각해 볼 수도 있습니다.

여기서 화학적 임신이란 정상적인 임신 과정에서 수정란이 착상에 실패하거나 착상됐다 해도 세포의 성장 및 분화가 멈추는 것을 말합니다. 그리고 이후 생리처럼 출혈을 하게 되면 화학적 유산이라 일컫습니다. 화학적 임신의 대부분은 수정이 이루어지는 정자 혹은 난자에 염색체 이상이 있거나 수정 과정에서 염색체에 이상이 생기는 경우입니다. 이런 임신은 분화와 성장이 어려워서 자연적으로 유산의 과정을 밟게 됩니다. 화학적 유산이 되면 마치 생리처럼 출혈을 하게 되는데, 생리 예정일보다 늦고 생리혈도 조금 다른 모습을 보일 수도 있습니다. 그러나 일반 유산과는 달리 소파 수술이 필요하지 않으며 심한 출혈이 없으면 생리처럼 넘어갑니다.

★임신 주수에 따른 hCG 수치

임신 주수	hCG 수치(mIU/mL)
3주	5~50
4주	5~426
5주	18~7,340
6주	1,80~56,500
7~8주	7,650~229,000

임신 주수	hCG 수치(mIU/mL)
9~12주	25,700~288,000
13~16주	13,300~254,000
17~24주	4,060~165,400
25~40주	3,640~117,000
비임신	5.0 미만

임신 초기에는 hCG의 값이 48시간 간격으로 두배씩 가파르게 증가하다가 4개월 이후 감소합니다. 따라서 임신 초기에는 유산이 의심되거나 정상 임신의 확인이 필요한 경우에는 2일 간격으로 두 번 체크를 하는 경우가 많습니다.

임신 진단 테스트기 결과가 음성인데 그 결과를 100% 믿을 수 있나요?

임신 진단 테스트기는 민감도에 따라 여러 종류가 있습니다. 일반적으로 사용하는 임신 진단 테스트기는 너무 낮은 농도의 호르몬이나 높은 농도의 호르몬을 잡아내지 못해서 간혹 결과가 다르게 나올 수도 있습니다. 그러니 임신이 아니라는 결과가 나오더라도 생리 예정일이 지났거나 임신이 의심되는 증상이 있을 땐 산부인과에 방문하여 임신 검사를 하는 게 좋습니다.

생리 예정일이 얼마 지나지 않았다면 일주일 정도 기다렸다가 병원에 가는 것이 좋고, 복부 초음파로 확인하길 원한다면 생리 예정일 이후 약 2~3주가 지난 다음에 가야 합니다.

♥ 병원에서 임신을 진단하는 방법

병원에서 임신을 진단하는 방법은 소변 검사와 혈액 검사, 초음파 검사 세 가지이다. 소변 검사, 혈액 검사에서 임신이 확인되면 초음파 검사를 시행한다. 배란일을 기준으로 했을 때, 배란 1주(임신 3주) 후부터 혈액 검사로 임신을 확인할 수 있으며, 2주 후(임신 4주)부터는 소변 검사로 확인이 가능하다. 임신을 빨리 확인하고 싶을 때는 혈액 검사를 통해 hCG를 측정한다. hCG를 48시간 간격으로 두 번 측정했을 때 두 배 이상의 농도 증가를 보이면 임신일 가능성이 높다.

배란 3주(임신 5주) 후부터는 초음파로도 확인이 가능하다. 다만 임신 초기에는 아기집이 보이지 않아 복부 초음파로는 확인할 수 없기 때문에 질 초음파로 확인해야 한다. 질 초음파로는 아기집을 임신 5주에도 확인할 수 있으며, 임신 6주에는 아기의 심장 소리도 확인할 수 있다. 복부 초음파로는 임신 7~8주에 아기집과 심장 소리 확인이 가능하다. 따라서 임신 진단 테스트에서 양성이 나왔는데 아기집이 보이지 않을 경우, 임신 4~5주 사이로 생각하면 된다.

배란유도제를 쓴 첫 달이었어요. 생리 예정일 이틀 후에 임신 진단 테스트를 했는데 결과가 음성으로 나왔어요. 그날이 마침 생일이라 오랫만에 술을 마셨지요. 그런데 며칠이 지나도 생리가 없자 왠지 불안해져서 다시 테스트를 해봤는데 결과가 양성으로 나온 거예요! 요즘은 임신 진단 테스트기의 성능이 좋아져서 생리 예정일 후에 검사하면 95% 이상이 임신을 맞추는데 전 맞지 않는 5%에 속했던 거지요. 그러니 혹시 결과가 음성으로 나왔더라도 미심쩍은 분들은 꼭 며칠 뒤에 다시 한 번 검사를 해보세요.

임신 주수와 분만 예정일은 어떻게 계산하는 걸까요?

임신을 진단받았을 때 많은 임신부가 제일 의아해하는 것이 바로 임신 주수입니다. 임신 주수는 부부 관계를 한 날, 즉 수정된 날이 아니라 그전의 마지막 생리일을 기준으로 하기 때문에 생리 예정일이 지나면 이미 임신 4주를 넘어가게 됩니다. 따라서 병원에서 아기집이 보이는 경우는 생리 예정일에서 일주일 정도 지난 시기이므로 임신 5주 이상이 되는 것입니다.

보통 임신 기간을 10개월로 얘기하는 것은 1개월을 4주, 즉 28일로 계산하기 때문입니다. 280일을 31일로 나누면 약 9개월에 해당하지요. 따라서 분만 예정일은 아기의 개월 수보다 빨리 다가옵니다.

분만 예정일 계산법

마지막 생리일을 기준으로 계산하는 방법

가장 일반적으로 사용하는 방법으로 마지막 생리가 시작한 날로부터 280일째(40주)가 분만 예정일이다.

분만 예정일 간편 계산법

분만 예정 달 : 마지막 생리를 한 달이 1~3월이라면 9를 더하고, 4~12월이라면 3을 뺀다.
분만 예정일 : 마지막 생리를 시작한 첫날에 7을 더한다.

예) 마지막 생리를 시작한 날짜가 3월 3일이라면,
예정 달 : 3+9=12월, 예정일 : 3+7=10일, 분만 예정일 : 12월 10일
예) 마지막 생리를 시작한 날짜가 9월 25일이라면,
예정 달 : 9–3=6월, 예정일 : 25+7=32일, 분만 예정일은 다음 해 7월 1일이 된다.

초음파로 계산하는 방법

임신 8~11주 경에는 초음파로 임신 주수를 정확히 계산할 수 있다. 임신 초기에 초음파로 태아의 머리부터 엉덩이까지 길이를 재면 평균 임신 주수와 예정일이 산출되기 때문이다. 임신 초기에는 이런 평균치 값이 매우 정확하기 때문에 생리가 불규칙하거나 마지막 생리일이 기억나지 않을 경우 이 방법으로 계산하면 된다.

5 아기집이 잘 보이지 않는데 복통이 있어요. 초음파 검사가 필요할까요?

임신 초기에 아기집을 확인하는 것이 매우 중요합니다. 만일 아기집이 안 보이고 복통이 있다면 자궁외임신도 고려해야 하기 때문에 일단 복통이 생기면 질 초음파를 시행하고 반드시 1주일 뒤 아기집이 있는지를 확인해야 합니다.

임신 초기 산부인과 초음파로 알 수 있는 정보

자궁과 난소의 해부학적인 이상 유무를 판단한다

수정란이 착상하여 성장할 때까지 배아를 지켜줄 자궁과 임신을 유지하는 데 중요한 난소가 정상인지를 확인할 수 있다. 또한 자궁이 두 개로 나뉜 중복 자궁과 같은 자궁의 기형을 확인할 수 있으며 자궁근종이나 자궁선근증과 같은 자궁 혹의 유무를 판단하기도 한다.

아기집의 위치를 확인한다

자궁 안에 아기집이 보이면 일단 안심할 수 있지만 그 위치도 매우 중요하다. 자궁이 아니라 난관이나 자궁 안의 자궁각(자궁과 나팔관이 만나는 곳), 또는 자궁경부에 위치한다면 정상적으로 태아가 성장할 수 없는 위치이므로 자궁외임신으로 진단을 내린다.

아기집 주변에 피가 고여 있는지를 확인한다

수정란이 착상하고 아기집을 형성하며 분화하는 과정에서 배아 주변에 피가 고이는 경우가 있다. 이런 피 때문에 임산부가 소량의 출혈을 보이는데, 고인 피의 양이 적으면 크게 걱정하지 않아도 되지만 양이 늘어나면 유산으로 진행할 수 있으므로 지속적인 관찰이 필요하다.

아기의 심장 소리를 듣는다

태반과 탯줄이 생기기 전 배아에게 영양을 공급하는 영양 주머니는 대략 임신 5주 차부터 만들어지기 시작해 탯줄이 생기는 12주 정도에 사라진다. 초음파에 영양 주머니가 보이는 임신 6주 차 정도에는 콩닥거리는 심장 소리를 들을 수 있다. 때로 이 단계까지 나아가지 못하고 아기집만 형성되는 경우를 '고사난자'라고 하는데, 이때는 아쉽지만 아기를 포기할 수밖에 없다. 따라서 심장이 잘 뛰는지 확인하는 것은 매우 중요하다.

Q 6 질 초음파에 대한 두려움이 있습니다. 어떻게 검사를 하는 건가요?

산부인과에서 사용하는 초음파에는 복부 초음파와 질 초음파(내진 초음파) 두 가지가 있습니다. 복부 초음파는 말 그대로 배 위에 초음파 도구를 갖다 대고 태아를 관찰하는 것으로 복부에 살이 많거나 임신 초기인 경우에는 진단하기 어렵습니다. 이를 보완한 것이 기다란 막대 같은 초음파 도구를 질 안으로 삽입하는 질 초음파인데, 더 가까이에서 태아를 자세히 관찰할 수 있고 복부의 비만과 상관없이 진단이 가능합니다.

산부인과 초음파 종류

복부 초음파

복부에 탐촉자를 대고 검사하는 가장 일반적인 검사 방법이다. 내진 초음파보다 깊은 곳에 위치해 있거나 넓은 범위를 전반적으로 잘 볼 수 있는 주파수의 초음파를 쓰기 때문에 큰 부위의 물체를 보는 데 용이하다. 임신 주수로 약 8주부터 출산 때까지는 대부분 복부 초음파를 이용해 태아를 관찰한다. 복부 초음파의 단점이라면 자궁과 난소가 골반 깊숙이 위치한 까닭에 임신 초기나 일반 부인과 질환을 검사하기에는 해상도나 확대율이 떨어져 정확성이 낮다는 것이다. 또한 복벽의 지방이 두꺼운 비만 여성이나 과거 개복 수술을 한 경우에는 투과율이 떨어져 원하는 영상을 얻지 못한다.

질 초음파(내진 초음파)

복부 초음파로 진단이 어려울 경우에는 질 초음파를 사용한다. 질 초음파는 가늘고 기다란 막대처럼 생긴 탐촉자를 질 내에 삽입하여 자궁과 난소를 진단하는 방법으로, 해상도가 높고 난소와 자궁을 보다 더 가까운 위치에서 관찰할 수 있다. 대부분의 부인과 질환은 질 초음파를 시행하며, 임신부의 경우 임신 8주까지는 질 초음파를 통해 임신을 확인하고 초기 질환 여부를 진단한다.

질 초음파는 감도가 좋아 자궁 및 부속 기관을 관찰하는 데 좋지만, 질을 통해 삽입하기 때문에 불편함이 있다는 단점이 있다. 또한 좁은 범위를 자세히 보기 때문에 자궁보다 훨씬 큰 골반 내의 혹이나 질 입구 부위 질환의 진단율이 떨어질 수 있다.

7

임신 10주인데 어제부터 갈색 피가 휴지에 묻어 나올 정도로 보입니다. 괜찮을까요?

출혈은 임신 초기의 입덧, 복통과 함께 모든 임신부에게 3대 공포 증상이라고 할 만큼 두려운 현상 중 하나입니다. 임신 초기 출혈은 매우 중요한 의미를 가질 수 있으니 반드시 출혈의 원인을 찾아내어 치료해야 합니다.

임신 초기 출혈의 원인을 주로 임신과 관련지어 생각하는데 실제로는 염증이나 자궁근종처럼 부인과적인 질환이 원인인 경우도 많습니다. 특히 임신 이전까지 산부인과를 한 번도 방문하지 않은 경우에는 이런 증상이 더 잘 나타나기 때문에 임신 전에 염증과 기타 부인과 질환을 검사하고 치료하는 것이 좋습니다.

임신 초기의 출혈이 산과적인 합병증으로 생긴 것이라면 더욱 신경을 써야 합니다. 임신이 정상 임신으로 진행되는 건지, 아기집이 확실히 자궁에 있는지, 유산의 징후는 없는지, 질 출혈뿐 아니라 배 안에 피가 고여 있지는 않은지, 양쪽 난소는 정상인지 등을 모두 따져보고 그 원인을 찾아냅니다. 때로는 혈액 검사가 동원되기도 하고, 연속적으로 초음파로 관찰하여 진단하기도 합니다.

임신 초기에 약 20~25%의 임신부가 출혈을 경험한다고 하는데 저 역시 피를 본 적 있었어요. 너무 놀라 바로 병원으로 갔는데 다행히 착상혈이니 걱정하지 않아도 된다고 하더라고요. 그런데 만약 붉은색 피가 비치면 꼭 바로 오라고 신신당부하셨어요.

임신 초기 갈색 피가 묻어 나오는 소량의 출혈은 대부분 착상 출혈인 경우가 많아 정상적인 임신으로 진행될 확률이 높습니다. 하지만 임신 초기에 붉은색의 피가 보인다면 좋은 징후는 아닙니다. 이런 경우 산부인과 의사와 상담하여 원인을 찾아 치료하는 것이 건강한 출산을 위해 가장 먼저 해야 할 일입니다.

임신과 관계된 출혈은 다시 자세히 다루도록 하고 여기에서는 임신과 관계없지만 치료를 해야 하는 출혈에 대해 알아봅시다.

❤ 임신과 관련 없는 출혈의 원인과 증상

자궁경부염

자궁 입구, 즉 자궁경부를 덮고 있는 점막의 염증을 말한다. 평소 냉이 많거나 부부 관계 후 출혈이 있었다면 자궁경부염을 의심할 수 있다. 자궁경부염은 주로 성 접촉에 의한 임질, 클라미디아, 헤르페스 등과 같은 균에 의해 나타난다. 성 접촉으로 인한 염증은 유산이나 조산의 원인이 될 수 있기 때문에 반드시 치료해야 한다. 치료 중에는 부부 관계를 금하고 남편도 치료를 받아야 한다. 재발이 잘 되기 때문에 치료 이후에도 내진을 통해 자궁과 질의 상태를 자주 점검해야 한다.

자궁경부 용종

정상적인 조직이 지나치게 자라 돌기 모양으로 튀어나온 것으로 '폴립'이라고도 한다. 자궁경부 용종은 매우 부드러워 조그마한 자극에도 쉽게 출혈을 일으킬 수 있다. 임신 초기 부부 관계 이후 출혈이 생기면 자궁경부 용종을 의심할 수 있다. 자궁경부 용종은 내진을 통해 확인하는데 진단과 동시에 제거가 가능하다. 용종을 제거한 이후에는 조직 검사를 통해 악성 종양은 아닌지 확인한다. 용종 자체는 자연분만에 장애가 되지 않으므로 용종이 시작되는 위치가 깊숙한 자궁내막이라면 출산 이후에 제거할 수도 있다.

자궁근종

자궁근종은 가임 연령 여성의 약 1/4 이상에서 발견되는 흔한 양성 종양이지만 아직 발생 원인은 밝혀지지 않았다. 위치에 따라 여러 가지로 나뉘는데 임신에 영향을 미치는 것은 점막하근종이다. 자궁 점막하근종은 수정란이 착상하는 자궁내막에 돌출되어 있기 때문에 임신 초기 착상을 방해하거나 출혈을 일으킬 수 있으며, 유산 및 조산의 원인이 될 수 있다. 따라서 가급적 임신 전에 초음파 검사를 통해 자궁근종 여부를 확인하고 임신에 큰 영향을 미치는 근종이 발견되면 제거하는 것이 좋다.

자궁경부암

가장 무서운 질환으로 특별한 증상을 동반하지 않아 출혈로 진단하는 경우가 많다. 임신 중 발견되는 자궁경부암의 빈도가 증가하고 있으므로 임신 전에 자궁경부암에 대한 철저한 검사가 필요하다. 임신 중 자궁경부암이 발견되면 태아보다는 임신부의 건강 위주로 치료하되 침윤암이 아닌 경우에는 대부분 출산 이후 치료한다.

배가 심하게 아프면 자궁외임신을 의심하던데 그게 무엇인가요?

정상적인 임신의 경우 수정란이 자궁내막에 착상하여 자랍니다. 하지만 자궁외임신은 말 그대로 수정란이 자궁내막이 아닌 다른 곳에 착상하여 자라는 것입니다. 95%가 수정란이 이동하는 난관에 발생하지만 자궁강(자궁과 나팔관이 만나는 곳), 난소, 자궁경부, 나팔관 등 어디에서도 발생할 수 있습니다. 이 경우 배아가 자랄 환경이 만들어지지 않아 대부분 분화를 하다가 출혈을 일으켜 응급 수술을 하게 됩니다.

자궁외임신은 임신부가 느끼기에 일반 임신 증상과 비슷합니다. 입덧이 나타날 수도 있으며 배가 살짝 아프기도 합니다. 하지만 출혈이 동반하며 일반적인 임신 초기와는 다르게 심한 복통이 나타납니다.

출혈이 지속되고 양이 많아져 자궁외임신을 생리로 착각하는 경우도 있습니다. 착상이 이루어진 난관이나 자궁각 같은 곳이 파열되면 복강 내 대량 출혈이 생길 수도 있는데, 이럴 경우 어지럽거나 식은땀을 흘리며 얼굴이 창백해지고 때로는 구토를 일으킬 수 있습니다. 따라서 갑자기 생리처럼 출혈이 많고 걸을 때마다 배가 울려 걷기도 힘들다면 최대한 빨리 응급실로 가야 합니다.

자궁외임신일 경우 어떻게 조치하나요?

자궁외임신으로 확인되면 최대한 빨리 임신을 종결하고 태아 조직을 제거해야 한다. 수술이 늦어지면 착상이 이루어진 조직이 파열되어 대량 출혈의 응급 상황으로 이어질 수 있기 때문이다. 수술은 복강경을 이용하여 착상된 부위를 제거하는데, 한쪽 난관이 제거되어도 다른 쪽 난관이 정상이라면 임신하는 데 큰 영향을 미치지 않는다.

또한 임신 6주 이내, 태아의 심장이 뛰기 전에 조기 진단한 경우 hCG의 수치가 10,000IU 이하이고, 배에 피가 고여 있지 않으면 MTX라는 약물을 이용해 태아의 세포가 분화되는 것을 억제하여 유산시키기도 한다.

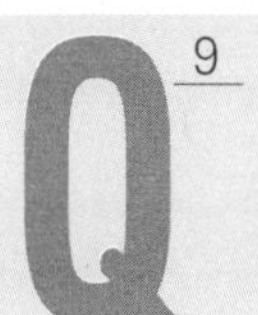

9 임신 진단을 받고 집에 온 후로 계속 배가 콕콕 쑤셔요. 괜찮을까요?

수정란이 착상을 시작하면 우리 몸에 새로운 변화가 일어납니다. 자궁의 내막은 수정란을 보호하기 위해 더욱 두꺼워지고, 자궁으로 들어오는 혈액량이 증가하며 호르몬의 영향으로 자궁이 점차 커지기 시작합니다. 이런 변화의 과정에서 임신부는 불편함이나 통증을 느끼게 되는데, 이는 크게 걱정하지 않아도 됩니다. 대부분 휴식을 통해 해결되니까요.

하지만 출혈을 동반하거나 평생 경험해보지 못한 통증이 밀려올 때는 응급 질환일 가능성이 있으므로 반드시 병원에 가서 치료해야 합니다.

병원의 진단이 필요한 복통

- 출혈을 동반하는 복통
- 허리를 펴지 못하거나 숨을 쉬기 힘들 정도의 복통
- 심한 고열을 동반한 복통
- 걷거나 움직일 때 배에 충격이 전해지면서 생기는 복통
- 식은땀이 날 정도의 복통
- 강도가 점차 심해지며 진통제에도 반응하지 않는 복통
- 얼굴이 창백해지거나 입술과 손톱이 하얗게 변할 정도의 복통

임신부 37,777명에게 물어봤어요! 복통 해결 방법

집에서 편안히 쉬었어요(83%)
배를 따뜻하게 해주었어요(11%)
발을 따뜻하게 하고 편안한 음악을 들었어요(3%)
병원에 입원했어요(2%)
진통제를 먹었어요(1%)

10 임신 초기 검사에서 풍진 항체가 없다고 하는데 어떻게 해야 할까요?

우리나라는 생후 12~15개월경과 4~6세경, 이렇게 두 번 MMR 백신(홍역, 볼거리, 풍진 백신)을 접종하기 때문에 대부분 풍진 항체를 가지고 있습니다. 그런데 이 풍진은 평생 면역이 아니어서 항체가 없는 성인도 종종 있습니다. 따라서 임신 전 풍진에 대한 항체 검사를 시행하고 항체가 없다면 추가 접종을 해야 합니다.

임신 초기 검사에서 풍진 항체가 없다면 임신 중 풍진 예방접종은 할 수 없으므로 조심하는 방법밖에 없습니다. 다행히도 임신 12주 이상에서의 풍진 감염은 태아에게 미치는 영향이 거의 없는 것으로 보고되고 있으니 임신 12주 전에는 최대한 주의해야 합니다.

풍진 예방접종을 했는데 바로 다음 달에 임신이 되었다면?

일반적으로 풍진 백신 예방접종 후 3개월간은 피임을 해야 한다. 풍진 백신은 생백신으로 몸에 균을 주입하여 항체를 만들기 때문에 임신 초기에 풍진 예방접종을 하면 태아에게 질병이 옮겨갈 염려가 있기 때문이다. 그러나 최근 해외에서 시행한 임신 3개월 전후 풍진 예방접종 임신부 약 300명에 대한 연구 결과, 태아 기형이 생긴 사례는 한 명도 없는 것으로 보고되었다. 그러므로 풍진 예방접종 후 최소 1개월간은 피임하는 것이 좋지만 만일 바로 임신이 되었다면 임신중절보다는 유지하는 것을 권한다.

선천성 풍진 증후군

임신부가 임신 12주 이전에 풍진에 감염되었을 때 풍진 바이러스가 태아를 감염시켜 기형으로 태어나는 것을 선천성 풍진 증후군이라고 한다. 이 경우 아래와 같은 증상이 나타날 수 있다.

- 청각 장애(60~75%)
- 눈 질환(10~30%) : 백내장, 녹내장, 망막증, 소안증
- 심장 장애(10~20%) : 동맥관 개존증, 심실중격 결손, 폐동맥 협착, 대동맥 수축 협착
- 중추신경 장애(10~25%) : 소두증, 지능저하증

11

임신 초기 검사에서 이상이 발견되면 어떻게 해야 할까요?

임신 초기 검사에서 여러 가지 이상 증상이 발견될 수 있습니다. 개인에 따라, 증상에 따라 다르지만 대부분의 질환은 적절한 치료에 따라 관리할 수 있으니 너무 크게 걱정하지 않고 담당의와 상의한 후 대처 방법을 결정하면 됩니다.

자궁경부암 검사에서 세포 이상 소견이 나왔다면?

자궁경부암은 진행이 빠르지 않으므로 상피내암인 경우에는 출산 후 정확한 진단과 함께 치료를 시행한다. 단, 침윤성암이 강력히 의심되면 임신 중에도 치료에 들어갈 수 있다.

갑상샘 항진증이라면?

태아는 5개월이 되어야 스스로 갑상샘 호르몬을 만들어낼 수 있으므로 그 전에는 엄마의 호르몬에 전적으로 의존해야 한다. 그러니 임신 초기에 갑상샘 이상이 발견되면 바로 약물로 치료해야 한다.

간 수치가 높다면?

임신 초기 검사에서 간 수치가 비정상적인 경우는 대부분 지방간이 그 원인이다. 임신 중에는 사실상 다이어트가 힘들어 악화되는 경우가 있으니 추적 관찰이 필요하다.

간염 항체가 없다면?

B형 간염 예방접종은 임신 중에도 가능하니 고위험군에 속하는 사람은 임신 중이라도 간염 백신을 접종하는 것이 좋다.

소변에서 균이 나왔다면?

요도염이나 방광염의 증상 없이 소변에서 균이 검출되는 경우를 무증상 세균뇨라고 한다. 세균뇨는 콩팥에 염증을 일으켜 신우신염을 일으키고, 이는 조기 진통으로 이어질 수 있기 때문에 임신 중이라도 반드시 치료해야 한다.

빈혈 수치가 낮게 나왔다면?

임신 때는 철 결핍성 빈혈이 쉽게 나타난다. 따라서 임신 전부터 빈혈이 있다면 반드시 임신 초기라도 철분제를 통해 보충해주어야 한다. 또한 분만 시에는 어느 정도 출혈이 생기므로 미리 빈혈을 교정해 두어야 한다.

12 입덧이 심해서 피까지 토했어요. 목이 아프고 속이 많이 쓰린데 괜찮을까요?

입덧은 임신과 함께 찾아오는 반갑지 않은 손님입니다. 임신부 중 70%가 입덧을 경험할 정도로 흔하지만, 그렇다고 결코 가벼운 증상은 아닙니다. 우리는 흔히 입덧 하면 토하는 것만 생각하는데 실제로는 사람마다 다양한 증상이 나타납니다. 메슥거리는 증상과 더불어 소화가 안 될 수도 있고 때로는 명치끝이 아프거나 따가울 수도 있고 입이 쓴 느낌이 들기도 합니다. 입덧을 느끼는 시기나 강도도 사람마다 다릅니다. 대부분은 아침 공복에 입덧을 느끼지만 하루 종일 지속되기도 하고 때로는 밤에 심해지기도 합니다.

입덧의 가장 큰 어려움은 먹지도, 굶지도 못하는 것입니다. 대부분의 입덧은 공복에 더 심해지는데 무엇을 먹으면 토하게 되니, 그야말로 이러지도 저러지도 못하는 상황이 발생하는 것입니다. 많은 임신부들이 입덧이 아무리 심해도 태아를 위해 음식을 먹어야 한다고 생각하지만 실제로는 산모의 건강만 유지된다면 태아에게는 별문제가 없는 것으로 알려져 있습니다. 그러니 음식물을 억지로 먹고 토하기보다는 수분을 충분히 보충하면서 탈수를 예방하고 가장 편한 방법으로 이 시기를 이겨내는 것이 중요합니다. 또 스트레스와 피로 등이 누적되면 입덧을 악화시킬 수 있으므로 안정을 취하는 것도 큰 도움이 됩니다.

혹시 임신 10주 이전에 심했던 입덧이 갑자기 사라지면서 출혈이나 복통이 동반하면 태아의 심장이 멈춘 계류유산일 수 있으므로 병원에 가서 초음파 검사를 해야 합니다.

입덧을 하는데 어찌나 침이 많이 나오던지요. 그래서 민트 향의 치약이나 가글을 곁에 두고 살았어요. 양치 후 입안을 제대로 헹구지 않으면 냄새가 더 나는 것 같아서 10번 이상 꼭 헹궜어요. 차가운 얼음과 아이스크림도 제 입덧을 조금씩 덜어주었지요.

전 입에서 계속 쇠붙이 맛이 느껴져서 고역이었어요. 그래서 의사 선생님과 상의 후 철분제 복용을 잠깐 멈추고 신맛의 사탕과 레몬수를 마시며 버텨냈어요.

임신부 37,777명에게 물어봤어요! 입덧의 증상

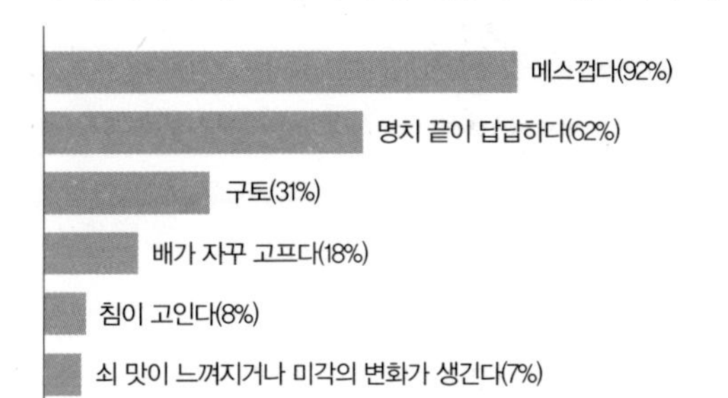

대부분 입덧은 공복에 더 심해진다는데, 저 역시 공복에 구역질을 했어요. 그런데! 무엇을 먹어도 구토를 하진 않았지요. 바로 먹는 입덧이었답니다. 속이 비면 구역질이 나니 계속 입에 먹을 것을 달고 살았고, 그 결과 출산이 임박했을 때 무려 25kg 이상 체중이 늘어 임신중독증을 염려해야 할 정도였어요. 그 살을 빼느라 얼마나 고생했던지. 그래도 아이가 건강하게 태어났으니 감사하게 생각하고 있습니다.

병원을 찾아야 하는 입덧 증세

임신성 과다구토증

입덧이 심하고 체중이 빠지면서 음식을 먹을 수 없는 상태를 임신성 과다구토증이라고 한다. 다음과 같은 증상을 보이면 탈수가 진행되었거나 식도가 찢어졌을 수 있으니 빨리 병원을 방문하여 진찰받도록 한다.

- 체중이 3kg 이상 빠진 경우
- 토할 때 피가 섞여서 나오는 경우
- 하루 종일 물도 마실 수 없을 만큼 음식물 섭취가 안 되는 경우
- 온몸이 나른해지면서 어지러운 경우
- 하루 종일 소변을 보지 못하거나 소변 색이 진한 노란색인 경우

말로리바이스 증후군(Mallory–Weiss Syndrome)

식도 점막이 구토나 다른 원인으로 상처를 입으면 파열로 이어지면서 막대한 출혈을 일으키기도 하는데 이를 말로리바이스 증후군이라고 한다. 임신부라 하더라도 식도 점막의 출혈은 위험할 수 있으므로 내시경으로 출혈의 정도를 확인하고 출혈이 심하면 지혈한다. 출혈이 멈추면 식사는 유동식으로 시작하고 출혈의 정도에 따라 빈혈에 대한 치료를 한다.

입덧 해결 음식 Best!

- 짭조름한 비스킷(62%)
- 새콤한 과일(55%)
- 생강 절편, 식혜(54%)
- 상큼하고 신 사탕(43%)
- 차가운 아이스크림(38%)
- 견과류(21%)
- 차가운 우유와 시리얼(20%)

입덧약 디클렉틴

최근 디클렉틴이라는 입덧방지약이 나와 많은 임신부의 사랑을 받고 있다. 디클렉틴은 피리독신과 독실아민의 복합제제로 임신부 사용에 있어 비교적 안정성이 확보되어 있다. 취침 전에 2알을 복용하며 증상이 적절하게 조절되지 않을 때는 4알까지도 복용 가능하다. 비급여 약으로 처방을 받아야 한다.

직장 생활 중 입덧이 너무 심해서 힘든데 어떻게 해야 하나요?

입덧이 심하면 당연히 사회적인 활동이 힘들어집니다. 입덧은 사람이 많은 곳에 가면 더 심해지고, 정신적 스트레스나 신체적 피로감도 입덧을 더욱 악화시키기 때문입니다. 따라서 입덧이 심한 경우에는 혼자서 해결하려고 전전긍긍하지 말고 직장 동료나 상사에게 임신 사실을 알리고 도움을 받아야 합니다.

입덧 때문에 너무 힘들면 일단 휴직을 한 뒤에 추후 복직을 하는 것도 하나의 방법입니다. 이런 휴식과 배려는 미안하고 부끄러운 것이 아니라 아이를 가진 엄마로서 당당하게 주장할 수 있는 권리이므로 임신 초기 건강을 챙기는 데 최선을 다해야 합니다.

직장에서 임신 사실을 숨기기보다는 미리 알리고 배려를 받는 것이 좋아요. 직장에 임신 사실을 알리는 것은 크게 문제가 없다면 유산 위험을 넘긴 4개월쯤이 좋아요. 하지만 입덧이 심하거나 유산기가 있어서 안정이 필요하면 그 전에 알리는 것이 좋겠죠.

❤ 임신 중 건강한 직장 생활을 유지하는 법

- 임신 사실을 주변에 알리고 축하와 함께 따뜻한 배려를 받는다.
- 편안한 복장으로 근무하는 것이 좋다. 꽉 조이는 옷은 혈액순환에 장애를 일으키고 태아의 건강에도 영향을 미칠 수 있다. 또한 여름에는 냉방 때문에 몸이 차가워질 수 있으니 카디건이나 담요 등으로 몸을 따뜻하게 하는 것이 좋다.
- 발에 딱 맞고 굽이 높지 않은 편안한 신발을 착용한다. 높은 구두나 미끄러지는 슬리퍼는 좋지 않다.
- 임신 중에는 다리에 압력이 많이 가해져서 부종이 생길 수 있으니 근무 중 앉아 있을 때는 상자나 발판, 기타 물건 위에 다리를 올려놓도록 한다. 다리가 많이 붓는다면 압박스타킹을 신는 것도 좋다.
- 물을 충분히 마셔 수분을 수시로 보충한다. 다만 간식을 습관적으로 먹는 것은 좋지 않다.

입덧이 너무 심하거나 유산 또는 조산 위험이 있을 때는 휴직도 고려해보세요. 진단서를 받으면 출산 휴가를 나눠서 미리 쓸 수도 있어요. 경력을 생각해서 무조건 버티는 것만이 방법은 아니에요.

1 피하지 못하면 즐겨라 입덧이 심해지는 이유 중 하나가 스트레스다. 입덧이 심해지면 우울증까지 오는 경우가 있으므로 마음을 편히 가지자.

2 공복을 없애라 비스킷이나 견과류처럼 배고픔을 쉽게 잊을 만한 간식거리를 준비하자.

3 자주 환기를 시켜라 임신기에는 호르몬의 영향 때문에 후각이 매우 예민해지므로 자주 환기를 시켜 입덧의 원인이 되는 냄새를 제거하자.

4 사람이 많이 모이는 장소를 피해라 사람의 체취는 제각각이라 입덧을 일으킬 수 있으므로 여럿이 모이는 장소는 피하는 것이 좋다.

5 충분한 휴식을 취하고 물을 자주 섭취하라 충분한 휴식은 입덧을 어느 정도 완화시킨다. 또 물의 섭취는 탈수를 예방하고 포만감을 불러와 공복에 따른 입덧도 줄일 수 있다.

6 자극적인 음식이나 소화가 안 되는 음식을 피해라 기름기 많은 음식이나 튀긴 음식은 구토를 유발하고 매운 음식은 구토 시 식도염을 일으킬 수 있다. 또한 소화가 안 되는 음식은 구토와 함께 위장 장애를 일으킬 수 있으므로 피하는 것이 좋다.

7 자극적인 향이 나는 물건을 치워라 주변에 향기 있는 물건이 있는지 잘 살피자. 평소 쓰던 향수나 화장품의 냄새가 자극적이면 순한 것으로 바꾸고 비누, 샴푸 등도 자극적인 냄새가 나는 것을 피한다.

8 구강 관리를 잘 하자 구토한 뒤에는 입을 청결히 해야 하는데 민트 향이 나는 구강청결제나 소금물이 도움이 될 수 있다. 치약 냄새가 메스꺼움을 유발할 수 있으니 자극적이지 않은 것으로 바꾸어 사용하는 것도 좋다. 양치질은 식사 후 30분 정도 지난 다음 하는 것이 좋고, 아침에는 간단한 간식으로 공복감을 없앤 후 양치질을 한다.

9 입덧이 심하면 비타민과 엽산 복용을 중지한다 임신 초기에 먹는 엽산은 입덧을 유발할 수 있다. 엽산을 먹고 토하는 것보다는 먹는 것을 중지하는 것이 바람직하다.

10 입덧은 예방이 우선이다 배 속 아이를 위한다고 억지로 음식을 먹는 것은 오히려 좋지 않을 수 있다. 음식물을 토하면 입덧이 다시 심해지니 예방이 가장 중요하다. 우연히 입덧을 안 하게 되는 음식을 찾았다면 그 음식으로 입덧을 조절하자. 태아에게 필요한 영양소는 이미 엄마 몸에 충분히 저장되어 있으니 걱정하지 않아도 된다.

14 임신으로 진단받기 일주일 전에 약물을 복용했습니다. 괜찮을까요?

임신 중 약물을 복용하면 약물 성분이 탯줄을 통해 태아에게 전달됩니다. 태아의 간과 위는 이제 막 만들어졌기 때문에 그 기능이 미숙하여 대사나 배설이 되지 못하고 약 성분이 그대로 몸에 쌓입니다. 따라서 만일 태아의 장기가 형성되는 시기에 위험한 약물을 먹었다면 기형을 유발할 수 있으며, 그 이후라면 외형적 기형보다는 난청이나 뇌 발달 등의 기능적 기형을 유발할 수 있습니다. 이 시기를 보통 임신 12주까지로 보고 있습니다.

약물은 시기에 따라 각기 다른 영향을 미칠 수 있기 때문에 임신 중 약물의 복용은 매우 신중하게 결정해야 합니다. 임신 중 약물의 복용은 최소화하는 것이 좋지만, 질환의 위험성보다 약물 복용 후 건강의 유익성이 높다면 의사의 지시에 따라 복용하는 것이 좋습니다.

임신 초기 약물 복용에 따른 위험도

임신 3~4주 배란 이후부터 임신으로 진단받는 동안 위험한 약물을 복용했다면 대부분 자연유산이 된다. 따라서 이 시기에 약물을 복용했으나 초음파 검사로 아기집이 잘 형성되어 있고 심장이 뛰는 것을 확인했다면 걱정하기보다는 주치의와 상의하는 것이 좋다.

임신 5~8주 태아의 심장과 중추신경, 눈, 귀, 팔과 다리 등이 형성되는 시기이다. 이 시기에 위험한 약물을 복용했다면 기형을 유발할 수 있다.

임신 9~12주 임신 9주 이후에 위험 약물을 복용했다면 태아의 얼굴 부분과 성기 발달 등에 영향을 미칠 수 있다.

피임약을 먹었는데 임신을 했어요. 위험은 없을까요?

피임약은 피임 효과가 99%나 되는 매우 우수한 약이지만 잘못 복용할 경우 임신으로 이어진다. 이럴 때 많은 여성이 피임약으로 인한 태아의 기형을 걱정하는데, 피임약은 호르몬 제제로 임신을 방해하는 역할을 하지만 복용 후 임신이 되었다 하더라도 태아에게 기형을 일으킨다는 보고는 아직까지 없으니 걱정하지 않아도 된다.

❤ 조심해야 할 대표적인 약물

감기약 감기약은 일반적으로 FDA 카테고리의 B, C군에 해당되기 때문에 임신 중에 사용해도 기형을 일으키지 않는 것으로 알려져 있다. 그러나 감기약은 대부분 안전한 것으로 보이지만 아직 충분한 연구가 이루어지지 않았다는 점을 유념해야 한다. 종합 감기약의 경우에는 의외로 많은 양의 스테로이드와 카페인이 섞인 약제가 많으므로 임신 중 사용은 자제하는 것이 좋으며, 절대 장기 복용을 해서는 안 된다.

여드름약 최근 여드름 치료제로 가장 많이 사용되고 있는 비타민 A의 합성 이성체인 이소트레티노인은 강력한 기형 유발 물질로 분류된다. 임신 4~10주경에 사용했을 때 36%의 자연유산을 비롯한 중추신경계, 안면, 심장 기형이 발생했다고 보고될 만큼 심각한 약물이다. 따라서 임신 중에는 절대 사용해서는 안 되며, 임신 준비 중에도 약물 복용을 중단하는 것이 좋다. 여드름약을 복용했을 경우 성분을 정확히 알고 의사와의 상담을 통해 임신의 지속 여부를 결정하는 것이 좋다. 국소적으로 사용되는 레티노산 제제의 크림(레티놀 크림)은 태아에게는 거의 영향이 없는 것으로 보고되고 있지만 임신 중에는 사용하지 않는 게 좋다.

무좀약 무좀약은 반감기가 짧아 임신 전 복용한 경우 큰 문제가 되지 않는다. 더욱이 바르는 무좀약은 국소적으로 흡수되기 때문에 문제가 되지 않는다. 그러나 무좀약의 일부 성분은 동물 실험에서 독성 및 기형을 일으킬 수 있다고 보고되었으며, 임신 초기에 사용했을 때 샴쌍둥이 발생이 보고된 바 있으니 임신 초기에는 사용하지 않도록 한다.

기생충약 우리나라에서 판매되는 구충제 중 가장 많이 나오는 것이 알벤다졸이고, 같은 계열로는 플루벤다졸, 메벤다졸이 있다. 이들은 회충, 요충, 십이지장충, 편충 등을 치료하는 데 효과가 있어 종합 구충제라고 하며 1년에 한 알을 복용한다. 기생충약이 아직 태아에게 특별한 기형을 일으킨다는 보고는 없으니 임신 전 복용했더라도 크게 걱정하지 않아도 된다. 다만 일부 동물 실험에서는 독성이 관찰되고 있기 때문에 가임기 여성이라면 생리 시작 후 복용하는 것이 좋고, 임신 중에는 복용을 추천하지 않는다.

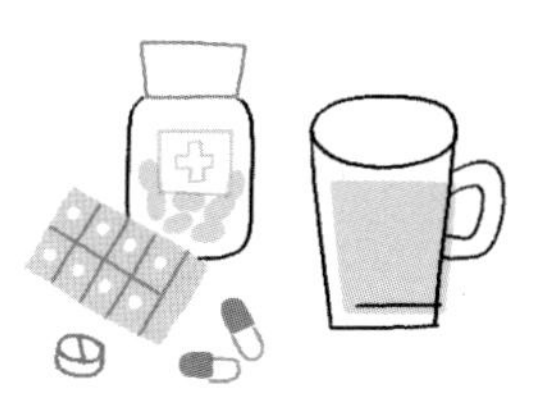

임신 중 약물 복용은 어떻게 해야 할까요?

임신 중에는 약물을 처방하는 사람도, 복용하는 사람도 일단 주저하게 되는 게 사실입니다. 아무래도 대부분의 약물이 태아에게 미치는 영향이 확실히 입증되지 않았기 때문입니다. 하지만 약물을 복용하지 않을 경우의 합병증보다 약물 복용이 임신부에게 훨씬 유리하다고 판단되면 필요한 약을 처방합니다. 임신 중 이런 약물은 어떻게 복용하면 좋을지 알아보겠습니다.

❤ 임신 중 약물 복용의 원칙

❶반드시 산부인과 의사와 상의하여 약을 처방받는다

임신 전부터 지병으로 약물을 복용하는 경우, 또한 임신 중 질병에 걸렸을 때도 반드시 약물 복용 여부에 대해 담당 산부인과 의사와 상의하고 복용해야 한다.

❷약물을 처방받았다면 정량대로 정확한 시간에 먹는 것이 좋다

의사가 처방한 약물을 임신부가 제대로 복용하지 않거나 수량을 줄여 복용하는 경우가 종종 있다. 이럴 경우 오히려 약물 효과가 떨어져 증상이 악화되거나 더 오랜 기간 복용하게 될 수도 있으니 정량대로 정확하게 먹는 게 좋다.

❸약물 복용 시에는 충분한 물을 섭취한다

캡슐이나 알약은 쉽게 넘길 수 있도록 삼키기 전에 물을 한 모금 마시고 약을 넘긴 후에도 충분히 물을 마셔 약이 신속히 내려가게 하는 것이 좋다.

❹설명서에 임신부는 주의하라는 문구가 있어도 당황하지 않는다

일반적으로 임신부에게 권장되는 약물은 없기 때문에 대부분 주의하라는 문구가 들어가 있다. 따라서 산부인과에서 처방받은 약물이라면 주의 문구가 있어도 당황하지 않아도 된다.

❺태아에게 이로운 약물은 거의 없다

약물은 마지막으로 선택되는 것이며, 복용할 경우 최소의 유효 용량으로 단기간 복용해야 한다.

16

임신 중 먹을 수 있는 약과 먹을 수 없는 약에 대한 기준이 따로 있나요?

지금까지 태아에 영향을 미치는 것으로 밝혀진 약물은 전체의 5% 이내이며 대부분 큰 이상이 없는 것으로 알려졌습니다. 그럼에도 불구하고 임신 중 절대로 복용하면 안 되는 약물은 FDA 카테고리 X군에 해당되는 것으로, 복용했을 때 태아의 기형이 입증된 약물들입니다. 이 중에는 흔히 사용하는 여드름 치료제와 같은 약물도 포함되어 있으니 어떤 약물이든 사용하기 전 산부인과 의사와 상의하고 꼭 필요한 경우에만 처방받는 것이 좋습니다.

❤ 임신 중 약물 효과에 대한 분류(미국 식품의약국 FDA 분류)

미국에서는 임신부에게 투여하는 모든 약물에 대해 A, B, C, D, X 등급을 매겨 분류할 정도로 신중을 기하고 있다. 산부인과에서는 카테고리 B등급의 약제를 선택하고 있으며 필요에 따라서는 C등급까지 일반적으로 사용하고 있다. 그러나 D등급의 약물이라 하더라도 의사의 결정에 따라 선택적으로 사용하기도 한다.

A	인체를 대상으로 한 연구에서 임신 초기에 태아에 대한 위험을 증명할 수 없는 경우(임신 말기에도 위험의 증거가 없는 경우)로 태아에게 해를 주는 것과 거리가 있는 약물 예) 비타민
B	동물 실험에서 태아에 대한 위험은 나타나지 않았으나 인체에 대한 실험에서 확실하게 증명되지 않은 경우, 또는 동물 실험에서 유해한 영향을 나타냈으나 임신 초기의 여성에게 증명되지 않은 경우(임신 말기 위험의 증거는 없다) 예) 페니실린
C	동물 실험에서 태아에 유해한 영향(기형, 태아 사망 등)을 나타냈으나 인체에 대한 실험 결과가 없는 약품, 또는 인체나 동물에 대한 연구가 아직 없는 약물(태아에 대한 위험성보다 모체에 대한 유익성이 클 경우에만 사용) 예) 아스피린
D	태아에 대한 위험이 증명되었으나 산모에 사용함으로써 얻는 이익이 태아에 대한 위험보다 큰 경우(임신부의 생명이 위급한 경우나 다른 약물로 효과가 없는 경우에만 사용) 예) 간질약(카바마제핀, 페니토인)
X	인체와 동물 모두에서 태아의 기형이 증명된 약품(임부, 가임 여성에게 금기) 예) 이소트레티노인(여드름 치료제), 테르네티노인(피부 질환 치료제), 페니토인(항경련제), 리튬(기분 장애 치료제), 와파린(혈전용해제), ACE(항고혈압제), 테트라사이클린(항생제)

17 일반 의약품 중 임신 중 사용할 수 있는 것은 무엇이 있나요?

일반 의약품은 의사의 처방전이 없이도 사용하는 약품으로 부작용이 크지 않은 것이 대부분입니다. 하지만 이는 일반적인 경우에 해당하는 것으로 임신 때는 달라질 수 있습니다. 따라서 임신 중에는 의사에게 처방을 받아 약물을 복용하는 것이 바람직하며 일반 의약품을 복용할 때에는 설명서를 꼼꼼히 읽어보고 약사에게 임신 사실을 분명히 알려야 합니다.

일반적으로 널리 사용되는 일반 의약품과 임신의 연관성은 다음과 같습니다.

평소 사용하던 대표적 약물의 사용 여부

타이레놀 임신 중 두통은 임신부가 경험하는 흔한 증상 중 하나인데 이때 사용할 수 있는 약물 중 하나가 타이레놀이다. 타이레놀은 아세트아미노펜 제제의 해열진통제로, 비교적 위장 장애가 적어 임신 때나 공복 시에도 사용 가능하다. 일반 진통제와 달리 태아에게도 큰 영향이 없으며, 진통제 중 유일하게 FDA 카테고리 B군에 해당한다.

애드빌 이부프로펜 계열 소염제인 애드빌은 두통, 근육통, 열, 생리통 등에 널리 사용한다. 우리가 잘 알고 있는 부루펜, 케롤, 모트린 등이 이부프로펜 성분의 약물이다. 하지만 임신과 모유 수유 시기에는 태아에게 영향을 줄 수 있으며, 임신 후기에는 태아의 동맥관 조기 폐쇄를 일으킬 수 있으므로 가급적 복용하지 않는 것이 좋다. 파스도 이브프로펜 성분이 있다면 임신 후기에는 사용을 주의해야 한다.

아스피린 아스피린은 임신 중 복용 시 장점과 단점을 모두 가지고 있다. 습관성 유산과 임신중독증에 저용량 아스피린이 어느 정도 효과가 있으며 임신 초기에 사용해도 기형을 유발하지 않는 것으로 알려져 있다. 하지만 임신 후기에는 자궁 수축력의 저하를 초래할 수 있고, 용혈 작용으로 인한 분만 시 출혈과 태반 조기 박리 같은 합병증을 일으킬 수 있기 때문에 임신 후기에는 가급적 복용하지 않는 것이 좋다.

스테로이드 제제 임신 중에 소양증이나 피부 트러블로 고생하는 임신부가 상당히 많은데, 이럴 경우 선택적으로 스테로이드 제제의 크림을 처방한다. 스테로이드 제제의 크림은 소량만 흡수되기 때문에 사용해도 되지만 장기간 사용하면 태아에게 영향을 미칠 수 있으므로 반드시 의사와 상의해서 사용해야 한다.

★임신 중 많이 사용하는 의약품

약품명	FDA 카테고리	복용 지침
복합 우루사(대웅제약)	B	소화불량, 식욕부진, 피로할 때 1일 1캡슐 하루 3회 복용
타이레놀(한국얀센)	B	진통, 해열제로 1회 1정 하루 3회 이하 복용
겔포스 엠(보령제약)	B	속 쓰림, 복부 팽만감, 위산과다 등의 증상이 있을 때 1일 4회 1포씩 복용
피엠정(경남제약)	B	무좀, 습진 등의 증상이 있을 때 사용(주성분인 살리실산은 임신부도 비교적 안전하게 사용 가능)
훼스탈 플러스(한독약품)	B	과식했거나 소화가 되지 않을 때 1회 1정, 1일 1회 이하로 복용
화이투벤((다케다제약)	C	감기로 인한 콧물, 코막힘 등의 증상에 따라 1회 2캡슐, 하루 3회 식후 복용
아로나민 골드(일동제약)	C	피로할 때나 영양 불량이 걱정될 때 1일 1정, 하루 2회 복용
펜잘 큐(종근당)	C	해열, 진통제로 1회 1정, 하루 3회 이하, 4시간 이상 간격으로 복용
물파스 에프(현대약품)	C	국소용 진통제로 삐거나 근육통 등의 증상이 있을 때 환부에 바름
판피린 Q(동아제약)	C	기침을 동반한 감기 증상이 있을 때 1회 1병(20ml) 3회 복용(중추신경 흥분 작용이 있으므로 가급적 사용하지 말 것)
박카스 D(동아제약)	C	성분의 안전성이 확립되어 있지 않아 가급적 복용하지 않음
레모나 산(경남제약)	C	체력이 약할 때 복용 가능하지만, 복용 전 의사와 상담 필요
니조랄(휴온스)	C	피부에 거의 흡수되지 않아 임신부도 사용할 수 있음
케토톱 플라스타(한독약품)	C	요통에 사용(모유 수유 시 주의해야 하며 임신 6개월 이후에는 사용하면 안 됨)
더마톱 연고(한독약품)	C	스테로이드 성분으로 장기간 도포 금지

임신 중 의사가 처방하는 약물은 대부분 위와 같다. 비슷한 약물의 경우 대부분 같은 등급이기 때문에 의사 처방에 따른 약물은 안심하고 복용해도 좋다. 단 처방하지 않은 약은 복용 전에 반드시 의사에게 확인하도록 한다.

18

임신 초기에는 엽산을 먹으라고 하던데 어떻게 섭취하는 것이 좋을까요?

임신을 준비할 때, 그리고 임신 후 가장 신경 써서 섭취해야 하는 영양소가 엽산입니다. 엽산은 엽(葉·나뭇잎)의 뜻에서도 알 수 있듯이 녹색 채소나 유제품·견과류에 많이 들어 있는 비타민 B9입니다. 엽산은 소장 점막에서 흡수된 뒤 대사 과정을 거쳐 혈액으로 들어가 적혈구가 DNA를 합성하도록 돕는데, 임신 초기에는 세포분열이 매우 빠르게 일어나기 때문에 엽산이 부족하면 DNA 합성에 문제가 생겨 신경관 결손이 일어날 수 있습니다. 성인 기준으로 임신 전 여성이 엽산을 매일 0.4mg(400㎍) 이상 복용하고, 임신 후에는 0.6mg(600㎍)을 복용하면 신경관 결손 발생률을 70% 정도 줄일 수 있습니다. 수용성 비타민인 엽산은 음식만으로는 충분한 양을 섭취하기 어려우니 임신 3개월 전부터 엽산 보충제를 복용하는 게 좋습니다. 또한 엽산이 포함된 식품은 조리 과정에서 영양소가 파괴되기 쉬우므로 될 수 있으면 열을 가하지 않고 섭취하는 게 좋습니다. 과일은 그대로 먹는 것이 좋고, 채소는 그대로 먹기 힘들면 최소한의 드레싱을 넣어 샐러드로 먹습니다.

엽산이 풍부한 음식

녹색 채소, 파파야 & 오렌지, 양배추, 콜리플라워, 아스파라거스, 아보카도, 콩류(완두콩, 렌즈콩), 비트, 브로콜리, 씨앗류 & 너트류, 파프리카 등

영양소의 단위

• mg는 밀리그램milligram의 약자로 1,000mg=1g입니다. 비타민 C 500mg은 0.5g과 같습니다.

• mcg는 마이크로그램으로 1,000mcg=1mg입니다. ug, 또는 ㎍는 mcg와 같은 단위입니다. 따라서 엽산 400㎍=0.4mg와 같습니다.

• IU는 International Unit의 약자로 비타민의 효능을 나타내는 단위입니다. 비타민에 따라 무게가 다른데 예를 들어 비타민 D 1,000IU는 25㎍(1IU=0.025㎍)이며, 비타민 C 1IU는 50mg(1IU=0.05mg)입니다.

19

종합 비타민을 선물로 받았는데 이것만 먹어도 영양소 섭취가 충분할까요?

종합비타민제는 많은 임신부가 복용하는 영양제입니다. 비타민 B6나 B12 등은 일반적인 식사로는 보충하기 어려우니 임신 중에 종합비타민제를 복용하는 것은 매우 도움이 됩니다. 다만 종합비타민의 성분에 따라 꼭 필요한 양의 영양소가 들어있지 않은 경우도 있으니 반드시 성분표를 잘 보고 내게 필요한 영양소의 양이 충분히 함유되어 있는지 확인하고 복용하는 게 좋습니다.
다만 비타민은 약물이 아닌 보충제이기 때문에 그 효과는 제한적일 수밖에 없습니다. 따라서 비타민에만 의존하지 말고 건강하고 균형잡힌 식사로 영양을 충분히 공급하는 것이 임신부에게는 가장 좋습니다.

❤ 임신 중 복용을 추천하는 영양 보조제

칼슘제 칼슘은 뼈와 치아의 대표적인 구성분이며 심혈관계에 중요한 역할을 하고 있어서 임신 중 부담이 늘어나는 심장에 도움을 주는 성분 중 하나이다. 태아의 골격 형성으로 엄마의 칼슘이 많이 뺏겨 골밀도가 떨어질 수 있기 때문에 일반적으로 칼슘 보충제의 사용을 권장하고 있으며, 임신부의 하루 권장량은 1,200mg이다. 단, 칼슘제와 철분제를 동시에 먹으면 둘 다 흡수율이 떨어지기 때문에 반드시 아침과 저녁에 따로 복용하는 것이 좋다.

오메가3 임신 중 엄마로부터 태아에게 전해지는 오메가3는 태아의 뇌에 축적되어 지능 발달에 영향을 미치고 시신경 발달에 도움을 준다. 오메가3는 음식물로 섭취할 수 있어 필수 복용 약물은 아니지만, 음식을 제대로 먹지 못할 경우 약물로 보충해야 한다. 임신부는 DHA를 최소 200mg 이상 섭취하는 것이 좋으며 EPA+DHA 순도가 60% 이상의 제품이 좋다. 단, 출산 2주 전에는 EPA 성분이 지혈을 방해할 수 있기 때문에 복용을 중지해야 한다.

유산균 장은 우리 몸의 면역을 담당하는 최고의 면역 기관이기 때문에 유산균을 섭취하면 임신 중 낮아진 면역력을 높여주는 데 도움을 준다. 또한 임신 중 변비는 모든 여성이 고민하는 증상 중 하나이기 때문에 유산균의 필요성은 더욱 커진다. 그 외에 알러지나 각종 염증성 장질환을 예방하는데 도움을 줄 수 있으며 혈당 감소에도 도움을 줄 수 있다.

20 산전 검사에서 비타민 D의 농도가 낮게 나왔는데 보충제를 얼마나 먹어야 할까요?

비타민 D는 영국의학저널(BMJ)에서 임산부가 꼭 복용해야 한다고 선정한 비타민입니다. 임신부의 합병증, 임신성 당뇨병, 조산, 임신중독증의 위험을 줄이고 간혹 태아에게 나타나는 자폐증 등의 부작용까지 예방한다고 알려져 있습니다. 그런데 2014년도 국민건강영양 조사에 따르면 우리나라 전체 인구의 평균 비타민 D 혈중 농도는 16.1ng/mL로 심한 결핍 수준입니다. 특히 여성의 경우, 남성에 비해 현저하게 비타민 D가 부족한 상황입니다.

임신부에게 비타민 D가 부족하면 태아의 성장 발육 지연을 불러올 수 있으므로 임신 중에는 반드시 비타민 D를 보충해주는 것이 좋습니다.

체내 비타민 D의 90%는 햇빛의 자외선을 통해 생성되기 때문에 비타민 D를 보충하는 가장 좋은 방법은 햇빛을 자주 쬐는 것입니다. 그렇지만 직장을 다니거나 평소 햇빛에 거의 노출되지 않는 임신부의 경우 비타민 D 보충제를 복용하는 것이 좋습니다.

❤ 비타민 D 보충제를 복용할 때 주의점

- 혈중 비타민 D의 농도를 측정하여 그에 맞게 의사의 지시에 따라 적당량을 복용하는 게 가장 좋다.
- 비타민 D의 하루 복용량을 400IU로 권장하고 있는데, 임신부의 경우 혈액 검사상 비타민 D 수치가 너무 낮으면 고함량을 섭취하는 것이 좋다. 시중에 판매하고 있는 비타민 D 함량은 보통 1000-2000IU이니 적당한 용량을 골라 복용하면서 비타민 D의 혈중 농도를 체크하도록 하자.
- 모유에는 소량의 비타민 D가 포함되어 아이에게 전달되니 모유 수유 중에도 비타민 D는 계속 섭취하는 것이 좋다.

21

신종 플루가 의심된다고 하는데 타미플루를 복용해도 될까요?

모든 임신부는 신종 플루의 고위험군으로 분류되고 있습니다. 따라서 임신부는 신종 플루 증상이 없더라도 신종 플루 환자와 접촉했다면 예방 차원에서 타미플루 복용을 권하고 있습니다. 하루 1회씩 10번 복용하며, 이후 증상이 없으면 복용을 중지해도 됩니다.

항바이러스 제제인 타미플루는 FDA 분류상 C등급에 해당하며 필요에 따라서는 임신부도 복용할 수 있습니다. 또한 신종 플루에 걸렸을 경우 타미플루 처방과 함께 고열이 동반될 때에는 아세트아미노펜 제제인 타이레놀을 복용해 열을 떨어뜨려야 합니다. 그밖에 증상 완화를 위해 진해거담제, 항히스타민 제제를 함께 처방하기도 합니다.

★임신 중 감기, 독감, 신종 플루의 증상 및 치료 계획

	감기	계절 독감	신종 플루
원인	200종 이상의 바이러스	인플루엔자 A, 인플루엔자 B 바이러스 등	신종 인플루엔자 A 바이러스
잠복기	1~4일	1~7일	1~7일
증세	두통, 미열, 콧물, 코막힘, 기침, 재채기, 인후통	두통, 근육통, 피로감, 고열, 콧물, 오한, 기침, 인후통, 호흡 곤란, 관절통, 구토, 설사	두통, 근육통, 피로감, 고열, 콧물, 오한, 기침, 인후통, 호흡 곤란, 관절통, 구토, 설사
합병증	결막염, 축농증, 중이염	상기도-하기도감염, 폐렴, 천식	폐렴, 급성 호흡부전, 사망
예방법	청결 유지, 비타민 C 섭취, 습도 유지	청결 유지, 발열-호흡기 증상자 피하기, 예방 백신 접종	청결 유지, 발열-호흡기 증상자 피하기, 예방 백신 접종
치료	증세 완화약, 주사제, 휴식	해열진통제 타이레놀(성분명 아세트아미노펜) 등, 때에 따라 타미플루-리렌자 등 항바이러스제 사용	항바이러스제 타미플루(성분명 오셀타미비어), 리렌자(성분명 자나미비어) 등

목감기가 심하고 열이 높은데 어떻게 해야 할까요?

고열은 임신 초기, 임신부와 태아 모두에게 안 좋은 영향을 끼치는 증세입니다. 임신 초기의 고열은 발생 분화기의 태아에게 영향을 미쳐 신경관 결손이나 무뇌아 같은 기형을 일으키는 것으로 알려져 있습니다. 또한 발열에 대한 대처를 제대로 하지 못하면 임신부에게 염증으로 인한 폐렴, 농양, 패혈증과 같은 2차적인 합병증이 나타날 수 있습니다.

따라서 임신 초기라도 고열이 발생하면 반드시 아세트아미노펜 제제의 해열제를 먹고 열을 내리는 것이 중요합니다. 고열이 태아나 산모에게 미치는 나쁜 영향이 약을 먹었을 때의 부작용보다 훨씬 크기 때문입니다. 동시에 열의 원인을 찾아 치료하는 것이 중요하니 고열이 계속되면 주저 없이 병원을 찾아서 진료를 받는 것이 좋습니다.

임신 중에 감기약을 먹을 수 없으니 감기 때문에 고생을 참 많이 했어요. 감기에 걸렸을 때 제 비법은 도라지와 배를 푹 달인 다음 꿀을 한 스푼 타서 마시는 거였어요. 목이 아플 때는 굵은 소금을 따뜻한 물에 한 스푼 정도 타서 가글하고 목을 따뜻하게 해주는 것도 좋았어요.

♥ 임신 중 감기 대처 요령

❶독감이 유행하는 시기에는 반드시 독감 백신을 맞는다. 또한 감기에 걸려 열이 나면 의사와 상의한 후 해열제를 복용한다.

❷충분한 휴식과 충분한 수분을 공급해준다. 휴식과 수분은 우리 몸의 면역력 향상에 기본이 되어 치유 시간을 줄여준다.

❸목과 몸을 따뜻하게 해주는 차를 마신다. 매실이나 도라지, 대추차 등의 민간요법으로 목을 보호하는 것도 좋은 방법이다.

❹열이 날 때는 오히려 가벼운 옷차림이 좋다.

❺과일과 채소, 단백질을 충분히 섭취한다.

❻손을 자주 씻고 사람이 많은 곳은 피하는 것이 좋다.

23

엑스레이 검사가 태아에게 해롭지 않을까요?

우리가 방사선에 노출되었을 때 흡수하는 에너지양은 '래드(rad)'라는 단위를 사용합니다. 산부인과 가이드라인을 보면 태아에 미칠 수 있는 노출의 양은 5rad 이상으로 생각보다는 매우 큰 양입니다. 일반 병원에서 많이 사용하는 흉부 사진은 0.01~0.05mrad(mrad는 밀리래드, 1/1000rad), 복부 사진은 23~55mrad인 것을 보면 계속해서 수십 장 이상을 찍지 않는 이상, 그리 위험하지 않은 양이라고 말할 수 있습니다. 또한 기타 연구에 의하면 방사선이 태아에 미칠 수 있는 시기는 임신 8주에서 25주까지로 보고 있습니다.

물론 방사선 자체가 우리 몸에 이로운 물질이 아니므로 될 수 있으면 피하는 것이 좋습니다. 특히 임신 8주에서 15주 사이에는 적은 양으로도 영향을 미칠 수 있다고 되어 있으므로 임신 초기에는 가능한 피해야 합니다. 따라서 임신 초기, 불가피하게 엑스레이 검사를 해야 할 경우에는 배에 방사선이 직접 쪼이지 않도록 가림 장치(납치마)를 사용합니다.

막달 검사에 흉부 엑스레이를 꼭 찍어야 할까?

출산 직전에 하는 막달 검사에는 흉부 엑스레이가 포함되어 있다. 이는 불가피하게 수술해야 할 경우 전신마취에 따른 위험을 미리 예견하기 위해서이다. 앞에서 말했든 방사선이 태아에 미칠 수 있는 시기를 임신 8주에서 25주까지로 보는데 막달 검사는 임신 36주 이후에 시행하는 만큼 시기적으로 큰 위험이 없으며, 방사선 피폭량 또한 극히 미량이므로 크게 걱정하지 않아도 된다.

CT(컴퓨터 단층촬영)는 엑스레이 검사와는 달리 고용량의 방사선에 노출되므로 위중한 상황이 아니라면 가급적 피하는 게 좋다. MRI(자기공명 단층촬영)는 몸의 수분과 지방조직에 있는 수소 원자핵을 이용하는 방법으로, 이온화 방사선이 아니기에 비교적 안전한 진단법이다. 다만 조영제를 사용하는 MRI는 피하는 것이 좋다.

24 쌍둥이 임신은 정말 위험한가요?

쌍둥이는 하나의 정자와 난자가 만나 만들어진 수정란이 둘로 나뉘어 생기는 일란성쌍둥이와 두 개의 정자가 두 개의 난자를 각각 만나 두 개의 수정란을 이룬 이란성쌍둥이로 나눌 수 있습니다. 최근에는 고령 임신이 증가하고 난임 부부들이 크게 늘어나면서 배란유도, 시험관 아기와 같은 불임 시술이 증가하였고, 시술 과정에서 대부분 배란촉진제를 사용해 과배란을 유도하기 때문에 이에 따라 과배란에 따른 쌍둥이 임신도 크게 증가했습니다.

쌍둥이 임신으로 진단받으면 기쁨과 함께 걱정도 됩니다. 쌍둥이 임신은 태아의 발육 지연이나 기형, 임신성 고혈압, 임신중독증, 임신성 당뇨, 미숙아 출산, 분만 시 어려움 등 여러 가지 문제의 위험이 증가하므로 산전 검사와 관리, 출산 과정 모두에 있어 철저히 관리해야 합니다.

쌍둥이 임신은 아기집이 보이는 임신 6주에 알 수 있는데 쌍둥이 임신에서 가장 중요한 것은 아기집입니다. 아기집이 둘인 이란성쌍둥이의 경우에는 큰 문제가 없지만 일란성쌍둥이 중 하나의 융모막과 하나의 양막으로 태어나는 쌍둥이가 문제가 됩니다. 이런 경우 쌍둥이 사이에 서로를 나눠주는 막이 없기 때문에 서로의 탯줄이 꼬여 자궁 내 태아 사망이 일어나는 경우가 생기게 됩니다. 따라서 하나의 양막, 하나의 융모막의 쌍둥이인 경우 7개월이 넘어가면 병원에 입원하여 매일 집중감시를 통해 태아의 상태를 점검하고 필요하면 응급수술로 분만하기도 합니다.

쌍둥이라고 기형 위험이 더 커지는 것은 아니다. 그러나 이란성쌍둥이의 경우 각각의 태아가 한 태아와 같기 때문에 확률상 염색체 이상을 보일 위험이 단태아보다 2배 높아진다. 염색체 이상 위험이 높은 임신부에게는 주로 양수 검사를 권한다.

Q 25 쌍둥이를 임신했다고 합니다. 무엇을 조심해야 할까요?

쌍둥이를 임신하면 그만큼 배가 많이 나오고 체중이 증가하게 됩니다. 일반적으로 정상 체중의 여성이 임신을 하면 임신 중에 태아와 태반, 양수로 5kg이 늘어나고 자궁 및 유방의 발달, 혈액량의 증가 등으로 4kg, 지방이 약 3.5kg 늘어나 총 12.5kg의 체중이 증가합니다. 쌍둥이의 경우 적정 체중 증가는 16~25kg입니다. 그 이상 체중이 늘어나게 되면 임신성 고혈압 및 합병증이 크게 증가하므로 무엇보다 평소 체중 관리에 각별히 신경을 써야 합니다. 또한 두 태아의 성장이 다르거나 성장이 지연되고 있지 않은지 2~4주 단위로 초음파를 하여 점검하는 게 좋습니다.

쌍둥이를 임신했을 때 주의할 점

철저한 산전 관리가 필요하다

쌍둥이 임신은 임신부의 체중과 혈압을 항상 꼼꼼히 체크해야 하며, 두 태아의 성장에 문제가 없는지 초음파로 추적 관찰해야 한다. 미숙아 출생의 확률이 높기 때문에 산부인과를 선택할 때 분만을 전문으로 하는 병원을 선택하고, 미숙아 출생 시 필요한 인공호흡기 등의 시설과 이를 관리하는 소아과 의료진의 여부를 반드시 확인해야 한다.

엽산과 철분 요구량이 증가한다

일반 임신은 엽산의 하루 섭취 권장량이 0.6mg이지만 쌍둥이 임신은 1mg으로 증가한다. 또한 철분 요구량도 일반 임신의 경우 20mg, 임신 후반기에는 30mg이 요구되는데, 쌍둥이 임신은 두 배 정도 더 증가한다.

조산을 조심해야 한다

일반 임신은 40주를 예정일로 보는 반면, 쌍둥이 임신은 그보다 빠른 36~37주를 분만 예정일로 잡는 경우가 많다. 그만큼 쌍둥이 임신은 조산이 많다. 따라서 임신 24주가 지나면 무리한 활동을 자제하고 장거리 여행도 피하는 것이 좋다.

쌍둥이에 대한 지원 혜택이 있을까요?

쌍둥이(다태아)를 임신하면 기쁨도 두 배이지만 임신 중에도 위험이 크고 동시에 둘 이상의 아이를 돌봐야 하므로 육아 부담과 비용 부담이 커져요. 정부에서는 난임 시술 등의 영향으로 쌍둥이·세쌍둥이 등 다태아 출산 비율이 점차 높아지자 이에 대한 지원을 늘리고 있어요. 매해 지원금액 및 기간 등이 달라지고 있으니 미리 확인해두세요.

다둥이 임신에 대한 국가 지원사업

2024년 다둥이 지원 강화책

현재 다태아의 경우 임신·출산 지원금으로 140만 원을 지급하고 있으나 2024년부터는 태아 당 100만 원씩으로 증액 지원할 예정이다. 이 외에도 다둥이 임산부는 조산 위험이 크므로 임신 8개월부터 근로시간 단축 신청이 가능해지고, 배우자의 출산휴가도 15일로 늘어난다. 세쌍둥이 이상일 경우 최대 40일까지 산후조리 도우미 지원 기간이 확대된다.

고위험 임산부 의료비 지원사업

쌍둥이(다둥이) 임신은 고위험 질환을 진단받을 확률이 높다. 조기진통, 양막 조기파열, 중증 임신중독증, 태반조기박리 등 총 19가지 종류의 고위험 임신질환으로 진단받아 입원 치료를 받은 경우, 관할 보건소에 구비서류를 지참하여 신청하면 300만 원 한도 내에서 90%를 지원받을 수 있다(기준중위소득 180% 이하인 경우).

이른둥이 지원사업

조산 또는 미숙아로 태어날 경우 '이른둥이 지원사업'의 도움을 받을 수 있다. 이른둥이 및 저체중 미숙아의 경우 신생아집중치료실(NICU)에서 퇴원한 후에도 장기간 외래 진료를 봐야 하는데 이른둥이 지원사업의 도움을 받으면 출생일로부터 5년 동안 외래치료비를 95% 경감받을 수 있다. 가까운 건강보험공단에 경감신청서를 내면 된다. 진료비 본인 부담이 높은 중증 질환에 대해 부담금을 낮춰주는 산정특례제도도 있다.

이 외에도 아름다운재단(beautifulfund.org)에서 이른둥이 재활치료 지원사업을 통해 한 가정당 최대 200만 원 한도에서 병원 재활의학과 치료비를 지원하고 있다.

27

쌍둥이 중 한 아이를 계류유산으로 잃었습니다. 남은 한 아이는 괜찮을까요?

쌍둥이로 진단받았다가 한 명의 태아가 죽고 남은 한 명의 태아만 성장하는 것을 '쌍둥이 소실 증후군(Vanishing twin)'이라고 부릅니다. 쌍둥이 중 하나가 사망하는 것은 안타까운 일이지만 실제로는 흔하게 발생합니다.

쌍둥이 소실 증후군은 임신 초기에 쌍둥이로 수정란이 분화했지만 한쪽은 미처 자라지 못하고 소실되는 경우와 아기집이 두 개로 쌍둥이 진단을 받았지만 한쪽에서만 태아가 성장하는 경우, 혹은 두 쪽 다 심장 소리를 확인했지만 한쪽은 심장이 멈춘 계류유산으로 발전하는 경우 등 여러 형태가 있습니다. 대부분 모체나 태아에 자연 흡수되며, 설령 흡수되지 않는다 해도 임신에는 큰 영향을 미치지 않습니다.

쌍태아간 수혈 증후군

두 태아 사이에 단일 융모막을 가진 일란성 쌍태아(태반이 분리되지 않고 하나의 태반에서 혈액 공급을 받음)의 약 25%에서 생기는 질환으로, 두 태아 간에 태반에서 혈관이 서로 연결되어 혈액이 한쪽으로 흐르는 현상이다. 이런 경우 혈액을 공급받는 쪽에서는 거대아 및 심장 비대가 나타나고, 혈액을 공급하는 쪽에서는 빈혈 및 양수과소증, 성장 지연 등의 문제를 보인다. 따라서 두 태아 간의 몸무게 차이가 많고 쌍태아간 수혈 증후군 진단이 내려지면 예정일이 되기 전이라도 제왕절개술을 한 후 신생아 중환자실에서 미숙아 처치를 통해 성장을 기대하는 것이 좋다.

28

임신을 한 이후로 묽고 희끄무레한 냉이 늘었습니다. 치료를 해야 하나요?

임신을 하면 여성 호르몬 에스트로겐과 태반에서 분비되는 hCG의 영향으로 자궁 입구의 샘에서 분비물이 증가합니다. 이런 분비물은 평소 배란기 때 보던 맑은 콧물처럼 끈끈한 냉과 크게 다르지 않고 양만 늘어날 뿐입니다.

임신 중 질에서 분비되는 분비물은 태아를 세균으로부터 보호하는 역할을 하며, 출산 시 태아를 안전하게 분만할 수 있도록 도와줍니다. 분비물의 색이 투명하거나 우윳빛이면서 가렵지 않다면 걱정할 필요가 없지만, 색이 진하거나 심하게 가렵고 통증이 있다면 질염일 수 있으므로 치료를 받아야 합니다.

♥ 치료가 필요한 질염

칸디다 질염 응고된 우유와 같은 하얀색의 분비물이 많이 생긴다. 면역력이 떨어지면 쉽게 발생하며 심하게 가렵다. 곰팡이에 의한 질염으로 치료제는 태아에게 별다른 영향을 미치지 않는다.

세균성 질염 생선 비린내가 나면서 간지럽고 화끈거린다. 임신 중 10~30%에서 발생하며 조산을 유발할 수 있어 치료를 요한다. 일주일간 항생제를 복용하고 세정제 등을 이용한 뒷물로 질 내 환경을 개선해야 한다.

헤르페스 질염 성생활에 의한 감염으로 과거 이 질환을 앓은 적이 있는 경우 면역력의 저하로 재발하기도 한다. 소변을 볼 때 깜짝 놀랄 정도로 따갑거나 아프고, 때로는 살짝 피가 묻어나기도 한다. 항바이러스 제제를 투여하고 크림을 도포한다.

분비물이 증가할 때 가장 좋은 것은 속옷을 편한 크기의 면 소재로 입는 거예요. 분비물이 많다면 팬티라이너보다는 유기농 면으로 된 패드를 사용하는 것이 좋아요. 또 하나! 부부관계를 할 때 충분한 전희를 하는 것도 중요해요.

29

난소에 큰 혹이 생겼다는데 어떡하죠?

산부인과 초음파 검사에 대한 거부감으로 결혼 전이나 후에도 검사를 피하다 임신을 하고 나서야 난소낭종을 발견하는 경우가 있습니다. 대부분 임신 초기에 생긴 난소낭종은 크게 문제를 일으키진 않습니다만, 난소낭종이 더 커지지는 않는지, 파열되어 배에 피가 고이지는 않는지 등을 관찰하며 지켜봐야 합니다. 난소낭종은 거의 악성화되지 않기 때문에 출산 후 지켜보다가 수술적 치료를 고려해보는 것이 좋습니다. 하지만 난소낭종의 염전이나 파열의 경우에는 임신 중이라도 수술을 고려해야 합니다.

임신 10주까지 임신을 유지하는 황체호르몬이 난소에서 분비하기 때문에 난소 수술을 할 경우 유산되는 경우가 있습니다. 이럴 때를 대비하여 수술 후에는 황체호르몬 주사를 맞습니다. 임신 10주 이후에는 황체호르몬이 분비되는 장소가 난소에서 태반으로 바뀌기 때문에 난소 수술은 유산에 큰 영향을 끼치지 않습니다.

난소낭종의 염전 난소에 혹이 있을 때 생기는 합병증으로, 난소가 돌면서 꼬이는 것을 말한다. 마치 물풍선처럼 난소가 빙그르르 돌면 혈관이 꼬여 혈액 공급이 안 되는데 이때 극심한 통증과 함께 난소의 괴사를 불러오므로 빨리 병원에서 수술적 치료를 받아야 한다.

난소낭종의 파열 난소낭종의 크기가 점점 커지면서 터지는 것을 말한다. 이때 배에 피가 많이 고여 응급 수술이 필요한 경우가 있다. 난소낭종이 파열되었을 때는 맥박과 혈압을 체크해 큰 변화가 없으면 자연적으로 혈액이 흡수되기를 기다릴 수도 있지만 배에 많은 피가 고여 저혈량성 쇼크가 예상된다면 즉각 수술해야 한다.

기형아 검사를 할 예정입니다. 어떤 검사를 어떻게 하나요?

임신 중 시행하는 기형아 검사는 크게 초음파로 선천적인 해부학적 이상 유무를 진단하는 방법(투명대검사, 정밀초음파)과 모체의 혈액을 채취하여 다운 증후군, 에드워드 증후군과 같은 염색체 이상과 신경관 결손 등의 질환을 알아내는 혈액학적 검사(트리플, 쿼드)가 있습니다. 최근 우리나라에서는 트리플, 쿼드검사보다 더 정확도가 높은 인터그레이티드검사나 시기별로 두 번 검사하는 시퀀셜검사를 통해 기형 여부를 진단합니다. 이런 검사에서 기형아 소견이 발견될 경우에는 자궁 안에 바늘을 넣어 직접 조직이나 양수를 채취하는 침습적 검사를 시행합니다.

★여러 검사에 따른 다운증후군 발견율

검사	발견율	임신 초기		임신 중기	
		투명대검사	혈액 검사	E3, AFP, hCG	Inhibin
투명대검사	64~70%	포함			
트리플검사	61~70%			포함	
쿼드검사	80~82%			포함	포함
인터그레이티드검사	94~96%	포함	PAPP-A	포함	포함
시퀀셜검사	91~92%	포함	hCG, PAPP-A	포함	

산전 기형아 검사의 오해와 진실

혈액 검사 결과 '양성'이 나오면 기형이라는 뜻이다 

혈액 검사로 기형아를 단정할 수 없으며 추가로 융모막검사나 양수검사를 받는다.

양수 검사를 하면 유산될 가능성이 높다 

주사기가 태아를 다치게 하거나 양수 내 염증을 유발하여 유산할 가능성은 0.2~0.3%이다. 하지만 이론상의 수치일 뿐이니 크게 걱정하지 않아도 된다.

2D 초음파 기기보다 3D 초음파 기기가 더 좋다 

기기보다 초음파를 보는 의사의 숙련도가 더 중요하며, 오히려 2D로 더 잘 보이는 경우도 있다.

31

인터그레이티드검사에서 신경관 결손 위험도가 증가했다고 하는데 무슨 뜻일까요?

쿼드검사 결과는 다운증후군 같은 염색체 이상 질환의 유무를 확인하는 검사로 알고 있지만, 한 가지 더 알 수 있는 질환이 바로 신경관 결손입니다.

신경관 결손은 임신 초기 배아기의 발달에 장애가 생겨 나타나는 질환입니다. 신경관은 임신 3주경 배아의 등 쪽을 따라 발달하는데 여기서 발달한 신경관은 나중에 뇌와 척수 또는 그것들을 덮는 구조물이 됩니다. 하지만 이때 신경관이 완전히 닫히지 않으면 결손이 생기는데 이를 '신경관 결손'이라고 합니다. 신경관 결손은 척추가 손상되는 척추 이분증부터 뇌가 형성되지 않는 무뇌증까지 다양한 기형으로 나타납니다.

신경관 결손의 진단에 중요한 데이터는 알파태아단백(AFP, alpahfetoprotein)입니다. 신경관 결손이 있는 경우 쿼드검사의 네 가지 항목 중 하나인 AFP 값이 높게 나옵니다. AFP가 2.5~3.5MoM으로 증가한 경우에는 재검을 하는데, 재검에서 다시 양성 반응이 나오거나 수치 값이 3.5MoM 이상인 경우에는 양수검사와 정밀초음파를 통해 신경관 결손 여부를 확인합니다.

양수검사와 정밀초음파를 통해 신경관 결손이 아닌 것으로 판정이 나면 AFP가 높은 다른 원인을 찾아야 합니다. 이 경우 염색체 검사도 함께 시행하고 태아의 복벽 결손과 같은 기형의 유무도 확인합니다. AFP가 높은 아이는 신경관 결손이 아니어도 임신 진행 과정에서 조산이나 미숙아 또는 자궁 내 태아 사망과 같은 합병증이 발생할 수 있습니다. 따라서 출산하기 전까지 좀 더 세밀하게 산전 진찰을 받을 필요가 있습니다.

초음파 검사

투명대검사

흔히 목둘레 검사로 알려져 있는 투명대검사(NT검사)는 임신 11~13주에 하는 대표적인 초음파 검사이다. 정확하게는 목둘레 측정이 아니라 목덜미의 투명한 공간인 투명대를 측정하는 것으로 의학용어로는 Nuchal Tranlucency(NT)라고 한다.

이 투명대는 맑은 액체로 채워져 있는데 다운증후군 아이는 이 액체의 양이 더 많아 두껍게 보인다. 또한 태아의 심장 기능의 이상이나 면역학적인 원인, 림프액 배출의 실패, 머리와 목정맥의 울혈 등의 원인으로 목의 피부 아래 수분이 모여서 부종이 있는 경우도 초음파에서는 매우 두껍게 보이기도 한다. 따라서 투명대의 두께가 두꺼우면 다른 동반된 기형이나 이상 소견이 없는지 정밀초음파를 시행하고 융모막융모생검이나 니프티검사 등을 통해 염색체 이상이 있는지를 확인한다.

투명대의 두께는 임신 주수에 따라 정상 범위가 다르지만 통상적으로 12주 미만에서는 2mm 미만, 12~13주에서는 3mm 미만을 정상 범위로 간주하며 주수와 상관없이 3mm 이상이면 이상 소견으로 판단한다. 다만 3mm가 넘는다고 하여 모두 기형이라는 것은 아니니 의사와 상의하여 다음 검사를 진행하는 것이 좋다.

목둘레 투명대

정밀초음파

말 그대로 태아의 뼈와 같은 골격이나 심장, 간, 뇌, 소화기관, 폐, 신장 등 주요한 장기의 기형 여부를 판단하는 검사이다. 일반적으로 심장이 잘 보이는 임신 20~24주 내에 검사하며 머리부터 발끝까지 세심하게 측정하여 기형 여부를 판단한다. 일반적으로 정밀초음파의 정확도는 약 70% 정도이며 정밀초음파에서 정상이면 대부분 외형에는 큰 이상이 없이 태어난다. 다만 손가락 등이 가려져 있거나 심장에 조그마한 구멍이 생긴 경우, 태아의 위치가 좋지 않은 경우 태아의 이상 여부를 제대로 확인하지 못할 수가 있다.

혈액학적 검사

트리플검사 & 쿼드검사

트리플검사는 과거부터 시행하던 검사로 모체 내의 알파태아단백질(AFP), hCG, 에스트리올 세 가지를 측정한 뒤 통계치를 통해 진단을 내리는 방법이다. 그리고 여기에 인히빈 A를 추가로 측정하여 진단율을 높인 것이 쿼드검사이다. 최근 우리나라에서는 쿼드검사보다 진단율이 높은 인터그레이티드검사를 일반적으로 사용하고 있다.

인터그레이티드검사

임신 11~13주에 투명대검사와 혈액의 PAPP-A(통합선별검사), hCG값을 측정하고, 임신 14~16주에 혈액을 통한 쿼드검사를 한 후, 이 검사들의 측정값을 통합 분석하여 다운증후군의 위험도를 산출하는 방식이다. 측정 시간은 오래 걸리지만 쿼드검사보다 정확도가 높기 때문에 현재 대부분의 병원에서 이 방법을 사용하고 있다.

니프티검사

니프티검사는 임신부의 혈액에서 태아의 DNA를 추출하여 최신 유전자 분석을 통해 13, 18, 21번 염색체의 이상을 검사하는 방법이다. 임신부의 혈액을 검사하기 때문에 양수검사보다 비침습적이고 양수천자가 안 되는 빠른 12주부터 늦은 20주까지도 검사가 가능하다(양수검사는 통상 16~18주에 시행). 또한 기존에 이용하던 다운증후군 검사에 비해 정확도가 매우 높으며(99%), 다운증후군(21번), 에드워드증후군(18번), 파타우증후군(13번) 등 여러 염색체의 이상을 동시에 알 수 있다는 장점이 있다.

시퀀셜검사(순차적 분석 검사)

시퀀셜검사는 임신 초기 12~13주, 14~16주에 두 번 순차적으로 검사를 해서 기형아 여부를 선별하는 검사이다. 임시 12~13주에 1차로 NT, PAPP-A, free beta HCG를 측정하여 위험도를 산출하고 임신 14~16주에 2차로 쿼드검사를 실시한 후, 1차와 2차를 통합 분석하여 기형아 발생 위험도를 산출한다.

침습적 검사

자궁 안에 바늘을 넣어 태아 조직이나 양수를 채취하여 검사하는 방법이다. 드물게 양막의 파수나 태아의 손상을 일으킬 수 있지만 직접적으로 태아의 조직을 통해 염색체 이상 여부를 판단할 수 있기 때문에 기형 검사 결과를 확진하고자 할 때 시행한다.

융모막검사(융모막융모생검)

융모막검사는 임신 10~13주에 시행하는 검사로 태반 조직의 일부인 융모막을 채취하여 염색체의 이상 여부를 확인하는 검사이다. 비교적 빠른 시간에 염색체 이상 유무를 알 수 있지만 양수천자보다 바늘이 더 깊게 들어가는 검사이기 때문에 검사 도중 출혈이나 유산 등의 합병증 가능성이 있다. 생검을 하기 전에 반복적이고 연속적인 초음파검사로 태아의 심박동 유무 및 태반과 아기집의 위치를 확인하고 초음파 감시하에 융모를 채취하는데, 자궁이 너무 앞이나 뒤를 향하거나 선명한 초음파 영상을 방해하는 신체적 혹은 해부학적 문제가 있는 경우에는 시행하지 않는다. 채취된 융모 조직을 통해 세포 유전학적 분석, DNA 분석, 효소 분석을 시행한다.

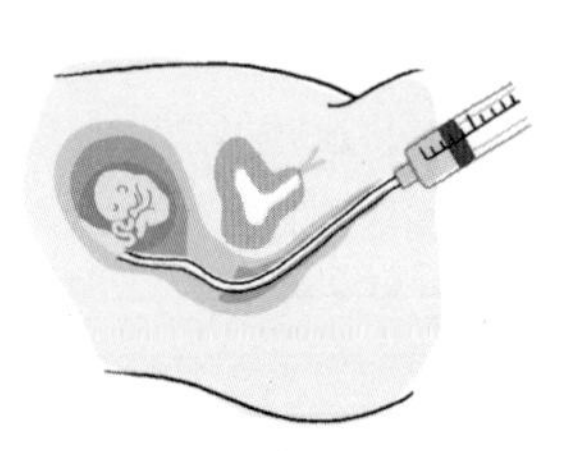

양수검사(양수천자)

양수검사는 양수를 바늘로 흡입하여 채취한 뒤 배양해 태아의 유전 정보를 알아내는 방법이다. 다운증후군, 에드워드증후군 뿐 아니라 염색체 이상을 원인으로 발생하는 다양한 기형을 미리 알 수 있기 때문에 일반적으로 쿼드검사에서 양성으로 판별한 경우 시행한다. 양수검사는 아이의 유전 정보를 의학적으로 미리 알아보는 것이기 때문에 보호자의 동의가 반드시 필요하다.

일반적으로 임신 16~18주에 검사하며 초음파를 통해 태아의 위치를 확인한 후 양수가 가장 많고 태아의 머리를 피할 수 있는 곳에서 채취한다. 채취하는 양은 20cc 정도로 이후 양수는 다시 채워지기 때문에 양막 파열과 같은 합병증만 없다면 크게 걱정하지 않아도 된다. 검사는 긴 바늘을 사용하는데 2~5분 정도면 끝나는 비교적 간단한 시술이다. 양수검사 결과는 태아의 염색체를 모두 배양하여 관찰해야 하므로 14일 정도 소요된다. 다운증후군 확인을 위해 염색체 21번의 이상 유무만 관찰하는 선택적 검사나 형광동소교합법을 이용한 검사는 비교적 빨리 알 수 있지만 최종 검사 결과를 반드시 확인하는 것이 좋다.

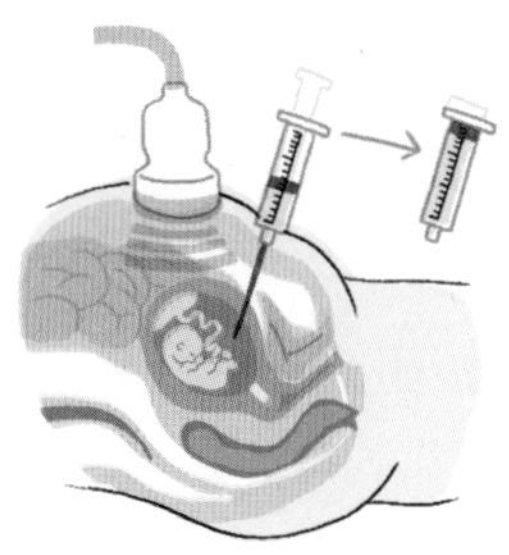

양수검사는 어떤 경우에 해야 할까?

- 나이가 만 35세 이상인 고령 임신
- 염색체 이상의 태아를 분만한 과거력이 있는 경우
- 임신부나 남편 또는 가족에 염색체 혹은 선천성 기형이 있는 경우
- 원인 불명의 사산아를 출산한 경우
- 기형아 검사에서 이상 소견이 있는 경우
- 초음파 검사상 염색체 이상을 시사하는 소견이 있는 경우
- 풍진, CMV(거대세포바이러스)와 같은 태아 감염이 의심되는 경우
- 임신 초기 반복 유산의 과거력이 있는 경우
- 이란성쌍둥이 임신 시 분만 나이가 만 31세 이상인 경우

검사 중에서 가장 고민이 되는 것이 바로 양수검사예요. 35세가 넘은 임신부는 고위험군으로 분류되어 병원에서 양수검사를 권하는데, 침습검사여서 검사 자체의 위험성도 있을뿐더러 전문병원에서 시행하는 양수검사는 백만 원 정도로 무척 비싸거든요. 저는 임신 기간 내내 불안에 떠는 것보다 차라리 검사를 받는 게 심리적인 안정감을 줄 것 같아서 검사를 받긴 했어요. 하지만 양수검사의 결과는 위험성 여부를 %로 알려주는 것이기 때문에 사실 100% 판별은 불가능하다는 건 알아두세요. 당해에 산전 기형아 확진 검사(양수검사, 융모막융모생검)를 받은 임산부(중위소득 65% 이하 가구)는 태아건강검진 지원사업에 선정되면 최대 100만 원 내에서 실비를 지원받을 수 있어요.

커피가 정말 마시고 싶어요. 딱 한 잔도 안 될까요?

임신과 카페인에 대한 연구는 지속적으로 이루어지고 있지만 아직 확실한 결과를 얻지는 못하고 있습니다. 다만 대부분의 나라에서 임신부의 카페인 섭취량을 일일 200~300mg으로 제한하고 있으며, 이는 인스턴트커피를 기준으로 했을 때 2~3잔 정도의 양입니다.

그렇다면 이 정도 양의 카페인은 임신 중에 안전한 걸까요? 카페인은 위산의 소화효소 분비를 증진시키고 괄약근의 수축 작용을 방해합니다. 따라서 임신과 같이 소화 능력이 떨어지고 위에 압박을 받는 상황에서는 카페인이 좋지 않습니다. 평상시 위 내용물의 역류로 식도염을 앓고 있는 경우에는 증상이 더욱 심해질 수 있으며, 카페인으로 인해 쉽게 잠들지 못해 숙면이 어려울 수 있습니다.

카페인은 태반을 통해 태아에게도 영향을 미칠 수 있습니다. 카페인이 신생아에게 미치는 영향에 관한 논문이 많이 보고되고 있으며 실제로 카페인이 출생 후 ADHD(주의력결핍 과잉행동장애)와 같은 질환을 야기할 수 있다는 연구 결과도 있으니 카페인이 함유된 커피는 임신 중 피하는 것이 좋습니다.

❤ 카페인은 커피에만 있을까?

우리가 인지하지 못하는 식품에도 카페인이 들어 있다. 초콜릿부터 과자류, 홍차나 녹차 같은 차 종류, 심지어는 피로회복제 및 진통제에도 카페인이 들어 있으니 주의하자.

식품	함량
커피 믹스(봉, 12g)	69mg
캔커피(캔, 150ml)	74mg
녹차 한 잔(티백 1개)	15mg
콜라(캔, 250ml)	23mg
진통제(1알)	30~50mg

식품	함량
초콜릿(30g)	16mg
커피 우유(개, 200ml)	47mg
커피 맛 빙과(개, 150ml)	29mg
피로회복제(병, 120ml)	30mg

33 커피 대신 허브티나 녹차는 마셔도 괜찮을까요?

대부분의 사람이 임신 중 커피 대신 녹차나 허브티를 마셔도 괜찮을 거라고 생각합니다. 실제로 녹차는 항산화 성분이 풍부하고 허브티는 스트레스를 완화하는 효과가 있으니 몇 가지 주의점을 숙지하고 마신다면 태아와 임신부에게 도움이 될 수 있습니다.

다만 녹차 티백 한 개에는 15mg의 카페인이 들어 있고 허브티에도 적은 양의 카페인 성분이 있으니 여러 잔을 마시는 것은 좋지 않습니다. 카페인은 이뇨 작용을 촉진하고 태반의 혈류량을 감소하여 태아의 성장 지연을 일으킬 수 있으니 수분 섭취는 차 종류가 아니라 물로 해야 합니다.

❤ 임신 중 허브티를 마실 때 주의점

유기농 제품을 선택한다

차 종류는 재배 방식에 따라 농약이 잔류할 수 있다. 미량의 농약이라도 계속 음용해서 쌓이면 태아에게 안 좋은 결과를 가져올 수 있으므로 차를 마실 때는 임신부용 유기농 제품을 선택하는 것이 좋다.

임신 초기, 녹차는 피하자

녹차는 엽산의 흡수를 방해하는 작용을 하기 때문에 임신 초기에는 마시지 않는 것이 좋다. 엽산은 신경관 결손에 중요한 역할을 하여 임신 3개월 전부터 400㎍을 보충하는데 녹차와 함께 마시면 효과가 떨어지므로 주의해야 한다. 그러니 아무리 몸에 좋은 녹차라도 하루에 한두 잔 정도로 제한하는 것이 좋다.

허브티마다 가지고 있는 특별한 효능을 꼭 확인한다

허브티는 성분마다 독특한 작용이 있으니 음용 전에 효능을 확인해야 한다. 예를 들어 세이지는 튜존이라는 성분을 함유하고 있는데, 이는 유산이나 고혈압을 유발할 수 있다. 또 붉은 산딸기는 자궁 수축을 일으킬 수 있으며, 불면증과 감기에 좋은 효과를 보이는 쥐오줌풀은 항우울제 역할도 하기 때문에 우울증 치료를 받고 있다면 주의해서 마셔야 한다.

임신 중에 인스턴트 음식과 탄산음료를 먹어도 괜찮을까요?

인스턴트 음식은 태아에게 출생 후 아토피나 다른 면역성 질환을 일으키는 것으로 알려져 있지만 확실한 연구 결과가 나온 것은 없습니다. 또 인스턴트 음식의 식품·첨가물 역시 태아에게 해롭다고 알려져 있는 성분은 거의 없습니다. 하지만 인스턴트 음식은 냉동 재료가 많으므로 유통 과정에서 발생할 수 있는 여러 상황을 고려해야 하며, 영양소가 골고루 갖추어진 음식이 아니니 태아의 건강을 생각한다면 직접 신선한 식재료로 요리해 먹는 것이 좋을 것입니다.
또한 인스턴트 음식은 영양분보다는 맛에 더 중점을 두었기 때문에 일반적으로 고칼로리 음식이 많습니다. 임신 중 인스턴트 음식을 주로 먹는 여성의 경우 임신성 당뇨 및 비만 발생률이 높다는 통계도 있으니 가급적 태아와 나의 건강을 위해 건강한 음식을 드시는 것이 좋습니다.
임신 초기에 입덧으로 인한 메스꺼움이나 소화불량 같은 증상을 느끼면 탄산음료의 유혹을 떨쳐버리기가 힘듭니다. 탄산음료를 마신 후 발생하는 트림이 소화제처럼 청량한 느낌을 주기 때문입니다. 그러나 이는 트림으로 인한 느낌일 뿐 의학적으로 효과가 있는 것은 아닙니다. 오히려 탄산음료의 당분이 혈당을 급속히 높이기 때문에 식사 후 마시는 탄산음료 한 잔은 임신성 당뇨와 같은 임신 합병증을 유발할 수 있습니다. 또한 트림으로 인해 가스가 위에서 식도로 올라오게 되면 위와 식도를 연결하는 괄약근을 약하게 만들어 임신 중 역류성 식도염을 더욱 악화시킬 수 있으니 탄산보다는 시원한 정수 한 잔을 권합니다.
다이어트 콜라는 괜찮을 거라는 생각도 잘못된 것입니다. 다이어트 콜라는 칼로리가 낮지만 아스파탐이라는 합성 감미료가 들어 있습니다. 우리 몸은 당분을 섭취하면 포만감을 느끼지만 인공 감미료는 단맛만 느끼게 해서 오히려 폭식을 불러올 수 있습니다. 때문에 지속적인 다이어트 콜라 섭취 역시 임신 기간 중에는 피해야 합니다.

1 물을 충분히 섭취한다 임신 중에는 화장실에 자주 가기 때문에 탈수 증세가 올 수 있다. 수분을 충분히 섭취하여 탈수 증세를 예방하자.

2 과일과 채소는 깨끗이 씻어 먹는다 과일과 채소에는 잔여농약성분이 많을 수 있으니 꼭 흐르는 물에 충분히 씻어 먹는다. 베이킹소다 1스푼을 탄 물에 담가두었다 씻으면 더 안심할 수 있다.

3 될수록 유기농 제품을 선택한다 유기농 식품은 영양가는 둘째치고 유통 과정이 보다 엄격하게 관리되므로 믿고 먹을 수 있다.

4 유통 기한을 꼭 확인한다 여름철에는 자칫 상한 음식을 먹고 탈이 나기 쉽다. 별것 아닌 상황도 임신부에게는 위험할 수 있으니 먹기 전에 유통 기한을 꼭 확인한다.

5 임신부의 권장 식단을 확인하고 될 수 있으면 식단에 맞춰 조리한다 임신 중에는 되도록 식재료의 영양소를 최대한 살린 방법으로 조리하고, 튀기거나 굽는 음식을 삼가는 게 체중 조절을 위해 좋다.

6 단백질의 섭취를 늘리고 탄수화물의 섭취는 줄인다 갑자기 허기가 심하게 느껴질 때는 적절한 탄수화물의 섭취가 도움이 되지만 탄수화물은 혈당을 급히 올릴 수 있으니 과다 섭취하는 것은 좋지 않다. 임신 중에 추가해야 하는 칼로리는 가급적 단백질로 추가하는 게 태아에게도 좋다.

7 국내에서 재배한 식재료를 구입한다 수입 식재료는 유통 기간 동안 상하게 하지 않기 위해 여러 화학적 보존 처리를 한 경우가 많다. 가장 좋은 것은 국내에서 재배한 신선한 식재료이다.

8 질산염이나 아질산염이 첨가된 식품은 선택하지 않는다 질산염이나 아질산염은 가공 식품에서 방부제로 사용하는 식품첨가물로, 음식의 유통 기한을 인위적으로 늘리는 역할을 한다. 방부제가 포함된 음식보다는 신선한 식재료를 섭취하는 것을 권한다.

9 고기는 기름기가 많은 것보다 살코기로 먹는다 기름기가 너무 많은 고기는 콜레스테롤을 증가시키기 때문에 가급적 피하는 것이 좋다. 생선은 일주일에 두 번 정도, 흰 살 생선 중심으로 먹는 것이 좋다. 참치, 연어 등 대형 어류는 중금속 오염을 유발할 수 있으므로 너무 많이 섭취하지 않도록 한다.

10 가능한 한 익혀서 먹고 날것은 피하자 신선한 육회나 회라면 적당히 먹어도 좋지만 식중독을 조심해야 한다. 식중독은 신선하지 못한 음식물을 섭취해서 생기는 것이기 때문에 생식을 할 때는 신선한 고기를 먹는 것이 좋고 그렇지 않다면 완전히 익혀 먹는 것이 좋다.

35

8년간 흡연을 하다가 임신을 했습니다. 괜찮을까요?

임신 후 하나 좋았던 건 남편이 담배를 끊은 거예요. 아빠의 간접흡연이 직접흡연만큼이나 안 좋다는 걸 알려주었더니 당장 담배를 끊더라고요. 만약 임신 후에도 남편이 계속 담배를 피운다면 관련 자료를 보여주고 알려주세요.

병원에선 솔직해야 해요. 의사가 결혼 전 임신이나 유산 경험, 흡연, 음주, 부부관계 등에 대해 물으면 창피하다고 거짓말을 하는 경우가 있는데, 그러면 정확한 진단을 받을 수가 없어요. 저도 임신 전에 음주와 흡연을 했는데 혼날 것을 각오하고 선생님께 솔직히 말씀드렸어요. 물론 임신 중에는 절대 안 된다는 충고에 바로 끊었지요.

임신 전 흡연력은 불임의 원인이 되지만 임신 후에는 흡연력이 큰 영향을 미치지 않습니다. 하지만 임신 중 금연은 매우 중요합니다. 흡연을 할 때 발생하는 니코틴은 혈관을 강하게 수축시켜 태반으로 가는 혈류량을 감소시키고 이는 태아의 전반적인 영양 상태 및 체중에 영향을 미쳐 저체중아 출생을 유발합니다. 또한 임신부에게는 심혈관계에 영향을 미쳐 임신성 고혈압 등의 합병증을 일으켜 고위험 임신을 초래하므로 반드시 금연해야 합니다. 만약 금단 현상으로 힘들다면 요가, 명상, 음악 감상 등 태아에게 좋은 태교로 시간을 보내는 방법을 추천합니다. 금연으로 입이 심심하다면 과자나 사탕보다는 견과류와 같이 임신부에게 좋은 간식으로 입을 달래보세요. 그래도 담배 생각이 난다면 담배를 피움으로써 태아와 엄마에게 발생하는 여러 가지 합병증을 생각하면서 인내해야 합니다.

흡연이 모체에 미치는 영향

- 임신성 고혈압 등의 심혈관계 질환을 불러온다.
- 태반 조기 박리를 증가시킨다.
- 조기 진통을 발생시킨다.
- 빈혈이 나타나고 영양 상태를 나쁘게 만든다.

흡연이 태아에 미치는 영향

- 저체중아 출생률을 높인다.
- 신생아 돌연사 증후군을 증가시킨다.
- 미숙아 발생을 증가시킨다.
- 면역 체계를 악화시켜 알레르기 피부 질환 등을 증가시킨다.

36 임신 확진 전에 술을 마셨는데 어쩌죠?

임신 진단을 받고 많은 사람들이 제일 먼저 걱정하는 것이 바로 술입니다. 임신한 줄 모르고 마신 술 때문에 태아에게 이상이 생길까 봐 걱정되어서지요. 담배와 마찬가지로 술은 기호 식품으로 분류되므로 계획 임신을 하지 않았다면 술에 노출되는 경우가 많습니다. 지나간 일보다는 현재가 중요하니 임신이라는 것을 알게 된 순간부터 금주를 하면 됩니다. 단, 술은 태아와 산모에게 모두 영향을 미치기 때문에 단 한 모금의 술도 좋지 않다는 사실을 명심해야 합니다.

참을 수 없이 맥주가 당길 때는 무알코올 맥주를 한 잔으로 달래곤 했어요. 하지만 알코올 함량이 1% 미만이라면 무알코올로 표시할 수 있기 때문에 진짜 무알코올인지 소량 함유인지는 성분표를 꼭 확인해야 해요.

음주가 모체에 미치는 영향

- 임신성 지방간이나 간 질환을 일으킬 수 있다.
- 역류성 식도염이나 위궤양 등의 소화기 질환을 일으킬 수 있다.

음주가 태아에 미치는 영향

- 알코올은 태반을 쉽게 통과하므로 아주 적은 양이라도 태아에게 영향을 준다.
- 출생 후 지적 발달이 느려지고 학습 능력이 떨어진다.
- 출생 후 충동적인 행동을 보일 수 있다.
- 성인기 우울증에 걸릴 확률이 높다는 연구 결과가 있다.

태아 알코올 증후군

임신부의 음주가 원인이 되어 태아의 정신적·신체적 결함이 나타나는 것을 의미한다. 일반적으로 성장 지연으로 몸무게와 키가 작으며 심장이나 관절에 문제를 가지고 태어나는 경우도 많다. 성장 이후 학습 능력과 기억력이 떨어지고, 말하는 데 장애가 생길 수도 있다. 또한 과잉 행동을 보이거나 산만할 수 있고 사회 적응 행동에 장애가 생길 수 있다.

37

잠을 자다 배가 고파서 항상 한 번씩 깨게 됩니다. 좋은 방법이 없을까요?

임신 중에는 자주 배고픔을 느낍니다. 배 속 태아에게 영양분을 공급하기 위해 칼로리가 많이 필요해서일까요? 여기서 한 번 더 생각해볼 사실은 태아의 성장에 필요한 추가 칼로리는 하루 300kcal 정도로 그리 많지 않다는 것입니다. 따라서 사실 임신 중에 배고픔을 느끼는 것은 태아에게 필요한 칼로리가 부족해서가 아니라, 먹는 습관이나 식사법이 잘못된 경우가 대부분입니다. 임신 중 바른 식습관은 임신부의 건강뿐만 아니라 태아의 바른 성장을 위해서도 중요하니, 배고픔을 느낀다고 계속 무언가 찾아 먹지 않고 다음의 몇 가지를 참고하여 바른 습관을 기르도록 노력해보세요. 그런데 만약 배고픔과 함께 참을 수 없는 통증이 계속되면 위염 등의 질병이 원인일 수 있으니, 이런 경우에는 병원을 방문해 진단을 받고 치료하도록 합니다.

♥ 자는 동안 배고픔을 느끼지 않으려면

• 소식다식의 습관이 필요하다. 임신부의 하루 필요한 칼로리를 2,000~2,500kcal로 계산했을 때 하루 세 끼 식사와 두세 번의 간식을 섭취한다면, 한 끼 식사는 500~600kcal 정도가 적당하고 간식은 100~200kcal 정도의 열량이면 전체적으로 균형이 잘 잡힌 식사가 된다.

• 배고픈 상태로 잠자리에 들지 말고 자기 전 배고픔이 살짝 가실 정도로 간식을 먹는다. 이때 식사처럼 많은 양은 오히려 수면 도중 역류성 식도염과 같은 증상이 나타날 수 있기 때문에 가볍게 음식을 섭취한다.

• 저녁에는 단백질보다는 탄수화물이 더 좋다. 탄수화물은 혈중 트립토판의 양을 늘리기 때문에 숙면에 좋고, 단백질은 소화가 안 되므로 위에 부담을 줄 수 있다.

• 기름에 튀기거나 너무 매운 음식은 수면에 방해가 된다. 또한 인스턴트 음식보다는 신선한 과일, 채소가 도움이 된다.

• 수면에 방해가 되는 음료는 마시지 않는다. 카페인이 들어간 음료나 커피, 탄산음료 등은 절대로 금한다.

38 임신 중에는 왼쪽 옆으로 누워 자는 것이 좋다는데 꼭 옆으로 누워 자야 하나요?

임신 중 왼쪽 옆으로 누워서 자는 것이 좋다는 이야기는 여성 몸의 해부학적 구조에 기인합니다.

첫 번째로 여성의 자궁은 중앙에서 오른쪽을 누르는 형태로 되어 있습니다. 좌측에는 S자 결장, 대장과 같은 장이 있기 때문에 왼쪽이 들린 상태로 오른쪽이 무게를 지탱하게 되죠. 그러다 보니 누워있으면 중력에 의해 오른쪽이 왼쪽보다 양수가 많게 되고 양수가 많은 오른쪽에서 아이의 움직임이 더욱 좋습니다. 이런 원리로 왼쪽으로 모로 누우면 자궁이 눌리는 압박감에서 조금은 벗어날 수 있는 것입니다.

두 번째는 우리 몸의 큰 정맥인 하대정맥의 위치 때문입니다. 하대정맥은 우리 몸을 중심으로 오른쪽에 위치해 있는데, 배는 천장을 보고 등은 바닥에 댄 채 똑바로 누우면 하대정맥이 자궁에 눌립니다. 오른쪽으로 돌아간 자궁 위치 때문에 이런 증상은 더욱 심해지지요. 이렇게 하대정맥이 눌리면서 요통, 골반통과 같은 통증이나 정맥류처럼 혈액 흐름이 정체되어 생기는 임신 합병증이 늘어나는 것입니다. 따라서 오른쪽보다는 왼쪽으로 누워 자는 것이 더 좋습니다.

임신기에 숙면을 위한 수면 습관

- 임신 초기에는 똑바로 누워 자도 상관없지만 임신 중기부터는 왼쪽으로 눕는 것이 임신부나 태아에게 좋으니 임신 초기 혹은 임신 전부터 왼쪽으로 누워 자는 습관을 들인다.
- 왼쪽으로 눕기 힘들다면 왼쪽 허리나 몸에 베개 등을 받치고 잔다. 자궁이 압박하는 자세만 풀어주면 되므로 약간의 경사만 지게 하여 수면을 취해도 수면의 질이 좋아진다.
- 옆으로 누워 자는 것이 왼쪽 골반에 무리가 간다면 부드러운 매트리스를 더 깔아 바닥을 푹신하게 만들어준다. 베개나 이불을 다리 사이에 넣고 수면을 취하는 것도 좋다.
- 반드시 왼쪽으로 자야 된다는 강박관념에서 벗어나 편안한 자세로 숙면을 취하자.
- 임신부용 브래지어나 복대를 착용하는 것도 도움이 된다.

평소 잠이 많은 편이 아닌데 임신을 하고 부터 낮잠이 쏟아집니다. 왜 그런 걸까요?

임신부의 50% 이상이 주중에 한 번 이상, 주말에는 60% 이상이 낮잠을 잔다는 연구 결과가 있을 정도로 많은 임신부가 낮잠을 잡니다. 사실 낮잠은 임신 중 피로를 풀어주고 정신을 맑게 하는 긍정적인 효과가 있습니다.

임신 중 낮잠을 자는 이유는 프로게스테론의 영향 때문입니다. 임신으로 증가한 프로게스테론은 일상적인 생체 리듬 중 갑자기 피곤함을 느끼게 하여 낮잠을 유도합니다. 임신 초기에 유독 감기에 걸린 것처럼 온몸이 나른하거나 지친 듯한 느낌이 들어 낮잠을 자게 됩니다. 그러다 임신 중기에는 점차 빈도수가 낮아지다가 임신 후기에 다시 많아집니다. 임신 후기에는 수면을 방해하는 신체적, 정신적 요인들이 많아 밤에 부족한 수면을 낮에 보충하고자 하는 것으로 여겨집니다.

직장에 다니는 임신부라면 잠시 편안한 자세로 의자에 기대어 몸을 이완시킨 다음 10분쯤 눈을 감고 있으면 어느 정도 피로감이 풀어집니다. 또 몸에 혈당이 떨어지면 피곤함을 더 느끼기 때문에 중간중간 간식을 섭취하는 것도 좋습니다. 하루 종일 건물 안에서 생활한다면 신선한 외부 공기를 마시며 잠시 걷는 것도 어느 정도 피로감을 해소하는 방법입니다.

그렇지만 규칙적인 취침 시간을 지키는 것이 임신부의 정신적, 신체적인 건강에 가장 중요한 방법임을 잊지 마세요.

사실 전 원래도 잠이 많은 편인데, 임신을 하고 나니 얼마나 잠이 쏟아지는지 사무실에서 다른 사람들 보기가 민망할 정도였어요. 그런데 또 집에 오면 밤늦게까지 이런저런 고민을 하느라 잠이 오지 않는 거예요. 임신 후기로 갈수록 배가 불편하니 깊은 잠을 자기가 점점 힘들어지는 건 당연했고요. 제겐 그나마 반신욕이 도움이 되었어요.

40 임신 초기 운동은 어떻게 해야 할까요?

임신 초기는 유산에 대한 두려움 때문에 운동을 꺼리게 됩니다. 그러나 가벼운 명상과 요가를 통해 몸을 관리하면 마음과 몸의 피로감을 덜어주어 건강을 유지하기 좋습니다.

❶복식호흡과 명상

임신 중 불안감을 없애주며 심신을 편하게 해준다. 들숨에 '나는 강하다', 날숨에 '아이가 자라고 있다'라고 되뇌며 마인드 컨트롤을 한다.

❷쌓기 자세

틀어진 골반을 바로잡아준다. 한쪽 다리는 뒤로 접고, 반대쪽 다리는 안으로 접은 후 양 무릎을 두 손으로 지그시 누른다. 자극이 강하게 느껴지는 쪽으로 골반이 틀어진 것이므로 좀 더 힘을 주어 좌우 균형을 맞춰 틀어진 골반이 제자리를 찾게 한다.

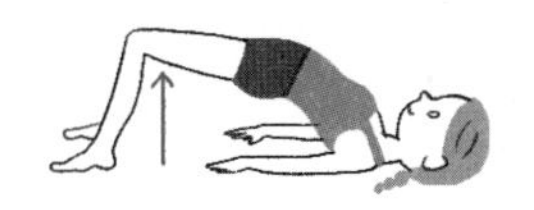

❸골반 들기

자궁을 강화하여 습관성 유산을 막는다. 어깨너비로 다리를 벌리고 꼬리뼈에 힘을 실어 위로 미는 듯한 느낌으로 엉덩이를 들어 올린다.

❹허리 비틀기

복부와 대장을 자극해 임신 중 변비에 효과적이다. 골반 너비보다 발을 조금 넓게 벌리고 서서 들숨에 양팔을 벌린 후 날숨에 왼손으로는 오른쪽 어깨를, 오른손으로는 허리를 감싸 복부를 비튼다. 심하게 비틀어 균형을 잃지 않도록 주의한다.

Q 41

예비 아빠입니다. 어떻게 아내를 도와줘야 할지 모르겠습니다

임신 초기에는 입덧과 함께 급격한 호르몬의 변화로 피로감을 느끼고 기분이 자주 변하고 다운되는 경우가 많습니다. 그런 아내에게 응원을 보내고 싶은데 방법을 잘 모르겠다는 예비 아빠라면 다음 설문 결과를 참고해보세요. 비싼 선물이나 이벤트보다는 함께하는 시간이 더 큰 선물이 될 수 있습니다.

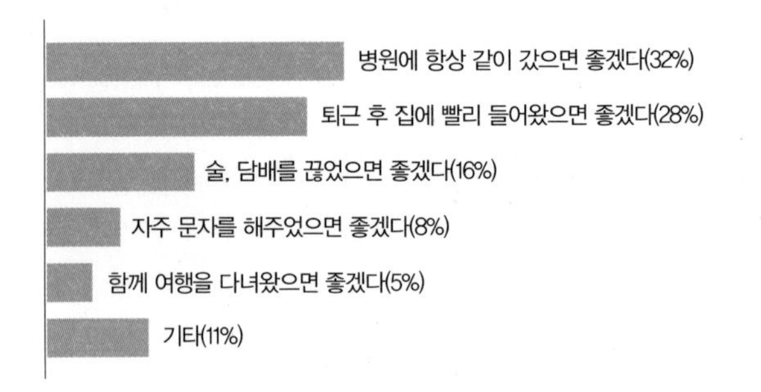

임신 중에는 큰 문제가 없으면 30주까지는 4주에 한 번, 36주까지는 2주에 한 번, 37주부터 분만 시기까지는 매주 한 번 병원을 방문합니다. 병원 대기실에서 다른 임신부는 남편과 동행했는데 나만 혼자라면 아무래도 서운함이 생길 수밖에 없습니다. 그러니 가능하면 병원과 산모 교실에는 남편이 동행하는 것이 좋습니다. 잠든 아내를 깨우지 않고 아침 식사를 해결하거나 식사를 차려 주는 남편의 모습도 아내에게 큰 감동으로 다가올 것입니다. 그렇게 임신의 과정을 함께하는 노력을 보이면 자연스레 아내도, 배 속의 아이도 행복해질 것입니다.

1 병원은 될 수 있으면 함께 다닌다 병원 진료를 함께 가는 것이 아내에게 최고의 선물이다. 어떻게든 시간을 맞춰보라!

2 집에 빨리 들어간다 남편이 늦게 귀가하면 혼자 있는 아내는 점점 신경이 곤두서고 우울감마저 느끼게 된다. 될 수 있으면 빨리 귀가하여 아내와 시간을 함께하라.

3 산모교실에 함께 다닌다 산모교실에서는 남편이 배울 것이 많다. 예민해진 아내를 이해하게 되고 육아 상식도 쌓을 수 있으니 가급적 함께하자. 태교에도 도움이 된다.

4 술, 담배를 멀리한다 술은 늦은 귀가 시간을 불러오며 담배는 간접흡연으로 인해 임신부 및 태아에게 매우 안 좋은 결과를 가져오니 금물이다.

5 화려한 이벤트보다는 사소한 감동을 전한다 임신부에게는 화려한 옷도, 반지도 모두 그림의 떡이다. 그보다 임신 관련 책이나 아이를 위한 물건 등을 선물하여 아내를 배려하는 남편의 모습을 보여주자.

6 둘이 함께할 수 있는 취미를 만든다 둘만의 영화 감상이나 산책도 좋다. 취미를 공유함으로써 서로에 대한 신뢰를 쌓자.

7 기념이 되는 추억을 만든다 임신 10개월간의 기록을 담아보자. 산모수첩에 붙인 아기의 초음파 사진, 변해가는 아내의 모습, 태교 여행 등 모든 것이 나중에는 소중한 추억이 된다.

8 집안일을 돕는다 몸이 무거워진 아내가 집안일을 힘들어하는 것이 당연하다. 청소와 설거지 등 힘든 가사 노동은 직접 챙겨서 하자.

9 태교에 힘을 쓴다 태교를 할 때 남편의 역할이 중요하다. 태아에게는 익숙한 엄마의 목소리보다 저음 톤의 아빠 목소리가 더 큰 자극을 준다.

10 분만은 반드시 함께한다 10개월간의 노력도 마지막을 망친다면 무의미해질 수 있다. 출산 순간에는 반드시 아내 옆을 지키며 마지막까지 힘을 내도록 옆에서 용기를 주자. 분만 전 산모 교실을 통해 호흡법을 배워 활용하면 더욱 좋다.

SOS

임신 초기

아기가 왜 유산된 걸까요?

기다렸던 임신이지만 안타깝게도 임신 초기에 유산이 되기도 합니다.
정자와 난자가 만나 생성된 수정란이 자궁에 착상하여 하나의 개체로 분화하는 것이 임신인데, 분화 도중 성장이 멈추거나 발육이 멈추는 경우를 유산 혹은 사산이라고 합니다. 임신 양성 반응이 나온 산모 중 약 70% 정도는 유산을 경험합니다. 물론 병원을 방문하여 의사에게 유산을 진단받는 경우는 이것보다 훨씬 적지만 나도 모르는 사이에 유산을 경험하는 거죠. 따라서 유산은 나에게만이 아니라 누구에게나 일어날 수 있는 일이에요. 유산은 가슴아픈 경험이지만 그것이 끝이 아니니 몸과 마음을 추스르고 다음 임신을 기대해봅니다.

유산의 증상

유산의 대표적인 증상은 질 출혈이다. 수정된 배아가 흘러나오면서 출혈이 일어나기도 하고, 착상에는 성공했지만 성장하는 과정에서 출혈이 일어나기도 한다. 하지만 출혈이 있다고 모두 유산이 아닌 것처럼, 출혈이 없지만 유산이 되는 경우도 상당히 많다. 따라서 질 출혈이 꼭 유산을 의미하는 것은 아니다.
유산은 복통을 동반할 수도 있다. 복통은 유산에서 일어나는 대표적인 증상이지만 임신 초기에는 어느 정도 복통을 동반하기 때문에 복통만 있는 경우에는 조금 안정을 취하고 복통의 정도를 관찰해보는 것이 좋다.
이외에 입덧이 갑자기 사라지는 경우에도 유산을 생각할 수도 있지만 사실 그 문제로 병원에 오면 대부분의 태아가 정상적으로 잘 크고 있는 경우가 많다.
유산의 증상이 하나로 확정되는 것이 아니기에 위의 증상이 나타나면 우선 안정을 취하고 몸 상태를 살피는 것이 좋다. 증상이 지속되거나 심해지는 경우, 또는 다른 증상이 더 나타나면 예정된 진료일이 아니더라도 병원을 방문해 진료를 받도록 한다.

유산의 종류

유산은 수정된 배아가 착상을 하지 못하거나 태아로 성장하는 과정에서 잘못되어 더 이상 성장을 멈춘 경우, 혹은 성장 도중 출혈로 인하여 밖으로 배출되는 경우를 말하며 다음과 같은 종류로 나눌 수 있다.

화학적 유산

착상 초기 아기집을 형성하기도 전에 배아로의 분화가 멈추는 경우를 화학적 임신, 그 이후에 일어나는 출혈을 화학적 유산이라고 한다. 화학적 유산은 임신 반응 검사에서 흐릿하게 양성으로 결과가 나오며 초음파로 확인해도 아기집은 보이지 않다가 이후 출혈로 이어지는 수순을 밟는다. 화학적 유산은 생리처럼 지나가기 때문에 산모가 모르는 경우도 있고, 수술적 치료도 필요하지 않다.

고사난자

초음파상 태아가 발달하지 않고 아기집만 커지는 경우이다. 이때 출혈이 보이기도 하는데 초음파로 아기집이 확인되었다가 1~2주 후 다시 검사하면 아기집만 커진 상태로 태아가 없다. 고사난자는 임신 첫 3개월의 자연유산 원인 중 거의 반수를 차지하며, 그 원인으로는 수정란의 염색체 이상이 대부분을 차지한다. 즉 수정란의 문제로 자연도태되는 것이다. 그 외 다른 원인으로는 바이러스 등의 감염을 들 수 있다. 고사난자로 진단되면 수술적 치료로 임신을 종결해야 한다.

자연유산

태아가 정상적으로 자라지 못하고 아기집이 밖으로 빠져버리는 경우이다. 여기서 태반 등 모든 구조물이 완전히 밖으로 빠진 경우를 완전 유산이라 하고, 태아의 잔유물이 조금 남아서 지속적으로 출혈을 일으키는 경우를 불완전 유산이라고 한다. 완전 유산의 경우 출혈이 점차 감소되어 괜찮지만 불완전 유산의 경우 출혈이 지속되므로 소파 수술이 필요할 수 있다. 임신 중 갑자기 복통과 함께 출혈이 덩어리처럼 쏟아져 나올 때는 이런 자연유산을 의심해보아야 한다.

포상기태

포도송이 기태라고도 불리며, 태반을 구성하는 융모막 세포가 암세포처럼 빠르게 분화하는 것을 말한다. 포상기태는 다른 유산들처럼 비정상적 임신으로 끝나는 것이 아니라 암세포의 성격도 가지고 있으니 수술 후 지속적인 추적 관찰이 필요하다. 임신 초기 약간의 출혈이 있다. 초음파로 진단이 가능하고, 치료 후 약 1년간은 피임하는 것이 좋다.

계류유산

앞의 경우와 달리 초음파로 아기집과 아기 심장 소리를 확인하는 등 어느 정도 임신이 진행된 뒤 유산이 되는 경우도 있다. 태아의 심장이 뛰다가 멈춘 경우, 임신 20주 이전에는 계류유산이라 하고, 20주 이후부터는 자궁 내 태아 사망이라고 부른다.

계류유산의 가장 흔한 원인은 바로 염색체 이상이며, 그 외 엄마의 내분비적 원인이나 자궁의 해부학적 원인 혹은 면역학적 원인이 있다.

임신부에게 특별히 증상이 없다가 정기 검진 때 우연히 발견되는 경우도 있고, 출혈이 있거나 배가 아파 병원을 찾았다가 계류유산으로 판정받기도 한다. 간혹 입덧이 갑자기 사라져서 병원을 방문하는 임신부도 있지만 대부분 입덧은 계류유산과 상관없이 지속되기도 한다. 따라서 계류유산의 증상을 미리 예측하여 예방하기는 힘들며 대부분 유산이 된 다음에 진단을 받게 된다.

계류유산은 때론 저절로 태아가 밖으로 나오기도 하지만, 오랫동안 남아 있을 경우 자궁 내 염증의 원인이 되고 심하면 패혈증을 유발하기 때문에 진단과 동시에 수술을 해야 한다. 태아가 너무 큰 경우 약물을 이용하여 분만하듯이 유산을 시키기도 한다. 계류유산은 출혈이 심할 수도 있고 수술 도중 자궁에 상처를 남기거나 염증을 일으켜 다음 임신에 영향을 미칠 수도 있기 때문에 경험 많은 의사에게 수술받는 것이 좋다.

계류유산의 경우 원인을 알아내야 한다. 남편과 함께 유전적인 상담과 염색체 검사를 시행하고 초음파나 CT 등을 이용해 자궁에 문제가 없는지를 확인한다. 또 혈액 검사를 통해 내분비적 원인과 면역학적 원인을 알아보는 것이 좋다.

계류유산은 습관성 유산의 원인이 되는데, 습관성 유산은 임신 여성의 약 0.4~0.8%에게 일어나는 가슴 아픈 질환이다. 첫아이를 계류유산했을 경우 둘째 아이를 유산할 확률은 약 15%이며 연속으로 둘째 아이가 유산되었을 경우 셋째 아이는 23%, 그다음 임신으로 넷째 아이를 유산할 확률이 33%로 증가한다.

✚유산은 아니지만 유산이 임박했다는 신호, 절박유산

아기집이나 아기가 안전하게 엄마의 자궁 속에서 자라고 있지만 유산 가능성이 있는 경우를 절박유산이라고 한다. 자궁 안에 소량 혹은 다량의 출혈이 있을 수 있으며 계속될 경우 유산으로 진행될 수 있다는 것이지만, 이는 반드시 유산이 된다는 것이 아니므로 조심하고 관리하면 무리 없이 지나가는 경우가 많다.

수정란이 착상한 이후 분화되어 아기를 성장시키기 위해서는 태반을 형성하고 엄마의 자궁으로부터 혈액을 공급받는다. 이때 태반과 혈액을 공급하는 엄마의 자궁 사이에 소량의 피가 고일 수 있는데, 이를 융모막하 출혈이라고 한다.

수정란이 자궁 입구에 착상되고 태반이 자궁 입구 쪽으로 자리를 잡으면 이런 출혈의 가능성은 더욱 커지는데 이런 상태가 절박유산이다. 절박유산은 유산이 될 가능성이 높은 상태지만 아직 유산은 아니므로 출혈이 멎으면 고여 있던 피가 흡수되어 정상적인 임신 상태를 유지한다. 하지만 출혈이 지속되거나 많아질 경우 유산으로 이어지기도 한다.

절박유산의 경우 집에서 절대적인 안정을 취하는 것이 가장 좋은 치료 방법이다. 당분간 직장을 쉬는 것이 좋으며, 첫째 아이가 너무 어리다면 부모님께 도움을 청해 안정에만 신경 쓰도록 해야 한다.

출혈이 계속되거나 자궁 내에 혈종이 커서 유산의 위험성이 크다면 입원하여 절대적 안정을 취하기도 한다. 입원 시 화장실 가는 것을 빼고는 대부분 침상에서 안정을 취하며 유산방지 약물을 투여한다. 슈게스트와 같은 프로게스테론제제를 주사제로 투여하기도 하고 유트로게스탄이라는 약물을 질정 혹은 알약으로 복용하기도 한다. 프로게스테론제제는 임신유지호르몬이라고 불리우는 황체호르몬으로, 유산이나 조산방지제로 유일하게 사용되고 있는 약물이다.

절박유산일 때 가장 중요한 것은 엄마의 의지인 것 같아요. 제 직장 후배도 절박유산이어서 임신 24주 때 회사에 휴직계를 내고 입원을 했었어요. 이후 다소 이른 35주 분만 때까지 거의 세 달을 침대에 꼼짝없이 누워 있었답니다. 말이 쉽지, 하루 종일 침대에 누워 있는 생활을 계속한다는 건 몸뿐만 아니라 정신적으로도 힘들잖아요. 그래도 그 시기를 잘 버텨낸 덕분에 재태주수를 최대한 채워 건강한 아이를 낳을 수 있었답니다. 그 상황을 잘 이겨낼 수 있었던 건 남편을 비롯한 가족의 응원 덕분이었다고 해요.

chapter 3

아기가 자라면서 몸이 무겁고 불편해요!

임신 중기 멘붕 탈출법

임신 중기는 초기 유산에 대한 불안감도 거의 사라지고 엄마도 태아도 서로에게 익숙해지면서 편안해지는 시기입니다. 상대적으로 가장 안정적이고 편안한 임신 시기이지만 배 속에서 아기가 자라면서 점차 몸이 무거워지고 불편해집니다. 따라서 불편해진 몸과 상태에 적응해야 하고 아기의 감각이 발달하니 태교에 신경을 써야 하지요. 엄마와 아기 모두 안전하고 편안한 임신 중기를 보내려면 어떻게 해야 할까요?

이제 제법 아기의 모습을 갖춰갑니다

당신에게나 태아에게나 임신 초기는 격변의 시기였습니다. 이 시기를 건강하고 현명하게 보낸 당신에게 이제 임신 중기가 찾아왔습니다.

임신 중기의 태아는 세포 분열을 통해 형성된 각각의 장기와 기관이 발달하고 성숙하게 됩니다. 그리고 만물의 영장다운 똑똑한 두뇌를 가지기 위해 뇌 발달이 활발히 일어납니다. 임신 초기에는 감각을 받아들이는 수용체의 발생이 이루어졌다면, 이제는 이런 수용체와 두뇌를 연결하는 신경뿐 아니라 신경을 담당하는 뇌의 감각, 오감의 완성을 이뤄갑니다. 태아는 점차 탯줄을 부여잡을 수 있고, 자기 얼굴을 쓰다듬거나 손가락을 빠는 등 세분화되고 세련된 운동을 시작합니다. 임신 16주가 지나면서 이런 움직임은 당신에게 그대로 전달되어 서로 움직임을 통한 교감을 시작하게 됩니다.

임신 중기는 이와 같이 오감과 운동의 발달이 이루어지는 매우 중요한 시기이기에 제대로 된 태교를 해야 합니다. 태아는 어두운 자궁의 한편에서 늘 당신의 목소리와 심장 소리, 혈관에서 피가 지나가는 소리 등을 들으며 성장합니다. 그래서 태교를 통한 새로운 자극은 태아에게 신선한 경험이 되며 이로 인해 두뇌 발달이 활발히 이루어집니다.

임신 24주가 지나면서 태아는 자발적인 호흡을 하기 위해 폐호흡 준비를 시작합니다. 폐호흡이 준비되면 혹여 조기 출산을 하더라도 적절한 의료적 도움을 받아 생존할 수 있을 정도로 생명을 위한 모든 장기와 조직이 발달합니다. 폐호흡의 성숙과 동시에 태아는 양수를 먹고 뱉는 연습을 시작하는데 이때 규칙적이고 지속적인 딸꾹질도 보일 수 있습니다. 또한 뽀글거리는 물방울이 터지는 느낌으로 시작한 태동은 시간이 지날수록 점차 강도가 세지고 다양한 형태로 나타나며 임신 28주에 이르러서는 최고조에 달합니다.

임신 중기는 '임신의 황금기'라 부를 정도로 임신 초기에 비해 매우 편안해집니다. 태동 외에는 먹는 것이나 행동하는 것에 큰 제약이나 불편함이 없어지지요. 특별히 고위험 임신이거나 조기 진통의 징후가 없다면 여행이나 운동, 일상생활에 제약을 둘 필요도 없습니다. 다만 오래 서 있거나 같은 자세로 있는 경우에는 혈액의 순환이 저하되어 손발의 부종이나 저림, 하지정맥류, 치질, 요통 등의 증상이 생길 수 있기 때문에 자주 자세를 바꿔주고 충분한 휴식을 취하며 발 마사지 등을 해주는 게 좋습니다. 수면 시 자궁이 하대정맥을 누르는 현상을 방지하기 위해 살짝 왼쪽으로 누워 자면 임신 중반 이후 발생하는 여러 합병증을 줄일 수 있으며 태아에게 산소를 넉넉히 공급할 수 있습니다. 하지만 이렇게 편안한 임신 중기가 지나면 불편함이 찾아옵니다. 어느 날 문득 예전과 다른 불편함이 크게 느껴진다면, 당신은 이미 임신 시기의 2/3를 지낸 것이며, 아이를 맞이하기 위한 마지막 임신 후반기로 넘어가는 자신을 발견하게 될 것입니다.

아내의 임신을 함께 해 주세요

즐거운 추억을 많이 쌓으세요

임신 초기에는 메스꺼움에 힘들어하고 혹시나 잘못될까 매 순간 행동을 조심하던 아내가 중기에 접어드니 한결 편안해했습니다. 아기가 엄마 배 속에서 잘 자라고 있고, 몸도 상대적으로 가벼운 임신 중기야 말로 아내와 둘이서만 데이트할 수 있는 최고의 시간이자 마지막 시기입니다. 아기가 태어나면 또 다른 전쟁이 시작되거든요. 그러니 이 시기에 아기가 태어나면 한동안 가기 어려운 곳, 평소 둘만이 하고 싶었던 일을 찾아 실컷 즐기며 임신의 추억을 많이 쌓으세요. 임신 후기에는 몸이 무거워져서 돌아다니기가 쉽지 않거든요.

지나친 잔소리는 금물!

임신부는 임신했다는 이유 하나만으로 많은 것을 포기해야 합니다. 첫 아이 임신 당시, 저는 아내를 너무나 사랑하는 마음(?)에 아내가 커피를 마시고 싶다고 해도 절대 안 된다고 말리고, 달콤한 음식을 먹을 때도 그만 먹는 게 좋겠다는 말을 자주 했습니다. 그럴 때마다 아내의 표정은 썩 좋지 않았습니다. 사실 아내도 다 알고 있는데 옆에서 잔소리까지 자꾸 하니 짜증이 날 수밖에요. 첫 아이 때를 교훈 삼아 둘째 아이 임신 때는 카페인 성분이 거의 없는 커피를 사다 주는 등 잔소리보다는 아내 마음에 공감해주려고 노력했습니다. 아내는 제가 잔소리를 하지 않아도 스스로 조절을 잘했고, 임신성 당뇨나 과체중도 찾아오지 않았습니다. 잔소리보다는 공감이 답이었습니다.

 **태교에 참여하세요**

조금씩 나오는 배, 그리고 그 안에 움직이는 새로운 생명의 움직임. 엄마는 태아의 성장을 자연스럽게 느끼지만 아빠는 그렇지 못할 수 있습니다. 그래서 육아책을 읽고 나름대로 태교에 참여했더니 아내가 꽤 만족스러워했던 기억이 있습니다. 아내의 배에 대고 아기에게 이야기를 하거나 아내가 좋아하는 《이상한 나라의 앨리스》를 한 챕터씩 읽어주었는데, 제 목소리가 아이에게 전달되는 것도 좋았지만 책을 읽어주는 동안 행복한 표정으로 앉아 있는 아내의 모습을 보는 것이 더 좋았던 것 같습니다. 잠깐의 노력이지만 관계를 더욱 돈독하게 만들어주는 만큼 꼭 태교에 참여하시길 바랍니다.

 **마사지와 튼살크림은 필수!**

아기가 자라고 배가 나올수록 혈액 순환이 잘되지 않아 아내의 몸이 자주 붓습니다. 그때 할 수 있는 최고의 서비스는 마사지입니다. 그리고 또 하나, 튼살크림을 직접 발라주세요. 만약 다시 임신했던 때로 돌아간다면 아내에게 튼살크림을 발라주는 일만큼은 절대로 소홀히 하지 않았을 거예요. 아내도 튼살을 영광스러운 자국이라고 생각하지만 종종 아쉬워하는 모습을 보면 '더 일찍, 더 열심히 발라줄걸.' 하는 마음을 지울 수가 없습니다. 튼살은 이미 생기고 난 뒤에 관리하는 것보다 생기기 전에 미리 관리해주는 것이 좋다고 하니 아내의 피부 안녕을 꼭 챙겨주세요.

임신 중기 체크포인트

[임신 5개월 : 17주~20주]

임신 중기가 되면 임신 초기에 나타났던 입덧이나 빈혈과 같은 증상은 대부분 사라지기 때문에 큰 불편함 없이 임신에 적응하게 돼요. 이 시기 태아의 가장 큰 특징은 오감을 느끼는 신경계의 발달이 일어나면서 감각이 발달하는 거예요. 또한 태아가 점점 커지고 움직임도 강해지면서 대부분의 엄마는 태동을 느낄 수 있어요. 태동은 태아가 건강하게 자라고 있다는 신호와 같으니 태아가 잘 자랄수록 태동이 점점 잘 느껴질 거예요.

- 몸이 점점 커지면서 이제는 몸과 머리의 비율이 사람다워져요. 그렇지만 팔에 비해 다리는 아직 작고 약하기만 해요.
- 유치가 골화를 시작해 잇몸 속에 자리 잡으면서 구강 구조가 점차 발달해요.
- 외부의 큰 소리와 같은 자극에 반응할 만큼 청각이 발달해요.
- 피부에 태지가 형성되어 피부를 덮어요. 피부가 태지로 덮이면 체온 조절은 물론 오랫동안 양수에 노출된 피부가 갈라지거나 주름지는 것을 예방할 수 있어요.
- 소화 작용이 가능해져서 양수 안의 태지나 세포 등을 흡수한 뒤 소화 과정을 거쳐 태변으로 만들어요.

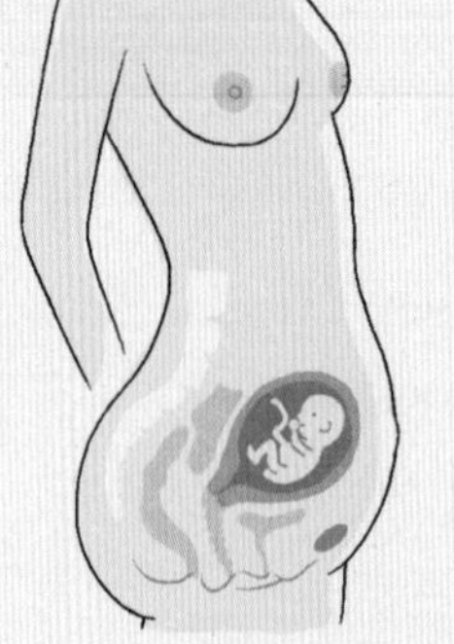

20주가 되면 태아는 16.5cm, 290g 정도로 자라요.

임신 5개월 check point

□ 생체를 담당하는 모든 기관이 형성되어 정밀 초음파로 주요 장기의 발달과 기형 여부를 확인할 수 있어요.

□ 소리, 빛, 촉감 등을 통해 감각을 깨워주는 태교를 하면 좋아요.

□ 입덧에서 자유로워지는 시기이지만 자칫 잘못된 식생활로 몸무게가 급격하게 늘어날 수 있어 조심해야 해요.

[임신 6개월 : 21주~24주]

임신 6개월이 되면 주요 장기들의 기능이 성숙해지고 감각기관도 섬세하게 발달합니다. 소변을 만들어내고 양수를 소화하고 피를 돌리는 중요한 장기들의 기능이 더욱 성숙해지고 피부도 발달하면서 신생아와 흡사한 모습으로 자랍니다. 임신 24주가 되면 태아의 뇌세포는 신생아 수준까지 많아지기 때문에 감각뿐 아니라 기억의 기능도 발달해요. 이제 엄마와 아빠의 목소리를 듣는 것에서 더 나아가 기억까지 할 수 있답니다. 태아가 크면서 태동도 점점 세져서 종종 깜짝 놀라는 일이 생겨요.

● 매끈했던 뇌가 울퉁불퉁해지면서 뇌의 표면적이 넓어지고 보다 많은 감각기관을 수용하기 위한 준비를 해요.

● 골수에서 혈액이 생성돼요.

● 혀를 통한 미각이 발달해서 양수의 맛을 느낄 수 있어요.

● 어둡고 밝음을 구별하고, 손으로 얼굴을 만지면서 촉감을 느껴요.

● 눈, 코, 입이 뚜렷이 구별되며 눈썹과 머리카락이 자라기 시작해요.

● 폐는 호흡을 위한 준비를 시작해요.

● 내이가 완성되면서 양수 속에서도 평형감각을 유지할 수 있어요.

● 태동이 더욱 활발해져요.

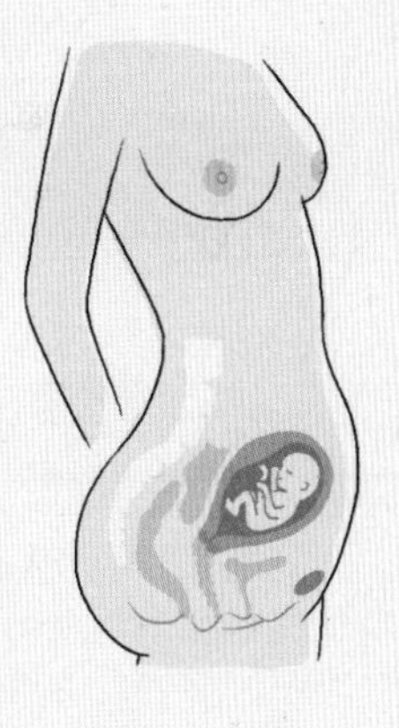

24주가 되면 태아는 30cm, 600g 정도로 자라요.

☑ 임신 6개월 check point

□ 이제 확연하게 배가 나오면서 요통이 생기기 시작하고 손발이 붓는 증상도 점점 심해질 거예요. 피부에 튼살 같은 트러블이 생길 수도 있어요.

□ 자궁이 임신부의 오른쪽을 눌러 혈액 흐름에 영향을 미칠 수 있으니 왼쪽으로 눕는 것이 혈액 흐름에 도움이 돼요.

□ 식욕이 증가해요. 고칼로리의 음식이나 탄수화물을 많이 섭취하면 체중이 급격히 늘어날 수 있으니 주의해요.

□ 감각이 발달하니 태아의 자고 있는 감각을 깨워주는 태교를 하면 좋아요.

[임신 7개월 : 25주~28주]

임신 7개월이 되면 태아는 신생아의 모습을 대부분 갖추게 돼요. 27주 정도의 태아는 조산으로 출생하더라도 적절한 의료적 처치가 이루어지면 생존율이 80%까지 높아집니다. 7개월이면 태아의 시신경과 청신경이 완성되고 뇌의 기능도 발달해 외부 불빛이나 소리와 같은 자극에도 고개를 돌려 반응해요. 그리고 출산 후 젖을 찾거나 빠는 반사 행동과 같이 탯줄을 잡거나 손가락을 빠는 행동을 하는 등 출산 후 생존을 위한 반사 행동을 시작합니다. 이제 세상으로 나올 준비를 하기 시작하는 거예요.

- 태아는 양수를 들이마시고 내뱉으며 폐를 발달시켜요. 이 과정에서 딸꾹질을 하기도 합니다.
- 지방의 생산 속도가 빨라져 주름졌던 피부가 점차 펴지면서 신생아의 포동포동한 모습을 갖추기 시작해요.
- 탯줄을 통해 엄마에게 전달받은 항체로 낯선 외부 환경에 적응할 수 있는 면역체계가 발달해요.
- 대부분의 장기 성숙이 완성되고 있어요.
- 임마의 배 위에 귀를 기울이면 태아의 심장 소리가 들리기도 해요.
- 남아의 경우 고환이 내려오기 시작하고 여아의 경우에는 난소의 성장과 함께 난포가 발달해요.
- 태아의 움직임이 가장 활발한 시기여서 20~30분 정도 태동이 계속되기도 해요.

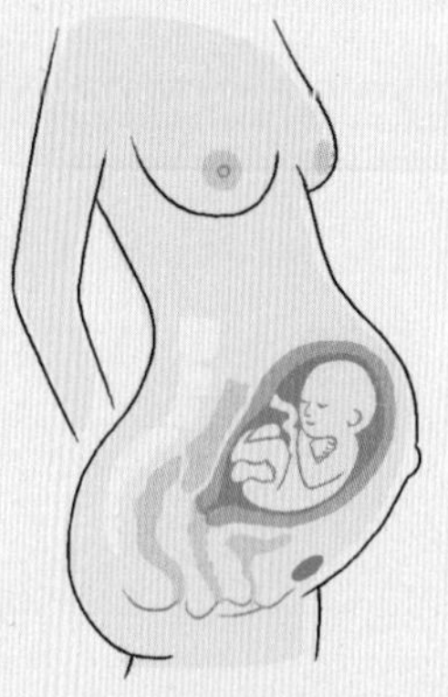

28주가 되면 태아는 38cm, 1kg 정도로 자라요.

임신 7개월 check point

☐ 출산을 위한 준비를 해야 할 시기예요.

☐ 건강한 출산을 위해 가벼운 운동을 시작하세요. 골반 강화를 위한 스트레칭부터 가벼운 산책, 수영, 요가 등을 꾸준히 지속하면 분만 시 많은 도움이 돼요.

☐ 태아의 움직임이 활발하지 않다고 생각되면 비수축검사 등을 통해 태아의 건강을 체크해보는 것이 좋아요.

 임신 중기에 받아야 하는 검사의 종류

임신 중기에는 태아가 엄마의 배 속에 안정적으로 자리잡기 때문에 초기와 같이 많은 검사를 진행하지 않아요. 다만 임신이 진행되면서 여러 합병증이 나타날 수 있으니 혈압, 체중과 같은 기본 검사 외에 임신중독증이나 임신성 당뇨 수치를 검사하여 꾸준히 건강을 관리해요.

❶ 정밀 초음파

임신 20~24주에 시행하는 검사로 태아의 머리부터 발끝까지 외형적, 혹은 구조적인 기형 여부를 살펴보는 검사이다. 검사 시간은 30분에서 한 시간 정도까지 소요되기 때문에 몸의 컨디션이 좋은 상태에서 받는 것이 좋다.

❷ 임신성 당뇨 검사

임신 24~28주에 받는 검사이다. 50g의 포도당이 함유된 시럽을 먹은 후 1시간 이후에 혈당이 얼마만큼 올라가는지를 확인한다. 1시간 이후 140mg/dL이상의 혈당을 보이면 100g 경구포도당부하검사를 시행한다. 50g 경구포도당부하검사는 금식과 상관없이 시행하지만 100g 경구포도당부하검사는 8시간 이상 금식 후 시행한다. 100g 경구포도당부하검사 기준에서 최소 2개 이상이 비정상으로 나올 때 임신성 당뇨병으로 진단한다.

100g 경구포도당부하검사 기준 수치

검사 시간	정상 수치
공복 시 혈당	95 mg/dL
1시간 후 혈당	180 mg/dL
2시간 후 혈당	155 mg/dL
3시간 후 혈당	140 mg/dL

❸ 소변 단백질 검사

소변 내의 단백질 검사는 꼭 해야 하는 검사는 아니다. 하지만 임신 중기 이후부터는 임신중독증의 발병률이 높아지기 때문에 혈압이 높거나 몸이 심하게 붓는 증상이 나타나거나 몸무게가 갑자기 많이 늘게 되면 반드시 병원을 방문하여 혈압과 함께 소변 내의 단백질을 검사하는 것이 좋다. 임신중독증은 빨리 발견하는 것이 태아나 산모의 예후에 절대적인 영향을 미친다는 것을 꼭 명심하자.

선배맘이 추천하는 임신 중기 강추 아이템

임신 4개월이 지나면 안정기에 접어들어 유산의 위험과 걱정에서는 벗어나게 됩니다. 그러나 점점 불러오는 배와 바뀐 체형으로 불편함도 커진답니다. 이러한 몸의 변화에 좀 더 쉽게 적응하는데 도움이 되는 필수품 몇 가지를 꼽아 봤어요.

임산부 전용 속옷
배와 가슴이 점점 커지기 때문에 옷, 특히 속옷을 바꿔줘야 해요. 브래지어의 경우 수유용 제품을 미리 구입해서 사용해도 되고, 수유 브라가 부담스러우면 와이어와 패드가 없는 브라렛을 넉넉한 사이즈로 입는 것도 좋아요.

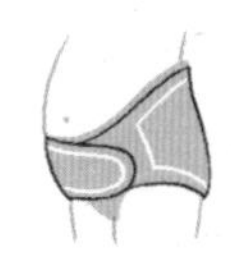

산전 복대
부른 배로 인해 허리에 통증이 생긴다면 복대가 도움이 될 거예요. 하지만 복대 역시 단단하게 조이면 혈액 순환과 태아 성장에 방해가 될 수 있어요. 아랫배는 지지가 될 수 있게 좀 단단히 조이고, 윗배는 압박되지 않도록 편안하게 조이는 산전 복대를 사용하면 좋아요.

보습제
임신 중기는 피부 변화가 커서 보습에 더욱 신경 써야 할 때예요. 튼살과 가려움이 가장 대표적인 피부 트러블인데 깨끗하게 씻고 보습을 충분히 해주면 증상을 완화할 수 있어요. 튼살크림이나 평소 좋아하는 향의 마사지 오일을 자주 발라줘도 좋아요.

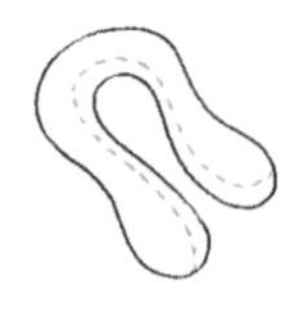

바디필로우
부른 배와 커진 자궁으로 앉아 있기가 힘들 때는 누워 있는 것이 좋아요. 누울 때는 다리 사이에 바디필로우를 끼우고 왼쪽으로 돌아누우면 한결 편안할 거예요. 바디필로우는 나중에 수유쿠션으로 쓸 수도 있어요.

약 대용이 가능한 건강식품
임신을 하면 몸이 아파도 함부로 약을 먹기 어려워요. 속이 안 좋을 때는 양배추즙이나 매실액이 좋고, 감기로 목이 아프고 기침을 한다면 배도라지청이나 생강차 등이 도움이 돼요.

선배맘이 알려주는
슬기로운 임신 생활

배가 서서히 불러오지만 초기처럼 불안하거나 후기처럼 힘들지는 않아요. 임신 전체를 통틀어 가장 쾌적하고 가장 컨디션이 좋지요. 몸도 마음도 안정을 찾아가는 시기라고나 할까요? 이때만 할 수 있고, 이때 해두면 좋은 몇 가지를 알아볼게요.

✚ 태교 여행을 다녀와요

임신 초기 심한 입덧과 유산에 대한 걱정으로 여행을 미뤄왔다면 이제는 가도 좋아요. 앞으로 출산하게 되면 당분간 여행은 꿈도 못 꿀 테니 지금이야말로 절호의 기회예요.
가까운 곳으로의 짧은 여행도 좋고, 남편과 함께 조금은 여유로운 태교 여행을 계획해도 좋아요. 예비 엄마 아빠에게 기분 전환과 재충전의 기회가 될 거예요.

✚ 슬슬 아이 방을 꾸며요

임신 후기가 되면 몸이 너무 무거워서 무거운 짐을 들고 나르기가 어려워요. 게다가 아이를 낳고 돌아오면 집을 정리할 겨를이 없지요. 아기를 키우다 보면 아기용품이 기하급수적으로 늘어나고 아기 침대 및 아기용품을 보관할 가구도 필요하니 아직 여유가 있는 임신 중기에 미리 집을 잘 정리하고 아기용품 둘 공간을 확보하는 게 좋아요.

✚ 분만할 병원과 산후 조리 방법을 정해요

내가 생각하는 분만 방식에 따라 분만할 병원을 정해야 해요. 진료를 받는 병원에서 원하는 분만 방식이 불가능한 경우도 있으니까요.
현재 정기적으로 진료를 받는 병원의 선생님에게 조언을 구해도 좋고, 선배 엄마들의 경험담도 참고해요. 진료를 받는 병원에서 분만까지 하는 경우가 많지만 내 상황에 맞는 분만과 산후조리에 가장 적합한 병원을 정했다면 미리 병원에 연락해서 분만 의사를 밝히고 필요한 서류를 챙겨야 해요. 또한 만약을 위해 가까운 곳에 응급 처치가 가능한 큰 병원도 미리 알아두세요.

Q1 임신 중 적절한 몸무게의 증가를 알려주세요

임신 전에는 빵 한 쪽, 주스 한 잔도 칼로리를 신경 쓰며 먹으며, 그야말로 365일 내내 다이어트를 하던 여성도 임신을 하고 나면 왠지 아기에게 영양분을 줘야한다는 생각에 더 많이, 자주 먹곤 합니다. 하지만 임신이라고 해서 마구 먹어도 되는 시기는 절대 아닙니다. 오히려 임신 중 무절제한 식생활은 임신합병증을 초래하여 태아에게도 안 좋은 영향을 미칠 수 있습니다. 일반적으로 임신 초기에는 임신 전보다 하루 150kcal, 이후에는 300kcal 정도를 더 섭취하는 것이 좋습니다. 달걀 한 개, 바나나 한 개의 칼로리가 약 100kcal이니 생각보다 적은 양이지요.

영양 공급이 어렵던 과거에는 과잉 영양이 엄마의 허벅지, 팔 등의 피하지방으로 축적되어 모유 수유에 도움이 되었지만, 요즘은 임신 때보다 출산 후에 더 과한 영양 공급이 이루어지는 경우가 많아 오히려 산후 비만을 초래할 수 있습니다. 출산 이후 수치상 자연스레 줄어드는 몸무게는 신생아, 태반, 분만 시 출혈 등으로 인한 무게로 약 5kg에 불과합니다. 임신 중 늘어난 엄마의 혈장 등이 아직 남아 있다가 서서히 소변을 통해 배출되므로 1~2kg 정도 더 감소할 수 있지만 나머지는 모두 엄마의 몸무게로 남습니다. 임신 기간과 산후에 적절한 운동과 식사요법이 이루어지지 않으면 체중 증가는 산모를 괴롭히는 또 다른 고민이 될 수 있습니다.

임신 중 적절한 체중 증가

체중 구분(BMI)	권장 체중 증가량
저체중 산모(BMI〈19.8kg/㎡)	12.5~18kg
정상 체중 산모(19.9〈BMI〈26kg/㎡)	11.5~16kg
과체중 산모(26〈BMI〈29kg/㎡)	7~11.5kg
비만 산모(BMI〉29kg/㎡)	최소 6kg

$$\text{BMI} = \frac{\text{임신 전 체중(kg)}}{\text{신장}\times\text{신장(m)}}$$

2 태동이 주수마다 다르게 느껴진다고 하는데, 어떻게 느껴지는지 궁금합니다

태동은 엄마 배 속에서의 태아의 움직임입니다. 태동은 태아의 근육이나 골격의 발달 상황, 양수의 양, 그리고 건강 상태 등에 따라 다르고, 임신이 진행됨에 따라 그 빈도가 늘어나다가 태아가 커지면서 다시 줄어듭니다.

임신 시기별로 달라지는 태동

임신 초기(임신~16주)

태아는 임신 약 7~8주부터 움직이지만 임신부가 이때부터 태동을 알아차리기는 어렵다. 초기 태아는 척추를 따라 근육이 발달하기 시작하며 초음파상으로는 둥둥 튀어 오르는 듯한 움직임을 보인다. 임신 12주로 접어들면 본격적인 태동이 시작되고, 이후 얼굴을 찡그리거나 하품을 하는 등 20여 가지의 움직임을 보인다.

임신 중기(17주~28주)

임신 18~20주가 되면 임신부는 비로소 태아의 움직임을 감지하게 된다. 예민한 임신부는 좀 더 빨리 태아의 움직임을 느끼지만, 그 시기는 개인마다 다르다. 처음에는 주로 아랫배에서 움직임이 느껴지지만 임신이 진행됨에 따라 태동을 느끼는 위치도 점차 올라온다. 처음 태동을 느낄 때는 확실한 태아의 움직임보다는 무언가 어렴풋이 움직이는 듯한 느낌이 드는데, 물방울이 터지는 듯한 느낌이나 나비가 날아가는 듯한 가벼운 움직임처럼 느껴진다고 한다. 임신 중기에는 태아의 골격과 근육이 발달해 태아의 움직임이 강해지며, 양수가 충분하기 때문에 엄마 배 속에서 회전도 하고 손가락으로 자신의 얼굴을 만지는 등 점차 행동이 세밀해진다. 임신 28주경에는 배 위에 손을 댔을 때 태아의 움직임을 느낄 수 있을 정도가 되고, 32주경에는 태동이 가장 활발하게 나타난다.

임신 후기(29주~40주)

임신 후기가 되면 태아가 커지고 양수의 양이 줄어들면서 태아의 움직임이 점점 감소하게 되는데 이는 자연스러운 현상이므로 걱정할 필요는 없다. 이때는 태아의 크기가 많이 커져 있는 상태이기 때문에 회전과 같은 큰 움직임보다 팔다리의 움직임이 강하고 크게 일어난다. 때로는 엄마가 자다가 아픔을 느끼고 깨는 경우도 종종 생긴다. 태동이 있을 때 배를 보면 태아의 움직임이 보이기도 한다.

3 꼭 잠잘 때만 태동이 심해집니다. 내가 잠이 들면 태아도 잠드는 거 아닌가요?

태동을 알기 위해서는 먼저 태아의 움직임부터 알아야 합니다. 태아는 보통 엄마 배 속에서 네 가지 형태의 움직임을 보입니다.

상태 구분	태아의 움직임
제1상태	고요한 수면 상태로, 태아의 심박 수는 좁은 진폭으로 진동하는 양상으로 나타난다.
제2상태	활동적인 수면 상태로 전반적인 신체의 움직임이 빈번히 일어난다. 이때 안구의 움직임이 지속적으로 일어나고 태아 심박 수의 진폭이 커진다.
제3상태	신체의 움직임이 없으면서 지속적인 안구 움직임이 나타난다. 이때 태아의 심박 수는 증가하지 않는다.
제4상태	활발한 신체의 움직임과 지속적인 안구 움직임이 나타나며, 태아의 심박 수가 증가한다. 영아의 경우에는 각성 상태에 해당한다.

태아는 잠을 자거나 깨어 있는 상태를 주기적으로 반복하는데, 대부분의 시간을 제1상태와 제2상태로 보냅니다. 태아의 이런 운동 상태는 엄마의 수면이나 각성 상태와는 무관하게 이루어집니다. 따라서 엄마가 잔다고 해서 배 속의 태아가 자는 것은 아니며 엄마가 활동한다고 해서 배 속의 태아가 잠을 못 자는 것도 아닙니다.

태아의 성별에 따라 태동이 다를까?

과거 초음파 검사가 일반화되지 않았던 시절에는 임신부의 배 모양이나 태동으로 아들과 딸을 구별하기도 했다. 태동이 힘차고 배 전반에 걸쳐 느껴지면 아들, 태동이 조용하거나 배의 한 곳에서 부분적인 움직임이 느껴지면 딸이라고 생각한 것이다. 그렇지만 사실 태동은 성별과는 아무 상관이 없다. 단지 태아의 움직임과 임신 주수에 따라 느낌이 다르게 나타날 뿐이다.

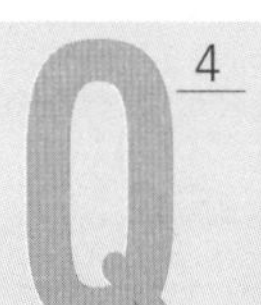

태동이 갑자기 줄어들면 태아가 위험할 수 있다던데 병원에 빨리 가봐야 하나요?

배 속에서 잘 놀던 태아의 움직임이 갑자기 느껴지지 않으면 걱정이 되기 마련입니다. 태동이 없을 때 태아는 어떤 상황일까요? 보통은 태아가 자는 중이라 태동이 없는 경우가 대부분이며, 움직임이 작아서 엄마가 느끼지 못할 수도 있습니다. 하지만 간혹 모체에서 태아로 가는 혈류량의 감소로 인해 태아가 매우 힘든 상태여서 움직임이 없어지기도 합니다. 이런 경우는 신속한 분만이 필요할 수 있으며 시기를 놓치면 최악의 상황이 올 수도 있으니 평상시 주의해서 태동을 살피는 것이 좋습니다.

태아의 움직임이 적다고 생각되면 일단 다음과 같은 방법으로 확인해봅니다. 단, 이 방법은 별다른 이유 없이 태동만 줄었다고 생각될 때 확인하는 방법이니 태동 외에 다른 문제가 느껴진다면 병원에서 태아의 상태를 검사해야 합니다.

태동 확인 요령

❶자세를 바꾸거나 왼쪽으로 모로 눕는다

엄마의 자세에 따라 태아의 움직임이 적게 느껴지는 경우가 있다. 왼쪽으로 모로 눕는 자세는 자궁으로 가는 혈류량을 증가시키고, 태아에게 산소를 가장 많이 공급한다. 자세를 바꾸었을 때 움직임이 좋아지면 걱정하지 않아도 된다.

❷누운 상태에서 부드럽게 자궁을 마사지하며 흔들어준다

태아가 수면 상태에 있어도 움직임이 적으니 걱정이 될 정도라면 살짝 깨워본다. 누운 태아의 상태에서 배를 살살 좌우로 흔들어 태아를 깨우되, 너무 크게 흔들면 자궁 수축을 유발할 수 있으므로 조심조심 흔들어야 한다.

❸시원한 물이나 얼음을 먹는다

차가운 느낌을 태아에게 전달해 태아가 움직이는지 알아본다.

❹긴장을 푼다

간혹 엄마의 긴장 때문에 태동을 느끼지 못할 수 있다. 편한 자세로 누워 가볍게 다리를 들거나 허리 쪽에 편안한 쿠션을 받치고 누워 긴장을 푼다.

5 입체 초음파가 태아에게 안 좋다는 말이 있는데, 괜찮을까요?

초음파는 일반적으로 산모나 태아에게 안전한 것으로 보고되고 있습니다. 하지만 초음파로 진단하는 동안 탐촉자에서 발생한 초음파는 인체조직에 흡수되고 이때 발생한 에너지는 열로 바뀌게 됩니다. 이러한 열에너지는 모체뿐 아니라 태아의 온도 상승으로 이어져 태아의 손상을 일으킬 수 있는데, 동물 실험에서는 5분 동안 4도 이상의 온도 상승이 있는 경우 해로울 수 있다는 연구보고가 있습니다. 특히 고열은 중추신경계(뇌, 척수)에 영향을 주기 때문에 신경관 결손이나 발육 저하를 유발할 수 있죠. 그래서 미국과 영국 초음파학회에서는 비의학적인 목적, 특히 기념으로 영상을 찍거나 저장하는 경우를 권고하지는 않습니다.

그러면 입체 초음파를 태아를 위해 하지 않는 것이 좋을까요? 꼭 그렇지만은 않습니다. 모든 초음파 기기에는 열지수(TI)라는 것이 표기되며 초음파에 노출된 조직에서 일어날 수 있는 최대 온도의 상승치를 표기합니다. 초음파로 영상을 촬영할 경우 임신 주수에 따른 TI 지수의 허용치가 있으며 의료진은 이런 TI 지수에 따라 초음파를 시행하기 때문에 태아에게 해로운 영향은 거의 없다고 생각하면 됩니다. 또한 입체 초음파 역시 과거와는 달리 초음파 기기의 발달로 인해 매우 쉽고 빠르게 촬영할 수 있기 때문에 숙련된 의사에게 영상을 찍는 경우 큰 걱정을 할 필요는 없습니다. 뱃속의 아가를 미리 만나보는 즐거움이 없다면 임신 10개월은 너무도 긴 시간일 수 있으니까요.

입체 초음파는 병원에 따라 비용이 천차만별이에요. 일반 초음파처럼 한두 장 서비스로 찍어 주는 병원도 있지만 적게는 3만 원부터 10만 원까지 병원마다 다르니 입체 초음파 비용을 미리 확인해보세요.

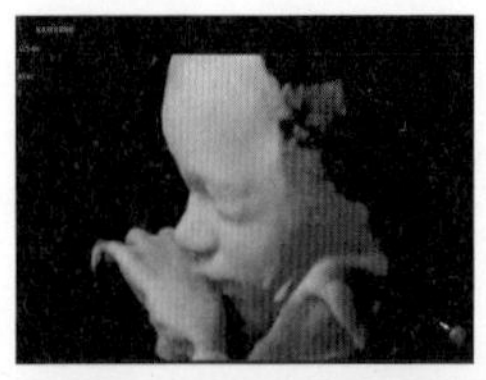

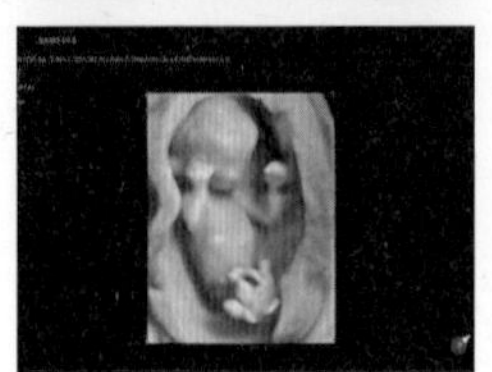

입체초음파

6 정밀 초음파로 태아의 기형을 어느 정도 찾아낼 수 있나요?

임신 20~21주 사이에 대부분의 산부인과에서는 정밀 초음파를 시행합니다. 정밀 초음파는 일반 초음파에 비해 정밀한 영상을 찍을 수 있는데, 복부 초음파를 이용해 태아의 머리부터 발끝까지 촬영하여 기형 여부를 진단합니다.
검사에 소요되는 시간은 검사자의 업무 숙련도나 태아의 위치에 따라 달라지는데 보통 30분에서 1시간 사이입니다. 태아의 중추신경계, 골근육계, 비뇨기계, 심장순환계까지 가능한 모든 것을 검사하며 기형의 진단율은 60~70%로 보고됩니다.
하지만 모든 임신부가 정밀 초음파를 받아야 하느냐에 대해서는 반대 의견도 적지 않습니다. 정밀 초음파 역시 태아가 초음파에 장시간 노출되기 때문에 안정성 여부가 논란이 되고 있으며 비용도 만만치 않기 때문이죠. 하지만 우리나라에서는 정밀 초음파를 국가에서 의료보험으로 지원하고 있어 상대적으로 저렴한 가격으로 정밀 초음파를 받을 수 있고 최신의 기계로 숙련된 의료진에게 받기 때문에 큰 걱정 없이 안심하게 받을 수 있습니다.

정밀 초음파를 반드시 해야 할 임신부

- 만 35세 이상의 고령 임신부
- 과거 기형아나 사산의 경험이 있는 임신부
- 기형의 가족력이 있는 임신부
- 양수과소증이나 양수과다증인 임신부
- 임신 초기 기형을 일으킬 만한 약물이나
방사선 같은 물질에 노출된 경우
- 평소 예민한 성격의 임신부로 본인이 원하는 경우

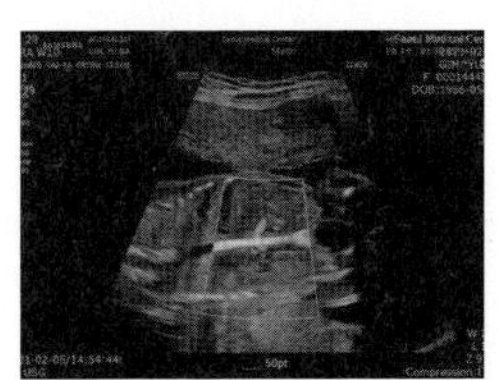

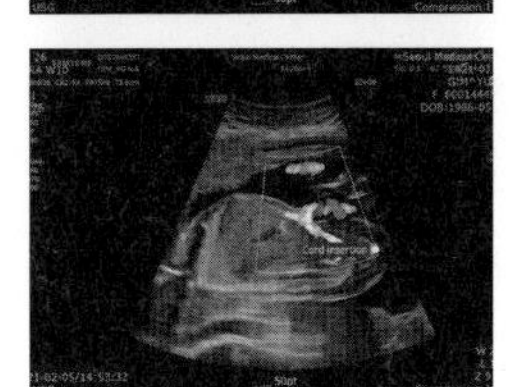

정밀초음파

7 정밀 초음파에서 아이의 손가락이 여섯 개라는데 수술만 하면 괜찮은 건가요?

손가락과 발가락의 기형은 임신 초기 발생 과정에서 생기는 기형 중 하나입니다. 임신 8주가 되면 주먹 모양이던 손과 발에서 손가락, 발가락이 될 마디 사이에 골이 발생하여 갈라지는데 이 과정에서 문제가 생기면 기형이 됩니다. 아직 그 원인은 확실히 밝혀지지 않았지만 유전적인 원인 이외에도 술과 약물의 복용, 염색체의 이상, 방사능 노출 등 복합적인 원인이 알려져 있습니다. 손이나 발 단독으로 기형이 올 수도 있지만 심장 기형 등과 같이 복합적인 증후군의 형태로 오는 기형도 있기 때문에 손발 기형이 발견되면 다른 기관도 괜찮은지 자세히 관찰해야 합니다.

손가락과 발가락의 기형은 개수를 비롯해 짧은 길이까지 여러 종류가 있을 수 있습니다. 다른 기형을 동반하지 않았다면 손가락 기형은 비교적 간단한 수술로 교정이 가능합니다. 기형을 가지고 태어난 아기에 대한 안타까운 마음은 있겠지만 장애나 기타 후유증은 발생하지 않으니 너무 걱정하지 않아도 됩니다.

다지증

손가락이 한 개 이상 더 존재하는 경우이다. 유전적 성격이 강하며, 보통은 엄지손가락이나 새끼손가락 옆에 손가락 하나가 더 있다. 뼈까지 있는 경우와 단순히 피부인 경우가 있는데 피부 기형의 경우 큰 수술이 아니어서 생후 즉시 수술적 치료를 해주기도 한다. 하지만 뼈가 하나 더 존재한다면 수술적 제거를 하기 전 손가락의 기능적인 측면도 생각해야 하기 때문에 보통 만 1세 이후에 하는 것이 좋다.

합지증

손가락 분화 과정에서 문제가 나타나 손가락이 합쳐진 형태로 태어난 경우이다. 합지증은 보통 3~4번째 손가락 사이가 붙는 것이 가장 흔하고, 피부만 붙거나 뼈도 같이 붙는 등 그 형태가 매우 다양하다. 대부분 만 1~2세 때 수술을 해주는 것이 일반적이지만 기형의 형태에 따라 시기가 달라질 수 있다. 합지증이 있으면 동반되는 기형이 많기 때문에 심장부터 다른 장기까지 자세히 관찰하는 것이 필요하다.

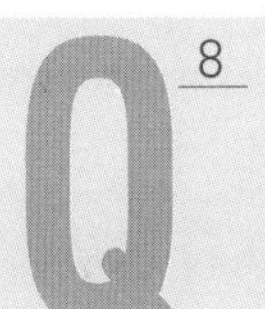

8 아이가 구순열이라는데 수술하면 괜찮을까요?

구개구순열은 1,000명당 한 명 꼴로 나타나는, 비교적 흔한 얼굴 기형 중 하나입니다. 구개구순열은 다시 구개열과 구순열로 나누는데, 구개열은 입천장이 갈라지는 것을 말하며, 구순열은 입술만 갈라지는 것을 말합니다. 구순열은 대부분 윗입술이 갈라지지만 드물게 아랫입술이 갈라지는 경우도 있습니다. 구술구개열은 수술로 교정이 가능하며, 과거에는 수술적 교정 후에 흉터가 남는 경우가 많았지만 최근에는 성형 수술의 발달로 큰 흉터 없이 재건 성형을 통해 정상적인 모습을 찾을 수 있습니다.

구개구순열은 30% 정도가 유전적 원인으로 알려져 있어 첫째 아이가 구개구순열일 경우 둘째 아이에게도 나타날 확률이 다소 높습니다. 하지만 다른 복합적인 원인에 의해 일어나는 경우도 많기 때문에 주의를 기울여야 합니다. 구개구순열의 대표적인 원인으로는 임신부의 음주 및 흡연, 부신피질 호르몬과 같은 약물의 노출, 임신 초기의 풍진, 비타민 A, B1, B2, B12의 결핍, 방사선 노출, 고령 임신 등이 알려져 있습니다.

구순열은 보통 생후 3개월에 교정해 주지만 입천장이 갈라진 구개열은 미용뿐 아니라 수유 장애, 언어 장애, 상기도 감염, 중이염 등의 염증과 기능적인 문제를 일으키기 때문에 수술 시기에 대해서는 여러 의견이 있습니다. 그러나 보통 생후 15~18개월에 하는 것이 일반적입니다.

모유 수유가 가능할까?

구개열, 구순열이 있는 경우 모유 수유에 문제가 생길 수 있다. 단순히 입술이 조금 갈라진 구순열인 경우에는 특별한 문제없이 모유 수유가 가능하지만, 입술이 심하게 갈라지거나 입천장이 갈라진 구개열인 경우에는 모유 수유 시 문제가 생긴다. 이럴 경우 모유를 유축기로 짜낸 다음 특수한 젖꼭지를 이용해 수유해야 한다. 수유를 할 때에는 반드시 아이를 45도로 세워 안아 우유가 갈라진 틈새로 새지 않도록 주의해야 한다.

임신성 당뇨 검사에서 당 수치가 높게 나왔습니다. 임신성 당뇨는 무엇인가요?

임신성 당뇨는 임신 때 인슐린의 기능이 떨어져 혈당이 조절되지 않는 질환으로, 인슐린을 못 만든다기보다는 인슐린의 작용이 떨어지는 경우입니다.

임신성 당뇨가 생기는 원인은 다양한 호르몬의 작용에 의한 것입니다. 임신 때 증가하는 에스트로겐과 프로게스테론은 인슐린의 작용과 반대 작용을 해서 인슐린의 기능을 떨어뜨립니다. 인슐린은 태반으로 넘어가 태아에게 영향을 주기 때문에 모체에서는 더욱 부족하게 느껴집니다. 평소 복합적인 원인으로 인슐린 대사 장애를 겪었거나 당뇨에 유전적 요인들이 있는 여성의 경우(가족 중에 당뇨 환자가 있는 경우), 임신의 과정을 겪으면서 질환이 나타나게 되는 경우가 많습니다. 또한 만 35세 이상의 고령 임신부에게도 임신성 당뇨가 나타날 위험이 큽니다.

모체에게 미치는 영향

- 임신중독증의 확률이 높아진다.
- 제왕절개 확률이 높아진다.
- 거대아 분만으로 산과적 출혈이 높아진다.
- 혈당 조절이 안 되어 비뇨생식계의 감염 확률이 높아진다.

태아에게 미치는 영향

- 4kg 이상의 거대아 출산 확률이 높아진다.
- 분만 시 난산으로 신경 마비 등 태아의 손상 확률이 높아진다.
- 임신 중 합병증으로 조산이나 미숙아 출산의 확률이 높아진다.
- 다른 신생아에 비해 출생 시 호흡 곤란 위험이 증가한다.
- 임신 전 당뇨를 앓던 임신부에게서는 안면 기형 등 기형아 출산이 증가한다.
- 신생아 저혈당, 신생아 황달, 홍반증 등의 신생아 합병증이 생길 확률이 높아진다.

1 끼니를 거르지 않는다 끼니를 거르면 과식을 하기 쉽고, 과식은 높은 혈당으로 인슐린 저항성을 높인다. 식사량을 줄이고 중간 끼니를 추가하는 소식다식의 습관을 들인다.

2 음식물을 입에 달고 생활하지 않는다 식사한 후 바로 디저트나 과일을 먹고 빵과 과자를 계속 먹는 습관은 몸의 혈당을 높게 유지하는 원인이 된다. 식사 후 최소 두 시간은 금식하는 것이 좋으며 과일도 고칼로리 음식이니 공복 시 간식으로 섭취하는 것이 좋다.

3 다양한 종류의 음식을 골고루 섭취한다 하루 2,000~2,500kcal 정도를 세 끼의 식사와 2~3번의 간식으로 나누어 모든 영양소를 골고루 섭취하는 것이 좋다.

4 단백질 섭취를 높인다 매 식단에 육류나 생선, 해물과 같은 반찬을 준비하여 하루 약 60g의 단백질은 꼭 섭취하도록 한다.

5 탄수화물 섭취를 줄인다 똑같은 탄수화물이라 하더라도 임신성 당뇨로 진단받으면 GI(혈당지수)가 낮은 음식을 섭취하는 것이 좋다.

◀◀◀ High	일반 식품의 GI 수치	Low ▶▶▶
GI가 높은 식품(70 이상)	GI가 보통인 식품(55~69)	GI가 낮은 식품(55 이하)
바게트(93), 쌀밥(92), 도넛(86), 떡(85), 감자(85), 우동(85), 찹쌀(80), 옥수수(75), 라면(73), 팝콘(72)	카스텔라(69), 머핀(59), 치즈피자(60), 고구마(55), 현미밥(55), 보리밥(66), 파인애플(66), 파스타(65), 호밀빵(64),아이스크림(63)	바나나(52), 포도(46), 양배추(26), 땅콩(14), 사과(36), 귤(33), 토마토(30), 버섯(29), 우유(25), 미역(16)

6 섬유질 섭취를 늘린다 섬유질이 많은 식단은 포만감을 불러일으킨다. 또한 장운동을 좋게 하여 임신 중 생기기 쉬운 변비 예방에도 좋다.

7 지방 섭취를 줄인다 육류는 기름기가 적은 살코기를 섭취하며 흰살생선과 오징어처럼 단백질이 풍부하면서 지방이 적고 칼로리가 낮은 것이 좋다. 튀긴 요리보다는 굽거나 찐 요리가 좋으며, 기름은 가급적 올리브 오일이나 해바라기씨 오일을 사용한다.

8 충분한 물을 섭취한다 생수를 마셔야 하며, 탄산이나 설탕이 들어간 음료수는 삼간다. 하루에 약 1.5~2L의 물을 섭취한다.

9 충분한 수면을 취한다 10시 이후에는 잠자리에 들고 8시간 이상의 수면을 취한다.

10 설탕, 꿀 등과 같은 단순당은 섭취하지 않는다 설탕과 꿀과 같은 단순당보다는 올리고당과 같은 다당의 제품을 사용한다.

10 임신성 당뇨로 인슐린 치료 중인데 혈당은 어느 정도로 유지해야 하나요?

임신성 당뇨로 진단받은 후 식이요법, 혹은 인슐린 요법으로 당을 조절할 경우 주기적인 혈당 체크는 필수이며, 집에서도 자가로 혈당 체크를 해야 합니다. 혈당은 아침 식사 전과 취침 전, 아침, 점심, 저녁 식사를 한 다음 각각 한 시간 후와 두 시간 후, 이렇게 총 여덟 번 체크합니다. 공복의 목표 혈당은 95mg/dL 미만, 식후 한 시간은 140mg/dL 미만, 식후 두 시간에는 120mg/dL을 목표로 하는 것이 좋습니다. 임신성 당뇨를 인슐린으로 치료하다 보면 당이 높은 것도 조심해야 하지만 저혈당과 같은 합병증이 올 수 있으니 주의해야 합니다.

저혈당증

저혈당은 인슐린 주사를 맞는 과정에서 식사량이 부족하거나 식사를 거르는 경우, 혹은 인슐린의 양이 많은 경우에 발생한다. 증상은 일반적으로 식은땀이 나고 손이 떨리며, 때로는 두통이나 메스꺼움을 호소하는 경우도 있다. 임신부의 경우 저녁 식사를 일찍 하고 취침하면 새벽에 갑자기 저혈당 증세가 오기도 한다. 저혈당이 오면 빨리 흡수되는 당분을 섭취하는 것이 좋다. 일반적으로 저혈당은 혈당이 보통 70mg/dL 이하일 때 나타나는데 이럴 때는 재빨리 혈당 검사를 하고 약 15~20g의 당분을 섭취하는 것이 좋으니 쉽게 찾을 수 있는 곳에 초콜릿이나 사탕 종류를 두도록 하자. 15분 뒤 다시 혈당 검사를 했을 때 저혈당 증상이 사라지고 혈당이 높아졌으면 안심해도 되지만 계속 증상이 남아있으면 한 번 더 당분을 섭취한다. 혈당은 80~120mg/dL을 유지하는 것이 좋다.

임신성 당뇨로 인슐린 치료 시 필요한 물품

인슐린으로 자가치료를 하는 경우에는 정해진 시간에 꼭 혈당을 체크해야 한다. 아래와 같은 물품을 갖추고 있어야 하는데, 대부분 일회용이기 때문에 떨어지지 않도록 미리 준비해 두자.

☐ 인슐린	☐ 인슐린 주사기	☐ 혈당기	☐ 혈당 채혈기
☐ 혈당 채혈 바늘	☐ 혈당 체크지	☐ 알코올 솜	☐ 케톤지

11 임신을 하니 더위를 심하게 타는데 몸에 이상이 있는 걸까요?

임신 초기에는 황체호르몬의 증가로 인해 기초체온이 상승하여 미열감을 느끼게 되며 감기 몸살 증상처럼 근육통을 동반하기도 해서 감기 몸살로 오인하는 경우도 많습니다. 이런 증상은 대부분 3주 정도 지나면 정상으로 돌아옵니다. 이후 임신이 진행되면서 임신부는 다시 체온 상승을 경험하는데 이 때문에 땀을 많이 흘리거나 잠을 설치는 경우가 종종 있습니다.

이런 현상의 가장 큰 원인은 태아의 체온에 있습니다. 태아의 체온은 모체의 중심 체온보다 약 1도 정도 높은데 이는 마치 따뜻한 핫팩을 배 안에 품고 있는 것과 같습니다. 또한 임신 중 늘어난 피하지방과 호르몬의 변화도 체온 상승의 또 다른 원인 중 하나입니다. 피하지방의 증가는 열의 배출을 방해하고, 호르몬의 변화는 피지선의 발달을 증가시켜 각각 체온의 상승과 함께 땀의 발산을 일으킵니다.

임신 초기에는 계속 미열이 있었다가 좀 괜찮아졌는데 임신 중기에 점점 몸무게가 늘면서 땀을 엄청 흘렸어요. 그런다고 다이어트를 할 수도 없고, 이가 상한다고 얼음도 못 먹게 하니 개별로 냉방을 하기 어려운 사무실에서 곤욕이었지요. 외려 차가운 음료수보다 미지근한 물을 충분히 마시는 게 좋다고 해서 개인 물통을 준비해두고 수시로 마셨답니다.

임신 중 체온 관리법

- 실내 온도를 18~22도로 유지한다.
- 얇은 옷을 여러 개 겹쳐 입어서 상황에 맞게 입고 벗는 것이 좋다.
- 실내에서는 항상 양말을 착용한다.
- 물을 충분히 섭취한다.
- 복부를 충분히 감싸는 임산부용 속옷을 착용한다.
- 땀 배출이 용이한 소재의 옷을 입는다.

12 임신 후 기미가 더 뚜렷해지고 있어서 신경이 쓰여요

임신 중 기미가 심해지는 원인은 아직 정확하게 밝혀지지 않았지만 임신으로 인해 증가한 에스트로겐의 영향으로 멜라민 색소의 침착이 일어나는 것으로 알려져 있습니다. 기미는 주로 얼굴 중앙과 뺨, 아래턱에 발생합니다. 빠르면 임신 6~7개월부터 생기기 시작할 수도 있고, 임신 전에 있던 기미가 더 진해지기도 합니다.

임신성 기미는 출산 후 3~6개월 정도 지나면 대부분 옅어지거나 없어지기 때문에 걱정하지 않아도 됩니다. 하지만 임신 중 자외선에 자주 노출되면 침착된 상태로 남을 수도 있으니 외출할 때는 자외선 노출을 최소화하기 위해 자외선 차단제를 사용하고 챙이 넓은 모자를 사용하는 것이 좋습니다. 자외선 차단제의 경우 자외선 차단 지수가 높다고 무조건 좋은 것은 아닙니다. 일상생활에서는 SPF 30 전후도 충분하니 지수가 높지 않은 것을 자주 발라주는 것이 더 좋습니다.

저는 겨드랑이와 유륜 색이 진해지는 게 엄청 큰 스트레스였어요. 안 그래도 임신으로 살이 찌고 피부도 안 좋아져서 우울한데 몸 여기저기가 검어지니 거울을 보기가 싫어지더라고요. 그래도 출산 후에는 색이 사라지니 어쩔 수 없는 과정이라 생각하고 너무 우울해하지 마세요. 나뿐만 아니라 모두가 겪는 과정이니까요.

기미와 비슷하게 나타나는 피부 색소 침착

과다 색소 침착

주로 겨드랑이나 사타구니, 유두, 유륜과 같이 임신 전부터 멜라닌 색소가 과다한 부위에 나타나는데, 임신 중 변화된 호르몬에 민감하게 반응하여 더욱 두드러진다. 출산 후 3개월부터는 색이 점차 옅어지면서 사라진다.

흑선

임신 때는 배꼽을 가로질러 배꼽 아래 치골 부위까지 복부의 검은 선이 생기는데 이를 흑선이라고 한다. 흑선은 보통 임신 중기에 나타나며, 출산 후 대부분 사라지지만 일부 남는 경우도 있다.

13 임신한 이후로 여드름이 계속 생깁니다. 여드름 치료가 가능할까요?

임신 중에는 황체 유지 호르몬인 프로게스테론과 유즙 분비 호르몬인 프로락틴, 그리고 스트레스 등으로 피지의 분비가 증가하면서 여드름이 생기기 쉽습니다. 평소 생리 전에 피부 트러블이 있거나 여드름으로 고생했던 여성에게서 더 잘 나타나고, 얼굴뿐 아니라 팔, 허리, 가슴, 허벅지 등에서 다양하게 나타납니다. 임신 중 여드름 치료는 약물에 의존하기 어려우므로 평소 관리가 어느 때보다 중요합니다.

영화나 드라마에서 보는 우아한 임신부의 모습은 머릿속에서 지워야 해요. 여드름 치료제를 사용할 수 없으니 결국 좋은 세정제와 보습제로 관리하는 방법뿐이거든요. 화장품에는 여러 화학성분이 들어가니 화해 앱에서 유해성분이 없는 좋은 클렌저를 선택하는 것이 좋아요. 저는 천연성분 비누를 사용하는 방법을 택했답니다.

♥ 여드름 관리 방법

항생제나 피지 조절제 같은 약물의 사용은 절대 안 된다

임신 전에 사용하던 여드름 치료제는 임신 중에는 절대로 사용하면 안 된다. 특히 이소트레오닌(로아큐탄) 성분이 들어 있는 여드름 치료제는 FDA 분류상 X등급의 약물로, 임신을 준비할 때부터 사용을 금해야 한다. 물론 수유 중에도 사용하면 안 된다. 그밖에 히드로코르티손과 같은 스테로이드, 살리실산, 레티놀, 과산화벤조일, 벤조일 퍼옥사이드 성분이 들어 있는 약물도 임신 중에는 피하는 것이 좋다.

여드름을 악화시키는 원인을 제거한다

여드름이 나타난다면 평소의 피부 관리 습관을 확인하는 것이 좋다. 특히 여드름에 의한 스트레스는 여드름을 더욱 악화시킬 수 있으므로 편안한 마음을 가지는 것이 좋으며 피부 청결을 유지하고 충분한 수분 섭취로 피부를 건조하지 않게 하는 것이 중요하다. 더불어 임신 중 여드름은 일반 여드름과 달리 모공 속이 아닌 피부 표면에 형성되므로 짜거나 터뜨려서 염증을 악화시켜선 안 된다.

임신 중 헤어펌이나 네일아트를 해도 될까요?

임신 중 화학 염색제 사용이 태아의 기형 혹은 유산, 조기 진통에 미치는 영향은 계속 연구되어 왔지만 임신부에게 특별한 해를 끼쳤다는 보고는 지금까지 없습니다. 최근 사용하는 펌 제품은 농도가 매우 낮은 데다 대부분 피부를 통해 체내로 흡수되지 않아 태아에게 미치는 영향은 거의 없을 것으로 생각됩니다. 또한 임신 중 페디큐어나 매니큐어도 태아에게 큰 영향은 없습니다. 그렇지만 분만을 앞둔 37주 이전에는 페디큐어나 매니큐어를 모두 지우는 것이 좋습니다. 수술 도중 의료진이 환자의 출혈 과다 여부를 손톱 등의 색으로 판단하는 경우가 있기 때문입니다. 그 외 임신 중 제모, 탈색, 왁싱 등 피부 미용을 위한 행위는 태아에게 큰 영향을 미치지 않지만 임신 중 피부는 민감한 상태이므로 임신 전보다 더 순한 화장품을 사용하는 것이 좋으며, 시술자에게 반드시 임신 중임을 알리는 게 좋습니다.

임신 축하 선물로 가장 감동적이었던 것이 샴푸였어요. 천연 계면활성제가 좋다는 건 알고 있었지만 아무래도 가격이 비싸다 보니 내 돈 주고 사긴 힘들었거든요. 만약 축하 선물을 해야 한다면 엄마를 위한 선물로 좋은 샴푸를 선물해 주세요. 르네 휘테르나 아베다가 호불호가 적어요.

임신 중 펌이나 네일아트 시 주의점

- 임신 14주까지는 태아의 분화가 계속되는 시기니 피하는 게 좋다.
- 임신 초기에 폐쇄된 공간에서의 화학약품 냄새는 입덧을 악화시킬 수 있으니 펌이나 네일 시술을 할 때는 충분히 환기를 시켜야 한다.
- 임신 중에는 호르몬의 영향으로 신진대사가 떨어져 자연스러운 탈모가 일어나지 않고 두피의 피지가 증가하는 경향이 있으니 특히 두피 건강에 신경을 쓰는 것이 좋다.
- 좁은 의자에 오랫동안 앉아 있으면 요통이 오거나 다리에 부종이 생길 수 있으니 임신 후기에는 가급적 펌을 피하는 게 좋다.
- 화학 제품이 두피에 흡수될까 걱정되면 염색 대신 머리카락 아래쪽에 부분적으로 색을 넣는 것도 임신부들이 선호하는 방법 중 하나다.

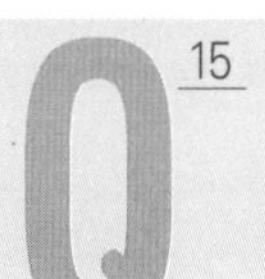

15

임신 중기부터 자다가 깰 정도로 복부 주변이 가려워요. 어떻게 해야 할까요?

임신 소양증은 복부나 팔, 종아리 등에 붉은 반점이 올라오면서 가려움증을 동반합니다. 아직 정확한 원인은 밝혀지지 않았지만 많은 임신부가 이런 가려움증으로 고통받고 있습니다. 때론 너무 긁어서 피가 나기도 하고 피부가 심하게 건조하고 딱딱해져 흉터가 남기도 합니다.

일반적으로 임신 소양증에는 수분 섭취와 보습을 권하지만 증세가 심한 경우, 항히스타민제나 국소적 스테로이드 크림을 처방하기도 합니다. 의사가 처방하는 연고제는 임신 중에 사용해도 되는 등급의 연고이므로 주의사항을 잘 지켜 사용하면 괜찮습니다.

물수건을 냉장고에 넣고 차갑게 만든 다음 가려운 곳 위에 올려놓거나 얼음으로 마사지하니 조금 도움이 되었어요.

♥ 임신 소양증 대처 방법

• 피부에 닿는 옷은 가려움증의 원인이 될 수 있으므로, 자극적이지 않고 땀을 잘 흡수하며 통풍이 잘되는 면 소재의 옷을 입는 것이 좋다.

• 탕에 오래 있는 목욕보다는 간단한 샤워가 좋은데, 샤워할 때에는 너무 차갑거나 뜨거운 물을 사용하지 않는 것이 좋다. 비누와 같은 세정제도 순한 것을 사용한다.

• 물을 충분히 섭취하여 피부의 탄력을 유지하고 건조하지 않게 한다.

• 스트레스처럼 심신을 지치게 하는 요인은 피부 소양증을 악화시킬 수 있으므로 충분한 휴식을 취한다.

• 자외선은 피부 자극의 가장 큰 원인이니 야외뿐 아니라 실내에서도 자외선 차단 크림을 바른다.

• 지나친 인스턴트 음식을 피하고, 비타민이 풍부한 과일 등을 섭취한다.

• 집 안이 습하고 무더우면 가려움증이 심해지므로 최대한 집을 시원하게 유지한다.

임신소양증이 너무 심해서 잠을 못 잘 정도여서 병원에서 연고를 처방받아 발랐어요. 스테로이드 성분이라 꺼려지긴 했지만 잠을 못 자서 스트레스 받는 것보다는 나은 것 같아요.

16

임신해서 배가 나오니 살이 트기 시작했어요. 나중에 없어질까요?

소리 없이 찾아오는 튼살은 임신부의 말할 수 없는 고민 중 하나입니다. 임신 중 살 트임은 체중 증가와 함께 호르몬의 영향을 많이 받습니다. 또한 임신 중에는 진피층의 콜라겐이 변성되거나 늘어난 피부에 비해 콜라겐의 생성과 재생 능력이 떨어지면서 살이 트기 쉽습니다.

튼살은 주로 배에 생기며 가슴, 허벅지, 종아리 등 피하지방이 많은 곳 어디에서든 나타날 수 있습니다. 처음에는 분홍빛으로 나타나다가 붉은색으로 변하고, 나중에는 하얗게 튼 자국이 남습니다. 살이 트기 시작하면 가려움이 느껴지고 한번 생기면 약물이나 레이저 시술로 색을 흐리게 할 수는 있어도 완벽히 없애는 것은 힘들기 때문에 최대한 예방을 하는 것이 가장 좋은 방법입니다.

튼살을 방지하려면?

❶적절한 체중을 유지한다

튼살은 과도하게 늘어나는 피부에 비해 콜라겐의 생성이 늦어져서 생긴다. 임신 중 적절한 식습관과 규칙적인 운동을 통해 체중을 조절함으로써 튼살을 예방한다.

❷보습에 신경 쓴다

보습제를 수시로 발라서 보습을 유지하고 충분한 수분 섭취와 실내의 적당한 습도를 통해 피부의 수분 공급 및 탄력을 유지하는 것이 좋다.

❸몸에 끼는 옷은 좋지 않다

끼는 옷은 그 자체로도 자극이 될 뿐 아니라 피부로의 혈액 공급을 막아 트러블을 유발할 수 있으니 공기가 잘 통하는 면 소재의 넉넉한 옷을 입는 것이 좋다.

❹마사지를 자주 한다

임신 중 마사지는 여러모로 좋다. 특히 부부가 함께하는 마사지는 아기를 생각하는 태교의 의미도 있고 혈액 순환을 원활하게 하여 피로를 풀어주기도 한다. 또 피부에 탄력을 더해줌으로써 튼살을 어느 정도 예방할 수 있다.

튼살 예방을 위한 보습제 바르기

튼살을 예방하는 방법 중 가장 중요한 것은 보습을 철저히 하는 것이다. 피부가 건조해지지 않도록 수시로 보습제를 마사지하듯이 충분히 발라준다. 튼살이 가장 많이 생기는 배나 허벅지, 종아리는 더 철저히 발라주는 것이 좋다. 녹차 추출물이나 비타민 성분이 들어간 보습제는 피부 노화를 방지할 뿐 아니라 항산화 효과 및 항염증 효과까지 볼 수 있으니 제품을 고를 때 꼼꼼히 따지는 것이 좋다.

튼살 마사지

튼살 마사지는 평상시 혼자 할 수도 있고 남편과 함께하면 더 좋다. 배는 튼살이 생기기 가장 쉬운 부위이므로 신경써서 마사지를 하되, 임신 중 복부를 무리하게 힘주어 마사지하면 자궁 수축을 유발할 수 있으므로 주의한다. 마사지를 할 때는 튼살 크림이나 마사지 오일을 사용하고 입덧이 있거나 향에 민감한 임산부라면 향이 없는 제품을 고르도록 하자.

배 마사지

배꼽을 중심으로 부드럽게 잡아당기듯 손바닥으로 마사지한다.

❶배꼽 옆에 양손을 놓고 시계 방향으로 둥글게 마사지한다.

❷점점 크게 원을 그려나가는 느낌으로 마사지한다.

❸달걀을 쥔 듯 양손을 가볍게 쥐고 배꼽을 중심으로 시계 방향으로 톡톡 두드린다.

허리 마사지

허리에서 등으로 이어지는 부위를 세심하게 마사지한다.

❶양손을 펴고 허리에 댄다. 이때 엄지손가락은 앞쪽으로, 나머지 네 손가락은 등에 대고 좌우로, 아래위로 움직이며 마사지한다.

❷손바닥 전체로 등과 허리에 둥글게 원을 그리는 느낌으로 마사지한다.

엉덩이와 허벅지

배 위주로 마사지를 하다 보면 놓치기 쉬운 부위가 엉덩이와 허벅지이다. 아래에서 위로 쓰다듬으며 마사지한다.

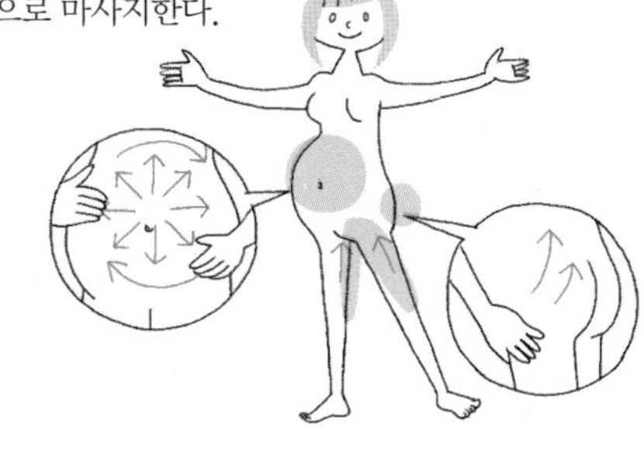

오일은 크림보다 보습력이 좋은데 코코넛오일도 효과가 좋답니다. 간지러움을 잡아주고 튼살을 방지해줄뿐더러 무엇보다 가격이 싸서 좋아요. 코코넛오일이 피부에 맞지 않는다면 호호바오일도 추천합니다.

Q 17

왜 임신 중에는 잇몸이 잘 붓고 피가 날까요?

임신 중에는 잇몸에 피가 나고 통증을 동반하는 염증이 나타날 수 있는데, 이를 '임신성 치은염'이라고 합니다. 이는 임신기에 변화한 호르몬의 영향과 함께 세균 증식 및 활성도가 높아져서 생기는 치과 질환 중 하나입니다. 임신성 치은염은 임신 초기 입덧과 함께 시작하여 점차 진행됩니다. 보통 임신 8개월에 가장 심한 양상을 보이다가 대부분 출산과 함께 좋아집니다.

임신 초기에는 입덧 때문에 양치질을 못하는 경우도 있고, 임신 중반 이후에는 증가한 복압으로 양치질을 할 때 구토를 일으켜 제대로 된 구강 관리가 힘들어질 수 있습니다. 그런데 이런 임신성 치은염을 제대로 치료하지 않아 점차 심해지면 조산을 유발할 수도 있고 치아가 흔들려 빠지는 경우가 생기기도 하니 증상이 심해지면 바로 치과 치료를 받아야 합니다. 치과 치료는 입덧이 심한 초기나 자세가 불편한 후기보다는 중기에 받는 것이 좋습니다.

잇몸 질환을 예방하는 구강 관리

- 하루에 두 번 이상 잇몸에서 치아 쪽으로 칫솔질한다.
- 규칙적인 치과 방문을 통해 스케일링으로 치석을 제거한다.
- 가능한 꼼꼼히 양치질을 하고 매일 치실을 이용해 치아 사이를 청결히 한다.
- 간식을 먹은 뒤에는 칫솔질을 하고, 여의치 않은 경우 깨끗한 물로 헹군다.
- 입덧으로 구토를 한 경우에는 물로 잘 헹구어 산성을 제거하고, 베이킹소다를 1작은스푼 정도 탄 물로 입을 헹구는 것이 좋다.
- 균형 잡힌 식생활과 함께 물을 충분히 섭취한다.

치과 방사선은 괜찮을까?

치과에서 사용하는 방사선은 의학적으로 볼 때 양이 매우 적다. 더욱이 방사선에 노출되는 구강은 배와 멀리 떨어져 있을 뿐 아니라 임신부의 경우 보통 배를 가리는 납치마를 입기 때문에 태아에게는 거의 노출되지 않는다.

18

임신 중인데 며칠 전부터 귀에서 '쉭쉭' 소리가 들립니다. 왜 그런 걸까요?

임신 중 '이명(귀울림 현상)'은 꽤 신경 쓰이는 증상 중 하나입니다. 귀에서 바람 소리 같은 소리가 나거나 심장이 뛰는 맥박 소리 같은 소리가 나기도 하고, 고속 엘리베이터를 탔을 때나 높은 산에 올라갈 때의 귀 먹먹함, 삐 소리 등 다양한 증상으로 나타납니다. 이러한 임신 중 이명은 임신 때문에 늘어난 혈류량으로 인해 귀의 압력이 높아져서 생기는 박동성 귀울림이 대부분으로, 격렬한 운동이나 피곤할 때에도 일시적으로 생길 수 있습니다. 임신 중 이명은 대부분 특별한 치료 없이 출산 후 회복됩니다.

임신 중 이명은 보통 멍멍한 느낌으로 통증이 없으며 일정한 강도를 유지합니다. 하지만 이명 증상이 심한 경우에는 어지럼증과 스트레스, 심한 경우 우울증까지 올 수 있습니다.

이명은 소음이 심한 곳에서 더 심해지는 경향이 있으므로 가급적이면 소음이 심한 곳에 노출되는 것은 피해야 합니다. 시끄러운 TV 프로그램이나 영상을 보거나 진공청소기 등을 사용하면 이명이 심해질 수 있으니 가족에게 양해를 구하고 조용하고 안정된 환경을 유지하는 것이 좋습니다.

만약 이명이 심해지거나 이명 때문에 충분한 수면을 취하지 못한다면 병원을 방문해 혹시 다른 질환과의 연관성이 없는지 따져보는 것이 좋습니다. 특히 통증을 동반하거나 강도가 점점 세지는 경우, 어지러움증을 동반하는 경우, 구토나 두통을 동반하는 경우에는 이비인후과나 신경과를 방문하여 다른 원인이 있는지 확인해봐야 합니다.

19

임신 후에 코막힘이 심해졌습니다. 어떤 치료를 받아야 하나요?

임신과 함께 생기는 코막힘 증상을 '임신성 비염'이라고 합니다. 임신성 비염은 임신부의 약 20%에게 나타나는 비교적 흔한 증상으로 코가 막히거나 간지럽고 때로는 기침을 동반하기도 합니다. 알레르기성 비염은 집먼지 진드기나 기타 공기 중의 물질이 원인이 되어 발생하고, 비알레르기성 비염은 임신으로 인한 호르몬의 변화로 발생합니다. 비염의 가장 큰 특징은 코막힘인데, 임신 중 증가한 복압과 함께 수면을 방해하기도 하고 부비동염 등과 같은 합병증을 가져올 수도 있습니다. 대부분 출산과 동시에 호전되며 태아에게 심한 합병증을 초래하는 경우는 거의 없으므로 안심해도 됩니다.

비염 예방법

- 먼지를 일으키는 물건이 없도록 깨끗이 청소하고 먼지를 제거한다.
- 환기를 자주, 충분히 시키고, 적정한 온도와 습도를 유지한다.
- 코막힘이 심할 때는 따뜻한 물을 한 그릇 떠 놓고 수증기를 코로 흡입한다.
- 생리식염수로 코 세척을 한다.
- 바로 누우면 코막힘이 심해질 수 있으니, 옆으로 눕는다.
- 비염이 심할 때 쓰는 스테로이드 제제의 스프레이는 국소적인 흡수가 일어나기 때문에 반드시 의사와 상의 후에 써야 한다.
- 코막힘이 심해져 부비동염으로 진행되면 항생제 치료를 받아야 한다.

올바른 코 세척

코막힘이 심할 때는 세척만 해도 증상이 좋아질 수 있다.

❶주사기나 코 세척용 기구와 생리식염수를 준비한다.

❷고개를 약 45도 숙이고 식염수를 넣을 쪽 콧구멍이 위를 향하도록 고개를 돌린다.

❸주사기를 천천히 눌러 식염수를 콧구멍에 넣는다. 이때 입으로만 숨을 쉬거나 숨을 참고 침을 삼키지 않는다.

❹코 세척 후 코를 세게 풀지 않는다.

20

임신 후에 코피가 자주 납니다. 병원에 가봐야 할까요?

임신 중에는 혈액량이 크게 늘어나고 이에 따라 몸 구석구석의 혈관도 늘어납니다. 코도 예외가 아니어서 코로 가는 혈액량이 증가하면서 코 안의 약한 정맥이 압력을 받아 파열되면서 출혈이 자주 일어납니다.

코는 날씨의 영향도 많이 받는데, 코 안이 건조해지면 코점막이 말라서 혈관이 터지기 쉽습니다. 대부분의 코피는 큰 정맥보다는 모세혈관의 파열로 일어나기 때문에 코 혈관을 지압해주면 쉽게 멈춥니다. 코피가 나더라도 당황하지 말고 안정을 취하면서 다음과 같은 방법을 쓰면 됩니다.

❤ 코피 지혈법

❶ 우선 편안한 자세를 취한다. 누우면 콧속의 혈압이 낮아지므로 앉거나 서서 지혈한다.
❷ 어느 정도 안정되면 상체를 약간 일으킨 자세에서 고개를 살짝 숙인다.
❸ 엄지와 검지를 이용해 코뼈 아래 연골 부분을 10분간 잡고 지혈한다.
❹ 코피가 입으로 넘어가면 당황하지 말고 삼킨다. 냉찜질 등도 도움이 된다.
❺ 출혈이 멈추지 않으면 솜으로 막고, 출혈이 멈추지 않으면 병원을 방문한다.

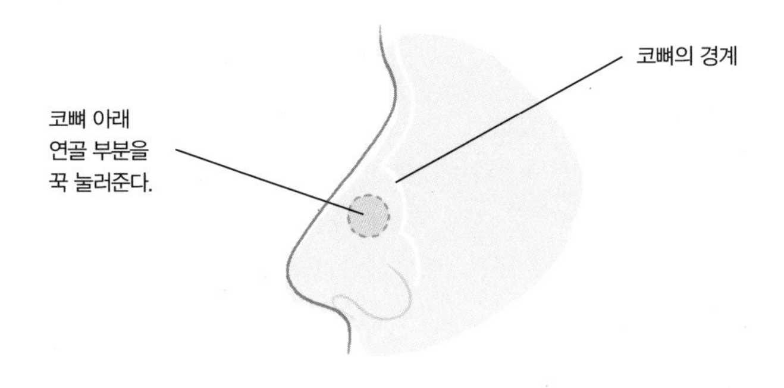

21 임신 후에 시력이 많이 나빠졌습니다. 임신이 시력에도 영향을 미치나요?

임신 중 눈에는 두 가지 변화가 일어나는데, 그중 하나는 굴절력의 변화입니다. 이는 체내 수분의 변화와 호르몬의 영향에 의한 것으로 임신 전보다 시력이 떨어지는 경우가 생깁니다. 다른 하나는 눈의 조절력이 감소되는 것인데, 이로 인해 때로는 독서 등이 힘들어지기도 합니다.

이런 시력의 변화는 출산 후 대부분 회복되기 때문에 일상생활을 하는 데 큰 지장이 없다면 안경을 다시 맞추거나 시력을 교정할 필요는 없습니다. 또한 원래 시력이 안 좋은 임신부의 경우 임신 중에는 각막이 약간 붓는 경향이 있으니 렌즈보다는 안경을 사용하는 것이 좋습니다.

눈병이 생기면 전문의와 상의해 항생제 안약을 점안합니다. 항생제 안약은 국소적으로만 흡수되기 때문에 태아에게는 안전한 것으로 알려져 있습니다.

임신 중 위험한 고혈압 망막증

임신성 고혈압은 혈압이 높아지면서 전신 부종을 동반하기에 매우 위험하다. 임신성 고혈압은 눈에도 치명적인 결과를 가져오는데, 이를 '임신성 고혈압 망막증'이라고 한다. 갑자기 물체가 부옇게 보이는 증상과 함께 때론 사물이 두 개로 보이는 복시 현상이 일어난다. 이 질환은 눈에도 영향을 주지만 이미 임신성 고혈압이 꽤 진행된 상태를 의미하기 때문에 즉각적인 출산을 고려해야 한다. 출산 후 대부분 회복되지만 때로는 망막 박리 등의 합병증을 초래하여 시력을 잃는 경우도 있으니 주의를 기울여야 한다.

임신 중 루테인을 먹는 것이 좋을까?

루테인은 임신 중에는 조심해서 복용하는 것이 좋다. 임신 중 베타카로틴 보충제를 복용할 경우 혈중의 루테인 농도가 증가하게 되는데 루테인의 농도와 임신중독증과의 연관이 있다는 연구 결과가 있으니 일반적으로 임신 중이나 수유 중에는 루테인 보충제를 피하는 것을 권한다. 루테인은 식품에도 많이 함유되어 있으니 식품을 통해 섭취하는 것을 권장한다. 키위, 멜론, 아보카도, 달걀, 시금치, 케일, 상추, 브로콜리, 깻잎, 옥수수, 콩, 양배추 등 녹황색 채소나 과일은 루테인뿐 아니라 여러 비타민이 풍부한 식품이다.

22 임신하고부터 머리가 너무 아픕니다. 왜 그럴까요?

임신 중에는 목덜미 혹은 머리 양옆을 누르는 듯한 통증으로 나타나는 긴장성 두통이나, 한쪽에 박동성 통증을 느끼면서 구토 등을 동반하는 편두통이 나타나는 경우가 있습니다. 임신이라는 그 자체가 커다란 스트레스로 다가와 발생할 수도 있고, 임신 때 상승하는 황체호르몬의 영향 때문일 수도 있습니다. 또한 임신 초기에는 혈장량이 늘어나는데 이에 맞춰 혈관이 제대로 확장하지 못해 생길 수도 있습니다. 대부분 심각한 질환이 아닌 일시적이 증상이니 아래의 간단한 방법으로 해소가 가능합니다.

임신 중 두통 해소법

타이레놀 복용
타이레놀은 임신 초기부터 분만까지 비교적 안전하게 쓸 수 있는 약물이므로, 심한 두통 때문에 고생한다면 복용할 것을 권한다.

충분한 휴식
스트레스와 피로는 긴장성 두통을 유발하므로 몸과 마음을 편안하게 쉬는 것이 좋다.

균형 잡힌 식사와 운동
입덧이 심해도 공복 상태보다는 적당량의 음식을 섭취하여 혈당을 유지하는 것이 좋다.

환기, 두통의 원인이 될 만한 물건 제거
임신 전에는 별문제를 일으키지 않는 것들도 임신 이후에는 예민해지기 때문에 두통을 유발할 수 있다. 또한 먼지나 향이 두통을 일으키기도 하니 환기를 충분히 하도록 한다.

반드시 병원에 가야 하는 두통

- 심한 구토와 고열이 동반되는 두통
- 두통과 함께 눈이 침침하거나 가슴이 답답할 때, 명치끝이 꽉 막힌 느낌이 들 때는 임신중독증, 뇌수막염을 의심해봐야 하므로 병원에서 정확한 진단을 받는 것이 좋다.

23 생활용품에서 납 성분이 검출되었다는 기사가 나와서 걱정입니다

납은 일상생활에서 흔히 접하게 되는 중금속 중 하나입니다. 그러나 납은 우리 몸에 흡수되어 납 중독을 일으킬 수 있으며, 특히 임신부의 경우 탯줄을 통해 전달되어 태아의 뇌에 이상을 일으키는 것으로 보고되고 있어 각별한 주의를 요합니다.

임신 12~14주경부터 태반을 통해 납 성분이 전달되는데, 임신 주수가 진행함에 따라 더 많은 양의 납 성분이 태아에게 전달되는 것으로 보고되고 있습니다. 모체의 납은 임신 중 감소하는 경향을 보이지만 이는 납 성분이 모두 태아에게 전달된다는 의미입니다. 실제 태아의 간과 뼈에서 엄마보다 훨씬 많은 양의 납이 검출되기도 합니다.

납 성분이 태아에게 주는 가장 큰 영향은 바로 뇌 손상입니다. 태반으로 전달된 납은 태아의 영양 섭취와 에너지 공급을 방해하고 아연, 철 그리고 칼슘과 경쟁하는 과정에서 이들을 고갈시킵니다. 또한 미토콘드리아의 기능이나 효소와 DNA 합성을 방해하며 추후 불임, 자연유산, 자궁 내 사망을 증가시키는 것으로 알려져 있으니, 일상생활에서 납 성분 접촉은 최대한 피해야 합니다.

조심해야 할 납중독

납의 가장 중요한 오염원은 일하는 환경이다. 임신 전에 다니던 직장이 페인트를 다루거나 인쇄, 염색, 도자기 공예와 관련되었다면, 임신 전 체내 납 농도를 측정해야 한다. 또한 오래된 수도관에서도 납이 유출될 수 있고, 납으로 오염된 토양에서 자란 채소를 섭취하거나 저품질의 생활용품과 페인트, 심지어 유아용품에서도 납이 검출될 수 있으니 평소 정수 필터를 사용하고 물품 구입 시에 꼼꼼히 따져봐야 한다.

24

전자 기기에서 발생하는 전자파가 태아에게도 해로울까요?

전자파란 우리 주변의 가전제품, 자석류, 고압선 등에서 발생하는 전기파와 자기파를 통틀어 말하는 것으로, 최근 전자파가 인체에 미치는 영향에 대해 많은 연구가 진행되고 있습니다. 전자파가 임신부에게 미치는 영향은 아직 확실하게 밝혀진 바가 없지만, 전자파가 인체에 무해하다는 보고도 없으므로 임신 중에는 다량의 전자파를 피하는 생활 습관이 중요합니다. 다량의 전자파는 임신부뿐만아니라 일반인에게도 좋지 않으니까요.

전자파를 피하는 임신 중 생활 습관

- 임신 중에는 가급적 통화 용도 이외에는 휴대전화를 사용하지 않는다. 장시간 오락이나 웹 서치를 하는 동안에도 전자파에 계속 노출된다. 통화가 길어질 경우에는 오른쪽과 왼쪽을 번갈아 사용하고 엘리베이터 등에서 수신 신호가 약해질 때는 사용하지 않는다.
- 어쩔 수 없이 전자 기기를 사용해야 한다면 30분간 사용한 뒤 일정 시간을 쉰다.
- 수면 중에는 휴대전화를 머리맡이 아니라 멀리 둔다.
- 전자파가 비교적 많다고 알려진 전기담요나 전기장판은 사용하지 않는다.
- 근무나 특수한 용도 이외의 전자 기기 사용을 제한한다.
- 임신 중에는 잦은 헤어드라이어의 사용을 피한다.
- 전자레인지는 전자파를 많이 방출하므로 대신 다른 조리 방법으로 대체한다.

가전제품별 안전거리

- 전자레인지, 에어컨 : 2m
- TV : 1.5m
- 진공청소기, 세탁기, 오디오 : 1m
- PC, 형광등 스탠드 : 0.6m
- (김치)냉장고, 선풍기 : 0.5m
- 헤어드라이어 : 0.1m

25

플라스틱 용기를 사용하면 태아에게 안 좋다고 하는데 왜 그런가요?

대량 생산된 제품의 성분 중 인체에서 발생하는 호르몬과 비슷한 작용을 하는 성분을 '환경호르몬'이라고 합니다. 환경호르몬의 정체가 밝혀진 것은 그리 오래되지 않았습니다. 1960년대 후반 많은 임신부들이 습관성 유산을 방지하기 위해 다이에틸스틸베스트롤(DES)이라는 약물을 복용했습니다. 당시 DES를 복용한 여성에게서 태어난 여자아이들이 사춘기에 접어들 무렵 질암에 많이 걸린다는 사실이 밝혀지면서 환경호르몬에 대한 심각성이 대두되기 시작하였습니다.

이후 에스트로겐과 비슷한 효과를 내는 비스페놀 A가 전 세계적으로 가장 많이 쓰는 식기인 플라스틱 용기에서 녹아 나온다는 사실이 알려지면서 큰 충격을 안겨주었습니다. 비스페놀 A가 우리 몸에 흡수되면 에스트로겐과 비슷한 효과를 내어 임신부에게 노출되었을 때 유방암 등을 초래할 수 있습니다. 또한 저체중아나 조산 등 임신 중 합병증뿐 아니라 아이가 자라서 조기 사춘기, 비만, 정자 질의 저하, 호르몬 이상, 생식기계 이상, 월경 이상 등을 일으키는 원인이라는 연구 보고가 있습니다.

이처럼 환경호르몬은 인체에 지속적으로 영향을 미쳐 내분비계에 교란을 일으키며 발암 물질의 하나이므로 임신 시기에는 더욱 주의해야 합니다.

비스페놀 A에 노출되지 않으려면?

- 캔이나 비닐 포장지에 담겨 있는 인스턴트 음식은 가능한 한 먹지 않는다.
- 캔에 열을 가해 사용하지 않으며 컵라면을 전자레인지에 돌려 먹지 않는다.
- 집에서 음식을 보관할 때는 '비스페놀 A free(BPA free)'인 제품을 사용하고, 될 수 있으면 플라스틱보다는 유리 제품을 사용하는 것이 좋다.
- 오염된 먼지나 흙에서도 노출되기 때문에 외출 후에는 손발을 깨끗이 씻는다.

미세먼지나 황사가 태아에게 미치는 영향이 없을까요?

미세먼지는 눈에 보이지 않을 정도로 작은 먼지로, 봄철 중국에서 발생하는 모래 먼지인 황사나 공장, 자동차 등에서 나오는 오염 가스 등에서 발생합니다. 미세먼지에는 철, 칼슘, 알루미늄, 규소와 같은 중금속들이 다량 함유되어 있으며 이런 미세먼지는 호흡기를 통해 면역력이 약한 노약자나 임신부, 호흡기 질환을 앓고 있는 환자들에게 여러 질병을 일으키기 때문에 매우 주의해야 합니다. 미세먼지는 일반 마스크로는 걸러지지 않기 때문에 미세먼지용 마스크를 착용하는 것이 좋습니다.

미세먼지로 나타나는 임신부 질환

미세먼지는 임신부가 흡입할 경우 기관지염, 천식 등의 호흡기 질환이나 심혈관 질환, 눈병 등 각종 질병을 유발한다. 미세먼지는 불임의 원인이 될 수 있으며, 미세먼지에 포함된 유해 물질은 임신 중 태반을 통해 전해질 수 있기 때문에 태아에게 유산, 사산, 저출생 체중아, 심장과 안면 기형 등 많은 문제점을 일으킨다는 연구 결과가 있다. 특히 임신 초기에 황사 등에 노출되었을 때 문제를 일으킬 가능성이 높다.

❤ 어떻게 해야 할까?

- 황사 주의보나 미세먼지 주의보가 있는 날에는 외출을 삼간다.
- 부득이하게 외출할 경우에는 KF94 이상의 황사마스크를 사용한다.
- 주의보가 뜨면 문을 꼭 닫아 미세먼지가 집 안으로 들어오지 못하게 하되 하루 두 번은 환기를 시킨다.
- 물과 섬유질을 충분히 섭취해 몸속의 미세먼지가 밖으로 배출되기 쉽도록 한다.
- 렌즈보다는 안경을 착용하는 것이 눈병 질환을 예방하는 데 좋다.
- 집 안 실내가 건조하면 미세먼지가 계속 떠다니기 때문에 집 안의 습도를 높게 유지한다.
- 채소나 과일은 물에 깨끗이 씻어서 섭취한다.
- 외출하고 돌아와서는 반드시 손발을 깨끗이 씻는다.

27 임신 중 반려동물을 키울 때 주의할 점은 무엇이 있나요?

최근 반려동물을 키우는 인구가 급증하면서 반려동물을 키우는 중에 임신을 하거나 임신 중에 반려동물을 키우고자 하는 경우도 많이 늘어나고 있습니다. 반려동물을 키우다 보면 때로 반려동물로 인해 질병이 생기는 경우도 종종 있습니다. 그렇다고 무조건 반려동물을 키우면 안 되는 것은 아닙니다. 오히려 반려동물은 임신으로 인해 혼자 지내는 시간이 많아진 임신부에게 심적인 안정과 위안을 주기도 합니다. 상황에 맞게 조금만 조심하면 임신 중에도 충분히 반려동물과 함께 지낼 수 있습니다. 그렇다면 임신 중 반려동물을 키울 때 무엇을 주의해야 할까요?

결혼 전부터 키우던 고양이 세 마리가 있었어요. 결혼 후 어렵게 임신을 하자마자 양가 어르신들이 고양이를 파양하라고 노골적으로 얘기하셨지만 절대 그럴 수 없다고 버텼지요. 고양이들은 이후 무지개다리를 건널 때까지 제 아이에게 너무나도 좋은 친구가 되어 주었고, 생명의 소중함을 알려주었답니다. 그러니 아이와 부모의 정서적 안정감을 위해서도 반려동물 키우는 것을 무조건 반대하지 않으셨으면 해요.

♥ 반려동물을 키울 때의 주의점

- 배설물이나 배설물이 묻은 물건은 가급적 만지지 않는다.
- 반려동물이 날 음식을 먹지 않도록 주의한다.
- 들짐승 등 길들여지지 않은 동물과 접촉하지 않도록 주의한다.
- 기생충 예방접종을 반드시 받는다.
- 아이가 있는 경우 놀이터 등에서 모래나 흙을 가지고 놀았다면 반드시 손을 깨끗이 씻게 한다.
- 손을 씻을 때는 손톱 밑까지 깨끗이 씻는다.
- 아이나 임신부에게 알레르기가 생기면 반려동물과 직접적으로 접촉하지 않도록 다른 가족에게 맡기는 것이 좋다.
- 할퀴거나 물지 못하도록 주의한다.
- 발톱 등을 자주 깎아주고 위생에 신경 쓴다.

28 고양이 기생충이 임신부에게 위험하다고 하던데 고양이를 키워도 될까요?

반려동물을 키울 때 가장 흔한 질병이 고양이 기생충으로 인한 톡소플라스마병입니다. 톡소플라스마는 일종의 기생충으로, 톡소플라스마병에 감염된 고양이의 배설물을 통해 알이 배출됩니다. 이 알에 오염된 채소나 고기 등을 사람이 섭취할 때 톡소플라스마병에 감염됩니다.

임신 중에 톡소플라스마병에 감염되면 태아에게 영향을 줄 수 있습니다. 태아가 톡소플라스마병에 감염되면 선천성 톡소플라스마증을 일으키는데 임신 초기에는 유산이 되거나 출생 후 낭포가 자리 잡는 위치에 따라 눈, 뇌 등에 증상이 나타날 수 있습니다.

하지만 톡소플라스마병에 감염된 고양이가 계속 알을 배설하는 것이 아니라 감염된 후 한두 달 정도만 나오기 때문에 집에서 키우는 고양이는 대부분 큰 문제가 되지 않습니다. 대변의 톡소플라스마 알이 사람의 입으로 들어가야만 전염되므로 고양이를 키우거나 만지거나 뽀뽀하는 것을 두려워할 필요는 없습니다. 오히려 놀이터의 모래를 만지거나 오염된 채소 등을 먹었을 때 감염될 확률이 더 높은 것으로 알려져 있으니 평소 놀이터나 정원의 흙을 손으로 만지지 말고, 채소나 과일을 깨끗이 씻어 먹도록 합니다.

★주요 반려동물 관련 질병과 증상

질병	원인 애완동물	증상
CSD(묘조병)	고양이	할퀸 뒤 다친 부위가 욱신거리며 림프선·눈꺼풀·결막이 붓고 충혈
톡소플라스마병	고양이	목의 림프선 부종, 전신에 열과 땀, 임신 중 유·사산 위험
광견병(공수병)	개·고양이	열이 나고 피로감, 물에 대한 공포, 입맛을 잃고 두통·구역질·환각
파상풍	개·고양이	불안증·근육 경직과 경련
살모넬라증	이구아나·도마뱀	복통·설사 등 식중독 증세, 고열
앵무병	앵무새·비둘기	두통·오한·가래, 폐렴이 오래 지속

29

임신 중 빈혈이 걱정입니다. 빈혈에 좋은 음식에는 어떤 것들이 있나요?

철분은 엽산과 함께 임신부가 꼭 섭취해야 하는 보충제 중 하나입니다. 임신 초기에 필요한 철분량은 얼마 되지 않지만 임신 중기부터 급격히 늘어나기 때문에 일반적으로 임신 16~20주 사이에 철분제 복용을 시작할 것을 권합니다. 일반 여성의 경우 철분의 1일 권장량은 15mg이지만, 임신을 하면 초기에는 20mg, 후기에는 30mg, 평소 빈혈이 있었거나 쌍둥이를 임신한 경우, 반복적으로 측정한 빈혈 수치가 정상보다 낮을 경우, 체격이 큰 경우에는 60~100mg을 섭취하는 것이 좋습니다. 임신 전 빈혈이 심한 편이었다면 하루 200mg까지 섭취합니다. 철분제는 출산 이후 두 달까지 복용하여 분만 시 출혈로 인한 빈혈을 예방합니다.

♥ 임신 중 철분 흡수율을 높이는 섭취 방법

- 탄산음료나 타닌, 인 성분은 철분의 흡수를 방해하므로 식후 한 시간 이내에는 섭취하지 않는다.
- 칼슘제는 철분제와 같은 통로를 통해 흡수되어 서로의 흡수를 방해하니 함께 복용하지 않는다.
- 철분은 형태에 따라 흡수율이 달라지는데 달걀, 곡류, 채소, 과일 중에 함유된 비헴철보다 생선이나 고기에 포함된 철분인 헴철의 흡수율이 높다.
- 철분 보충제는 공복에 복용해야 흡수율을 높일 수 있다.
- 정상적인 혈액 조성에 필요한 철분, 엽산, 비타민 C, 비타민 B12가 많이 함유된 식품을 충분히 섭취한다. 특히 비타민 C는 철분의 흡수를 증가시킨다.
- 지나치게 기름진 음식은 철분의 흡수를 방해하므로 주의한다.

철분이 많은 음식

임신 중 철분 보충제의 복용은 필수이지만 철분이 강화된 식사를 하는 것이 더 좋다. 철분은 녹색 채소와 양질의 육류에 많은데 철분 함유량이 높은 10대 식품은 소간, 시금치, 흰 강낭콩, 근대, 아티초크, 검은콩, 소고기 스테이크, 푸룬, 달걀노른자, 양배추이다.

30

임신 후 몸이 힘들다보니 때론 우울해집니다. 어떻게 해야 할까요?

임신부의 우울증 하면 대부분 산후 우울증을 먼저 떠올리지만, 산후 우울증이 약 11%의 여성에게 찾아오는 반면 임신 중 우울증은 20%의 여성에게서 나타납니다. 오히려 발생 빈도에서는 임신 중 우울증이 높고 더 위험할 수도 있습니다.

임신 기간 중 우울증이 시작되는 시기는 임신 6~10주로 신체적인 변화가 가장 심한 시기입니다. 임신이라는 기쁨도 잠시, 출혈이 생기거나 배가 아프면 불안감이 찾아오고, 입덧 때문에 고생하는 자신을 보면서 임신한 것에 대한 후회감 등으로 심한 우울증이 오기도 합니다. 그리고 임신이 진행될수록 신체적 변화와 분만에 대한 두려움 등이 기분 변화를 유발합니다. 때론 아무 이유 없이 우울함이 심해지기도 하지요.

임신 전 우울증을 겪었던 여성이라면 임신 중에 우울증이 다시 찾아올 확률이 높으며, 임신 전 우울증 치료제를 복용하던 여성이라면 임신으로 인해 우울증이 더 심해질 수도 있습니다.

임신 중 우울증은 절대 가볍게 넘겨선 안 되는 질환으로, 필요하다면 약물 복용뿐 아니라 가족이 모두 노력해서 치료해야 하는 중요한 질환입니다. 임신 중 치료가 안 된 우울증은 산후 우울증으로 이어질 수 있고, 이는 때로 예상치 못한 결과를 가져올 수 있다는 점을 명심해야 합니다.

우울증은 남의 얘기인 줄 알았는데, 임신으로 몸이 변하니 제게도 우울증이 찾아오더라고요. 그동안 열심히 쌓아 올린 커리어도 중단되고, 이 험난한 세상에 아이를 어떻게 키워야 할지 걱정도 되고요. 전 원래 힘든 내색을 잘 못하는 성향이었지만 이때만큼은 친정 엄마와 남편에게 제 기분을 솔직하게 털어놨어요. 주변의 배려가 절실한 상황이었거든요. 참, 맛있는 음식도 우울증을 더는 데 도움이 되었답니다.

31

우울증에 좋은 음식이 있다고 하던데 어떤 음식이 좋은가요?

우울증은 마음의 감기라고도 하며, 많은 임신부들이 겪는 감정의 변화 중 하나입니다. 임신 중 생기는 우울증은 잠시 스쳐가는 경우가 많으므로 이런 경우 증상 완화에 도움을 주는 음식으로도 충분히 극복이 가능합니다. 우울증에는 어떤 영양소가 도움이 되고, 그 성분을 함유한 음식에는 어떤 것이 있는지 알아봅시다.

❤ 우울증에 좋은 영양소와 음식

트립토판 트립토판은 감정 조절 호르몬인 세로토닌을 만드는 원료로, 충분한 수면을 취하는 멜라토닌의 원료가 되는 필수 아미노산이다. 이 필수 아미노산은 몸에서 합성되지 않기 때문에 음식으로 섭취해야 하며 소고기, 닭고기 같은 육류 식품과 달걀이나 유제품, 견과류에 풍부하게 함유되어 있다. 주의할 점은 기름이 많은 고기는 오히려 우울증에 도움이 되지 않는다는 것이다.

오메가3 오메가3는 세로토닌을 증가시키는 대표적인 불포화지방산이다. 한 연구 결과에 의하면 오메가3를 매일 1g씩 섭취했을 경우 자살 충동, 불면증, 우울증 등이 50% 정도 감소했다고 한다. 오메가3가 많은 대표적인 음식으로는 연어, 고등어 등의 생선이 있으며 호두, 아몬드, 땅콩 등 견과류에도 많이 함유되어 있다.

탄수화물 탄수화물은 세로토닌의 분비를 촉진시키는 대표적인 성분이다. 하지만 과다 섭취는 비만으로 이어질 수 있으므로 주의해야 한다. 또한 임신성 당뇨로도 이어질 수 있으니, 현미 등으로 섭취하는 게 좋다.

비타민B 비타민 B군은 신경계의 작용을 원활하게 하는데, 특히 B6는 트립토판의 흡수를 돕는다. 또한 비타민 B9인 엽산 결핍도 우울증의 원인이 될 수 있는 것으로 알려져있으니 엽산을 충분히 섭취하는 것이 좋다. 비타민 B12도 결핍 시 우울증을 일으키거나 기억력 감퇴를 가져온다고 알려져 있으니 종합비타민제를 복용하도록 하자.

무기질과 미네랄 감정의 기복을 조절해주는 무기질로는 칼슘과 철, 마그네슘, 셀레늄, 아연 등이 있다.

1 적절한 운동을 한다 임신 중 몸 상태에 따라 요가와 수영, 걷기 등 적절한 운동을 택해 매일 한다. 운동은 어떤 치료제보다도 훌륭한 처방이다.

2 충분한 휴식과 안정을 취한다 몸이 피곤하면 마음도 힘들어진다. 태아의 건강을 위해서라도 무조건 휴식을 취하자.

3 균형 잡힌 영양소를 규칙적으로 충분히 섭취한다 한 줌의 견과류는 우울증 예방뿐 아니라 건강한 식생활을 이루는 데 큰 도움이 된다.

4 남편, 친구 또는 주변의 긍정적인 사고를 가진 사람과 충분히 대화를 나눈다
기분은 전염된다. 우울한 사람과 얘기를 하다 보면 우울함이 증폭되고, 밝은 사람과 대화하면 사고가 밝아지니 주변에 밝은 에너지를 가진 사람과 대화하는 시간을 가지자.

5 평소 하고 싶었던 취미를 해본다 평소 시간이 부족해서, 마음의 여유가 없어서 새로운 취미를 시작하지 못했다면 출산 전 휴가 기간을 통해 하나라도 시작해본다. 뜨개질, 독서, 음악 감상 등 거창하지 않은 작은 취미에 집중하다보면 마음에 평화가 찾아온다.

6 명상 등을 통해 긴장을 풀어라 명상은 마음을 다스리는 데 매우 효과적인 방법이다. 요가 수업에서 기본적인 명상법을 배울 수도 있다. 또한 요가 호흡법은 충분한 산소를 태아에게 공급하는 데 도움을 주며 분만에도 도움이 된다.

7 가벼운 산책을 즐겨라 산책을 하면 가벼운 운동이 될 뿐 아니라 기분 전환에도 도움이 된다. 바깥 공기를 마시며 걷다 보면 어느새 기분이 한결 밝아짐을 느낄 수 있을 것이다.

8 컴퓨터나 스마트폰 사용 시간을 최소화한다 전자기기 사용은 전자파의 노출 위험을 높일 뿐 아니라 스마트폰을 오래 사용하다 보면 뇌가 각성하여 깊은 잠에 들기 어렵다.

9 곧 태어날 아기를 생각하며 긍정적으로 사고한다 길다면 긴 10개월은 어찌 보면 곧 만날 아기를 기다리며 내 몸에 집중하여 준비할 수 있는 최고의 순간이다. 그러니 곧 태어날 아기를 생각하며 긍정 회로를 돌리자.

10 규칙적인 생활 습관을 지니고 충분한 수면을 취한다 수면의 질이 좋아야 삶의 질도 향상한다. 임신 중에는 낮은 수면의 질 때문에 우울증이 오기 쉬우니 규칙적인 생활 습관으로 충분히 자려는 노력을 기울인다.

32

임신 후 살이 너무 쪄서 운동을 시작하려 합니다. 무엇을 주의해야 할까요?

평소 운동을 좋아하는 사람은 물론이고 운동을 거의 하지 않던 사람도 임신을 하면 자기 몸의 건강과 태아의 건강을 위해 운동을 시작해보려는 마음을 먹게 됩니다. 그러나 무리한 운동은 태아에게 안 좋은 영향을 끼칠 수 있으니 되도록 음식 섭취를 적당히 하면서 편하게 할 수 있는 걷기나 임산부 요가, 임산부 수영 등을 권합니다. 운동을 할 때는 반드시 몸 상태를 먼저 체크하고 익숙한 운동을 하는 것이 좋습니다. 준비 운동으로 몸을 풀고 적당한 시간과 적당한 강도를 지키세요. 충분한 물 섭취로 소모된 수분을 보충하는 것이 좋습니다.

절대적 안정이 꼭 필요하여 운동을 제한해야 하는 경우

- 양수과소증을 동반한 태아의 자궁 내 발육 지연이 있는 경우
- 임신중독증
- 질 출혈로 유산이 우려되는 경우
- 26주 이후의 전치태반
- 자궁 경부의 길이가 짧아진 자궁경부 무력증이 있는 경우
- 조기 진통
- 조기 양막 파수가 의심되는 경우

안정이 필요하지만 의사의 진단에 따라 간단한 운동이 가능한 경우

- 임신 전 고혈압이 있었던 경우
- 심 질환이나 폐 질환을 앓고 있는 경우
- 심한 빈혈이 있는 경우
- 임신 초기에 질 출혈로 안정을 취했던 경우
- 관절이나 폐에 문제가 있는 경우
- 다태아를 임신한 경우
- 당뇨가 있는 경우
- 과거 조기 진통으로 조산아를 분만한 경험이 있는 경우

임신 중기 하체 근력 강화 요가

임신 중기가 되면 점점 몸이 점점 무거워지면서 하체에 부담이 됩니다. 다음은 간단한 동작이지만 꾸준히 반복하면 하체 근력을 키울 수 있습니다.

❶어깨 돌리기

양손을 어깨 위에 얹고 팔꿈치를 모아 안쪽에서 바깥쪽으로, 바깥쪽에서 안쪽으로 돌려주는 동작을 반복한다. 뭉친 어깨의 근육을 풀고 유연하게 해준다.

❷고양이 휴식 자세

복부가 한껏 펴지도록 해 태아가 움직일 수 있는 공간을 넓혀준다. 팔을 어깨너비로 벌려 고양이 자세를 취한 다음, 한 손씩 앞으로 내밀어 가슴을 바닥에 닿게 한다. 어깨 관절이 뜨는 경우 고개를 돌려 뺨이 바닥에 닿도록 하거나, 쿠션을 받쳐 무리하지 않는 범위에서 동작을 한다. 자궁의 위치를 바로잡고 긴장을 풀어주어 태아가 활발히 움직일 수 있게 한다.

❸누운 나비 자세

• 누운 나비 1 : 앉아서 양 발바닥을 붙인 뒤 깍지 낀 양손을 몸 쪽으로 당긴다.

• 누운 나비 2 : 누운 상태에서 양다리를 마름모꼴로 만든 뒤 두 발바닥을 서로 붙이고, 손으로 허벅지를 눌러 무릎이 바닥에서 뜨지 않게 한다. 누운 나비는 골반을 바로잡는 동작으로 다리 부기에 효과적이다.

❹하체 근력 키우기

정면을 보고 바르게 선 뒤, 양손은 머리 위에서 합장하고, 무릎을 구부려 직각이 되도록 한다. 무릎을 너무 많이 구부리면 발목에 하중이 많이 실리므로 무릎이 발목보다 앞으로 나가지 않도록 한다. 양쪽 다리를 번갈아가며 한다.

33

골반이 아파서 너무 괴롭습니다. 왜 그런 걸까요?

임신 중 골반통은 임신부의 과반수 이상이 겪는 흔한 증상입니다. 임신 때 증가하는 호르몬 중 릴렉신 호르몬의 영향으로 좌우 두 골반뼈를 결합하는 단단한 인대가 부드러워지면서 느슨해지는데 이 느슨해진 골반뼈들이 마치 나사가 풀린 기계처럼 살짝살짝 움직이면서 염증이나 통증이 생기는 것입니다. 이런 현상을 '임신 골반통' 혹은 '치골결합 기능부전'이라고 진단합니다. 두 개의 골반뼈가 만나는 치골결합은 평균 2~3mm의 공간이지만 임신 중에는 4~5mm 정도 벌어지며 10mm 이상 벌어지는 경우도 있습니다.

골반통은 임신 중 어느 때라도 발생할 수 있지만 주로 태아가 성장하여 골반 위로 올라오는 임신 중기 이후에 많이 발생합니다. 골반과 허리, 그리고 골반과 연결되는 넓적다리 쪽에서 통증이 발생하며, 걷거나 계단을 오를 때 심해지는 경향이 있습니다. 때론 잠을 자다가 통증이 너무 심해 깨기도 합니다.

골반통은 출산 후 골반이 제자리를 찾으면서 대부분 좋아지는데 난산으로 인해 분만이 힘들었던 경우에는 계속 남아있기도 합니다. 이전 임신 때 골반통을 경험한 임신부는 다음 임신 때에도 같은 증상이 나타날 확률이 높습니다.

♥ 골반통 예방 방법

임신 중 골반통은 확실한 치료법이 없으니 다음과 같은 방법으로 예방하는 것이 좋다.

- 너무 오래 서 있거나 무거운 물건을 드는 생활 습관은 피한다.
- 운동을 위해 오랫동안 걷는 것도 좋지 않으며, 중간중간 쉬는 시간을 꼭 가진다.
- 차를 타고 내리거나 계단을 오를 때 항상 조심한다.
- 다리를 많이 벌리지 않도록 주의한다. 앉아 있을 때도 양반다리는 좋지 않다.
- 항문을 조이듯 힘을 주고 다리를 벌리거나 움직이기 전에 등을 뒤로 젖혀 가슴을 쭉 펴면 골반이 움직이는 것을 막는 데 도움이 된다.
- 평소 케겔 운동과 같이 골반저 강화 운동을 자주 한다(34쪽 케겔 운동법 참고).

임신 중 손발이 심하게 부어 힘든데 좋아질 방법은 없을까요?

임신 중 손발이 붓는 부종은 임신부라면 흔히 경험하는 증상입니다. 임신 중 부종은 임신중독증에 의한 부종과 임신 중 자연스럽게 생긴 부종으로 나뉩니다. 임신중독증 때문에 부종이 생겼다면 부종은 시간이 지날수록 더욱 심해지고 임신부의 주요 장기에 영향을 미쳐 임신부의 건강과 태아의 생명을 위협하는 무서운 합병증으로 바뀔 수 있습니다. 이런 부종은 수분이 몸에 쌓이면서 즉각적인 체중 증가로 나타나는데 하루에 300~500g 이상씩 매일 체중이 증가한다면 살이 찌는 것이 아니라 심한 부종에 의한 체중 증가로 생각해야 합니다. 임신중독증에 의한 부종이 아니라도 임신 중에는 누구나 손발이 붓는 증상을 겪습니다. 임신 중에는 혈장량이 늘어나고 무거워진 자궁이 혈관을 누르게 되어 혈액 순환이 느려지면서 혈액의 정체를 가져오는데 이런 정체된 혈액이 체액에 압력을 가해 부종이 일어나는 것이지요. 임신 중 겪는 부종은 아침에 일어나면 손발이 붓다가 잠시 활동하면 좋아지고 다시 저녁에 심해지는 경우가 많습니다.

♥ 임신 중 부종 예방 십계명

하나, 저염식으로 먹을 것
둘, 압박스타킹을 이용할 것
셋, 왼쪽으로 모로 누워 잘 것
넷, 칼륨이 풍부한 음식을 섭취할 것
다섯, 족욕이나 발 마사지를 수시로 해줄 것
여섯, 과도하게 체중이 증가하지 않도록 할 것
일곱, 요가나 스트레칭과 같은 가벼운 운동을 생활화할 것
여덟, 30분 이상 같은 자세를 취하지 말 것
아홉, 잠잘 때 다리를 베개 위에 올려 심장보다 높이 할 것
열, 충분한 수분 보충을 할 것

부종을 좋아지게 하는 방법

임신 기간 중 부종이 안 생기게 할 수는 없지만 족욕을 하거나 마사지를 하면 증상을 조금 완화시킬 수 있습니다.

✚ 부종 완화를 위한 족욕하기

❶땀 배출을 위해 면 소재 옷을 입는다.

❷탈수 방지를 위해 족욕 전에 물 한 컵을 마시고 족욕 후에도 물을 보충해준다.

❸두 발이 잠길 정도의 큰 대야에 따뜻한 물을 받고 두 발을 담가 피로를 풀어준다.

❹족욕 시간은 15분을 넘기지 않는다. 족욕 온도는 체온보다 약간 높은 38~42도가 좋다.

❺족욕 중에는 발을 빼지 않고 체온을 유지한다.

❻족욕 중에 발가락을 움직여 혈액 순환을 좋게 한다.

❼족욕 후에는 양말을 착용해 발을 따뜻하게 유지하는 것이 좋다.

✚ 혼자서 할 수 있는 다리 마사지법

평소 다리 마사지를 해주면 다리의 혈액 순환을 도와 부종을 가라앉히는 데 좋다. 마사지를 하기 전 족욕을 하는 것도 도움이 된다. 족욕을 하고 난 뒤 발과 다리의 물기를 닦고, 마사지 크림을 바르며 간단하게 마사지를 해보자.

❶무릎 관절 부위를 손가락으로 부드럽게 돌리면서 마사지한다.

❷종아리를 아래에서 위로 가볍게 쓸어 올리며 무릎 아랫부분까지 마사지한다.

❸주먹을 가볍게 쥐고 종아리를 살짝 두드린다.

❹종아리 아랫부분을 손가락으로 돌려주면서 마사지하고, 뭉쳐 있는 부분은 신경 써서 꼼꼼하게 마사지한다.

❺양손을 발목 관절 부분에 대고 손바닥을 비비듯이 마사지한다.

❻한 손은 발등 부분을 지탱한 상태에서 다른 한 손으로 발바닥 부분을 발가락 밑쪽부터 아래로 훑어내리듯 마사지한다.

✚ 남편이 해주는 임신부 발 마사지법

배가 점점 커지면 혼자서 발 마사지를 하는 것도 어려워진다. 이럴 때 남편이 해주는 마사지는 몸과 마음을 편안하게 하고 태아에게도 믿음과 사랑을 전해주는 소중한 선물이 된다. 아내가 편안히 누운 상태에서 베개 등을 이용해 발을 약간 올린 자세를 하고, 족욕 등으로 발을 따뜻하게 한 뒤 하면 더욱 효과가 좋다. 또 평소 좋아하는 음악이나 태교 음악을 들으면서 마사지를 하면 심신을 풀어주는 데 매우 좋다.

❶38~42도의 따뜻한 물에 15분 동안 발을 담근다. 부종이 있는 경우 페퍼민트 오일을 5~6방울 떨어뜨린 후 담그면 효과가 좋다.

❷한 손은 종아리에 가볍게 대고 다른 한 손으로 발등을 잡아 몸 쪽으로 잡아당긴다. 3초간 3회 반복해 피로를 풀어준다.

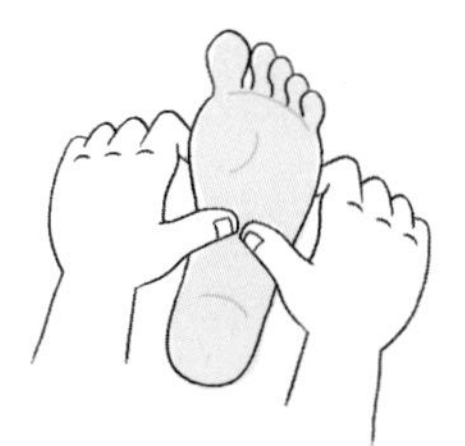

❸발바닥 한가운데 움푹 들어간 용천혈을 엄지로 지그시 3초간 3회 누른다. 체내 노폐물을 제거하고 피로를 풀어준다.

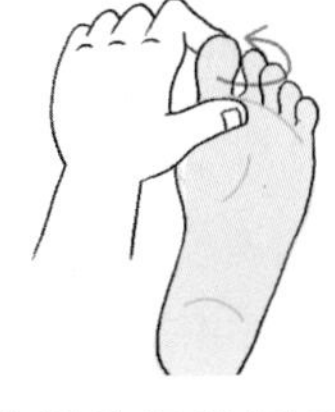

❹엄지와 검지로 발가락 하나하나를 잡고 원을 그리듯이 문지른다.

❺종아리 중간 부분을 엄지와 검지로 잡고 3초간 누른다.

35 하지정맥류라고 하는데 치료해야 하나요?

하지정맥류는 임신부의 약 8~20%에서 발생하는 흔한 합병증으로, 초산보다는 경산 임신부에게 많이 나타납니다. 하지정맥류는 여러 가지 원인으로 인해 다리의 혈관에 있는 판막이 고장나면서 정맥에 역류가 생기고 역류로 인해 정맥이 확장되어 생기는 질병입니다. 임신 전 오래 서있거나 다리를 많이 쓰는 직업의 여성에게서 더 많이 발생하고, 임신 때 지나친 체중 증가나 쌍둥이 임신과 같이 몸에 무리가 가는 상황에서 더 잘 생깁니다.

하지정맥류가 발생하면 다리의 정맥이 확장되어 울퉁불퉁하게 튀어나와 보이고, 걸을 때 다리의 통증이나 경련을 느낍니다.

증상은 정도에 따라 여러 가지로 나타나는데, 일단 육안상으로 푸른 정맥이 튀어나와 보이면서 간지러운 느낌이 있다가 증상이 심해지면 통증을 느낍니다. 때로는 잠을 자다가 깨기도 하고, 다리 근육의 경련을 동반하기도 합니다. 대부분 출산이 다가올수록 심해지고 출산 후에는 호전됩니다.

과거 임신 때 하지정맥류를 앓았다면 재발 가능성이 높기 때문에 특히 조심해야 합니다. 장시간 서 있거나 오랫동안 걸어야 하는 경우에는 반드시 중간중간 휴식을 취하면서 다리 근육을 피곤하지 않게 해야 하고 혈액 순환이 잘되게 마사지나 스트레칭을 하는 것이 좋습니다. 잠잘 때 의료용 압박스타킹을 신는 것도 도움이 됩니다.

임신 중에 발생한 하지정맥류는 호르몬의 영향과 임신 중 늘어난 혈액의 양이 원인이기 때문에 출산 후 대부분 정상으로 돌아온다. 따라서 임신 중 적극적인 치료보다는가급적 생활 습관을 개선하고 마사지, 압박스타킹을 통해 증상을 완화하도록 하자.

36

허리가 아픈데 파스를 사용해도 괜찮을까요?

임신 중 많은 임신부가 호소하는 통증 중 하나가 바로 요통입니다. 임신 때 증가하는 호르몬 중 릴렉신은 골반의 인대에 영향을 주어 인대를 느슨하게 합니다. 그로 인한 골반뼈의 마찰과 불균형 현상은 골반통과 함께 요통을 일으키는 주요 원인이 됩니다. 또한 임신 중 늘어난 자궁과 태아의 무게는 골반과 허리에 직접적인 영향을 주어 통증을 일으킵니다.

이런 요통의 치료로 가장 손쉽게 생각할 수 있는 것이 바로 파스입니다. 파스는 허리의 일부분에 국소적인 영향을 미치기 때문에 태아에게 큰 해가 없다고 생각하기 쉽지만 꼭 그런 것만은 아닙니다.

태아는 혈액을 공급받는 동맥관과 정맥관이라는 독특한 혈액 순환 시스템을 갖추고 있는데, 이부프로펜과 같은 진통소염제는 동맥관 폐쇄를 일으킬 수 있습니다. 출산 전에 동맥관 폐쇄가 미리 일어난다면 태아의 혈액 순환에 문제를 일으키고 폐동맥고혈압과 같은 합병증이 생길 수도 있습니다.

우리가 흔히 사용하는 해열제인 브루펜 외에 파스에도 이부프로펜 계열 진통소염제가 함유되어 있습니다. 따라서 임신 후반기에 파스를 지속적으로 사용하면 동맥관 조기 폐쇄를 일으킬 가능성이 있으니 임신 후반기에는 가급적 사용하지 않는 게 좋습니다. 대신 간단한 체조로 통증을 완화하도록 합니다.

허리 통증에 효과적인 체조

❶바닥에 엎드려 다리를 적당히 벌리고 등을 곧게 펴세요.

❷숨을 내쉬며 머리를 아래로 숙여 등을 동그랗게 만들어요.

❸숨을 들이쉬며 ❶번 자세로 돌아간 다음, 숨을 내쉬며 머리를 들어올리고 등을 뒤로 젖혀요.

❹숨을 들이쉬며 원래 자세로 돌아가요. ❶~❹를 반복해요.

요통을 좋아지게 하는 방법

임신 중 요통은 대부분의 임신부가 겪는 통증 중 하나입니다. 임신 중 늘어난 릴렉신 호르몬의 영향으로 관절이나 인대가 이완되어 쉽게 통증을 느낄 수 있기 때문입니다. 또 태아가 성장함에 따라 골반 위로 올라온 자궁이 계속해서 골반과 허리를 압박하고, 움직일 때 중심을 잡기 위한 임신부의 자세가 자연스럽게 요통을 일으킵니다. 또한 임신 중 커진 가슴도 요통의 원인 중 하나가 될 수 있습니다. 임신 전부터 디스크와 같은 허리 질환을 앓았거나 평소 자세가 나빴던 여성은 더 심한 요통에 시달리게 됩니다. 요통은 몸을 많이 움직인 저녁에 더욱 심하고, 때론 잠을 잘 이루지 못하기도 합니다. 그러니 요통을 예방하려면 평상시 올바른 습관을 가지는 것이 중요합니다.

✚ 요통을 예방하는 생활 습관

• 요통은 예방이 최고이며 임신 전부터 좋은 자세를 유지하는 것이 중요합니다. 그리고 임신 중에는 지나친 체중 증가를 피해야 합니다. 체중 증가는 커진 자궁과 더불어 허리에 무리를 주기 때문에 요통을 더욱 악화시킵니다.

• 굽이 높은 신발을 신으면 몸의 중심을 잡기 어려워지므로 허리에 무리를 줍니다. 따라서 3cm 굽 정도의 편안한 신발을 신는 것이 좋고 미끄러운 신발은 피해야 합니다.

• 임신 후기로 갈수록 앞으로 튀어나온 배 때문에 중심을 잡기 위해 몸을 뒤로 젖히는 자세를 취하게 되는데, 이런 자세는 요통을 유발하므로 평상시 턱을 조금 아래로 당기고 허리를 펴고 걷도록 합니다. 의자에 앉을 때도 허리를 의자 뒤에 깊숙이 붙여 앉고 턱을 아래로 가볍게 당기며 무릎 관절이 넓적다리 관절보다 낮게 앉는 것이 좋습니다.

• 잠을 잘 때는 베개로 배를 받치고 왼쪽 옆으로 눕는 자세가 좋으며, 앉을 때도 산모용 방석을 이용하면 좋습니다. 복대 착용도 요통 완화에 도움을 줍니다.

• 요가나 스트레칭으로 허리를 풀어주거나 케겔 운동과 같이 허리와 골반을 강화하는 운동을 평소에 해주는 것이 좋습니다. 수영처럼 중력의 영향을 덜 받는 물에서의 운동도 요통에 도움이 됩니다.

✚ 임신 중기 요통을 예방하는 운동법

누워서 다리 내리기

허리와 복부의 근력을 길러주는 운동으로, 내장 기관의 조화를 돕습니다.

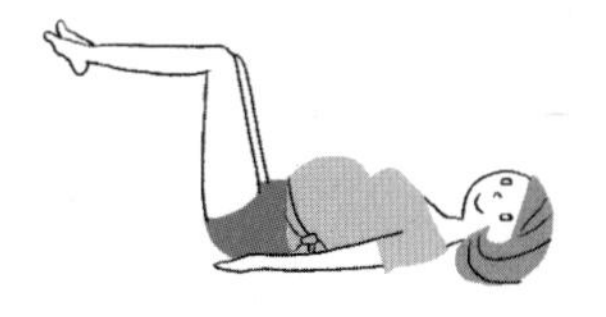

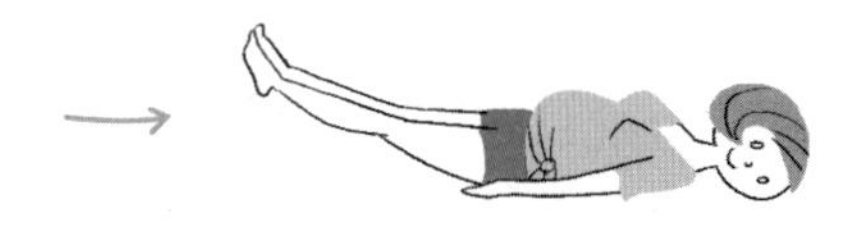

❶편하게 바로 누운 상태에서 양팔을 양옆으로 뻗고 무릎을 굽힌 채 다리를 올려 허벅지와 바닥이 직각이 되게 한다.

❷다리를 배와 허리의 힘으로 바닥에 닿지 않게 오른쪽으로 천천히 내렸다 올린다. 이때 고개와 시선은 반대쪽인 왼쪽을 향한다(다리를 내릴 때는 바닥에 닿지 않게 주의한다).

누워서 골반 비틀기

운동에서 몸을 비트는 동작으로 경직된 허리 근육을 푸는 데 좋습니다.

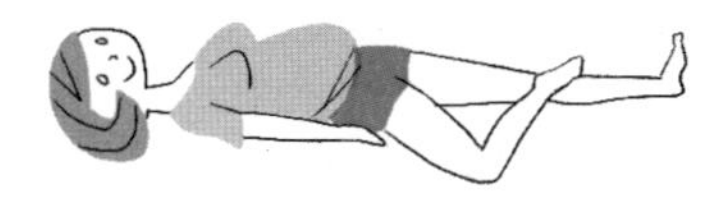

❶똑바로 누운 다음 양발을 모으고 양손은 옆으로 내려놓는다. 그리고 오른발을 왼쪽 무릎 위에 올린다.

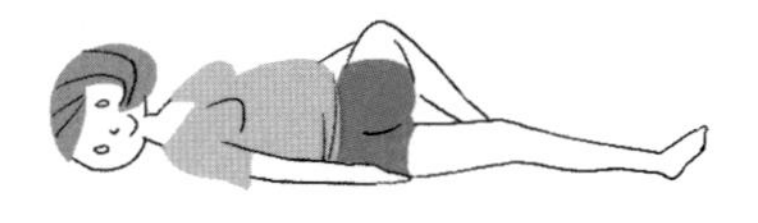

❷숨을 내쉬며 오른쪽 무릎을 왼쪽으로 비튼다. 이때 고개는 오른쪽으로 가볍게 돌린다.

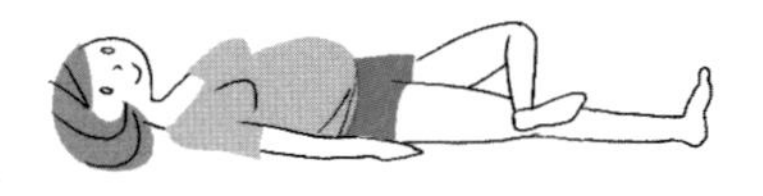

❸숨을 들이쉬며 처음의 자리로 돌아온다. 반대쪽도 같은 방법으로 1~2회 반복한다.

SOS

임신 중기

조기 양막 파수,
어떻게 대처하나요?

아직 출산일이 안되었는데 양막이 미리 파수되는 것을 조기 양막 파수라고 합니다. 양막이 파수된다고 곧 분만하는 것은 아니지만 일반적으로 24~48시간 이내에 분만이 진행됩니다. 37주 이후 양막이 파수되면 자연스럽게 분만을 진행할 수 있지만 37주 이전에는 아직 태아가 100% 성장하지 않았기 때문에 반드시 미숙아에 대한 처치가 필요합니다. 조기 양막 파수의 원인에 대해서는 자세히 알려지지 않았지만 자궁경관 무력증, 다산부, 흡연, 조산의 과거력, 자궁 내 압력이 높은 경우, 양수과다증 등을 꼽습니다. 갑자기 따뜻한 무색투명의 액체가 허벅지를 타고 내려오거나 자고 일어났더니 이불이 폭 젖을 정도의 분비물이 있다면 조기 양막 파수를 의심할 수 있습니다. 양막이 파수되었다고 해도 바로 태아의 건강에 이상을 끼치지는 않습니다. 다만 양수의 파막 시간이 길어지면 양수가 세균에 감염되어 양막염, 융모막염 등을 일으킬 수 있기 때문에 샤워 등을 하지 말고 바로 병원을 방문하여 적절한 검사 및 처치를 받아야 합니다.

조기 양막 파수 어떻게 알 수 있나?

양수의 흐르는 정도가 각각 다르기 때문에 냉이나 소변 등과 감별하기 힘들 경우에는 나이트라진 테스트를 한다. 나이트라진 테스트란 양수가 소변이나 냉과는 달리 알칼리성을 띠고 있는 특성을 이용하는 것으로 분비물에 종이 시약을 적신 후, 시약의 색깔 변화를 통해 양수 파수 여부를 진단한다.

다리 사이로 물이 흐르거나 소변이 계속 세는 느낌 등 조기 양막 파수가 의심되면 지체없이 병원으로 가서 진단을 받는 것이 좋다. 양막이 파열된 임신 주수에 따라 치료가 달라질 수 있으므로 정확한 진단이 필요하다.

임신 주차에 따른 대응 방법

조기 양막 파수의 경우 임신 주수에 따라, 양수 유출량에 따라 처치가 달라질 수 있다. 임신 주차에 따라 어떻게 대응하는지 알아보자.

❶ 임신 20주 전

이 시기에 양막이 파수되면 태아가 생존할 확률이 제로에 가깝다. 따라서 대부분 사산의 과정을 겪게 된다.

❷ 임신 20주 후

남아있는 양수의 양과 감염의 여부를 파악하면서 최대한 분만을 늦추는 방법을 쓴다. 항생제를 사용하여 감염을 예방하고 태아의 폐 성숙을 위해 코르티코스테로이드를 투여하며 태아의 양수량을 집중해서 감시한다. 태어나는 주수가 예정일에 가까울수록 태아의 생존율은 높아지고 합병증은 적어진다. 신생아가 미숙아로 태어나면 신생아 중환자실에서 집중관리를 받아야 한다.

❸ 임신 37주 후

최대 24~48시간까지 항생제를 투여하면서 진통을 기다릴 수 있으며 여의치 않으면 신속한 분만을 위해 유도분만을 시행한다. 37주 이후 태어난 신생아의 경우 대부분 큰 무리 없이 성장한다.

✚부분 양막 파수

양막이 부분적으로 파수되면서 아주 소량의 양수만 나오는 경우도 있다. 이럴 경우 임신부가 양막이 파수된 것을 알아차리지 못할 수도 있으니, 일단 이상한 질 분비물이 있으면 병원을 방문하여 확인하는 것이 좋다. 부분 양막 파수의 경우 산모의 절대적 안정 및 보조적인 치료에 의해 더 이상의 양수가 유출되지 않게 할 수 있으며, 태아 및 산모에게는 특별한 영향을 미치지 않고 임신을 지속할 수 있다.

chapter 4

갑자기 아기가 나올까 봐 불안해요!

임신 후기 멘붕 탈출법

임신 후기 태아는 신생아의 모습을 거의 갖추게 됩니다. 각종 장기나 감각도 완성되어 이제 세상 밖으로 나올 준비를 하지요. 엄마는 아기를 손꼽아 기다리지만 동시에 출산에 대한 걱정이 클 수밖에 없습니다. 유비무환이라고 힘든 과정일수록 미리 정확한 정보를 알아두고 마음의 준비를 해두면 실제 상황에서 훨씬 여유 있게 대처할 수 있습니다. 출산 전, 마지막 고비를 어떻게 넘겨야 할지 차근차근 알아보세요.

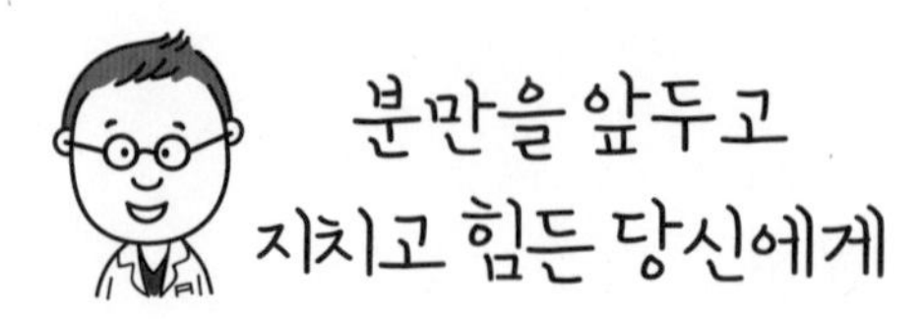

이제 임신 후기에 접어든 당신에게 출산과 분만은 남의 일이 아닌 현실로 다가옵니다. 어느덧 배는 당장이라도 아기가 나올 것처럼 불룩하고 지하철에서는 자리를 양보받을 정도로 어디를 가나 임신부 대접을 받게 됩니다. 계단은 쳐다보기도 싫을 정도로 힘이 들며, 조금만 걸어도 숨이 차오릅니다. 손과 발은 자꾸만 부어올라 임신중독증이 아닌가 걱정하게 하며, 거울에 비친 당신의 모습을 보며 임신 전 몸매로 돌아오지 않으면 어쩌나 하는 생각에 우울감에 빠지기도 하지요.

태아의 발길질은 점점 더 세지고, 가끔씩 단단하게 뭉치는 자궁의 수축에 잠을 설치기도 합니다. 배는 고프지만 조금만 먹어도 무언가 가슴을 꽉 누르는 듯한 답답함에 다시 입덧을 시작한 건 아닌지 의심이 들기도 합니다. 잠시 좋아지는가 했던 소변 습관은 다시 나빠져 화장실을 자주 드나들게 됩니다. 임신 내내 늘 한결같았던 변비는 이제 화장실을 언제 갔었는지 기억도 나지 않을 정도로 심해지며 최근 생긴 치질까지 겹쳐 화장실에 앉아있기가 겁이 날 정도로 힘이 듭니다.
잠이라도 편히 자면 좋으련만 눕기만 하면 어떻게 알았는지 배 속의 태아는 어김없이 깨어나 자꾸 당신에게 장난을 걸듯이 배를 차곤 해서 잠을 설칩니다.

잠을 자다가도 악몽을 꾸고 깜짝 놀라기도 하고 때로는 다리에 쥐가 날 때도 있어 남편 없이 혼자 자기가 겁이 날 때도 많아집니다. 하지만 곧 분만이 다가온다는 희망으로 하루하루를 견디며, 배 속의 소중한 아이와 함께 출산을 향해 마음가짐을 굳게 다져야 합니다.

임신 후기 태아는 폐를 제외한 모든 중요 장기의 발달을 마치게 됩니다. 핏줄이 모두 보일 정도로 투명했던 피부는 피하 지방의 증가로 통통하게 살이 오르고 손톱과 발톱이 자라며 머리카락과 눈썹에 착색이 시작되어 신생아의 모습을 갖춥니다. 태아는 이제 폐로 호흡하는 기능을 완성하며 새로운 세상에 나올 준비를 마쳐갑니다.

임신 막달에 들어서면 언제 출산할지 모르니 출산 준비를 마무리해야 합니다. 분만을 위해 입원을 하게 되면 길게는 일주일 동안 집을 떠나야 합니다. 그러니 6박 7일 정도 여행을 떠난다는 마음으로 미리 짐을 싸두는 게 좋습니다. 가방에는 새로 맞을 가족이 사용할 옷과 여러 소지품을 함께 챙겨야 합니다. 아울러 긴박한 상황이 와도 당황하지 않고 차분하게 병원에 연락을 취할 준비도 해둡니다.
출산이 임박한 당신에게 가장 든든한 지원자는 남편입니다. 지금까지 진료를 받아온 의료진을 믿고, 남편의 손을 꼭 잡고 배 속의 소중한 아이를 격려하며 성공적인 출산을 위해 조금만 더 힘을 냅시다. 지금까지 달려온 당신은 이미 훌륭한 엄마입니다.

선배아빠 메세지

두근두근, 드디어 아기를 만날 준비를 해요

출산에 필요한 절차와 물건을 미리 준비하세요

아기가 태어나면 산후조리원에서 시키는 것만 하면 다 되는 줄 알았습니다. 하지만 아기를 보는 것 외에도 해야 할 일이 정말 많더군요. 출생 신고, 지역에 따라 지급되는 출산축하금, 회사나 기관, 그리고 정부에서 주어지는 각종 혜택 신청하기 등 여러 행정적인 일들이 만만치 않았습니다. 그러니 여유가 있을 때 뭘 해야 하고 어떤 지원을 받을 수 있는지 알아봐서 필요한 서류 등을 미리 준비하는 것이 좋습니다. 육아용품은 꼭 필요한 물건만 미리 사는 것이 좋은 것 같아요(물론 아내의 의견이 가장 중요합니다만). 미리 사 두었는데 정작 쓰지 않았던 것도 많았던지라 아내와 충분히 이야기한 후 결정했으면 좋겠습니다.

비상대기는 반드시!

개인적으로는 이 시기에 주변 동료와 친구들로부터 회식과 모임 유혹을 많이 받았습니다. "이제 아기 나오면 더 바빠질 거야. 지금밖에 시간 없으니까 한잔하러 나와." 아기가 태어나면 만나지 못한다는 이야기에 귀가 솔깃해졌던 게 사실입니다. 하지만 아기는 꼭 예정일에 맞춰서 나오지 않습니다. 갑자기 양수가 터지거나 갑자기 진통이 시작되는 상황은 언제든지 일어날 수 있습니다. 37주부터는 아기가 언제 나와도 이상하지 않으니 술을 마시거나 집에서 멀리 나가는 것은 피해야 합니다. 차분한 마음으로 위대한 출산을 기다립시다.

아내의 두려워하는 마음을 잘 보살펴주세요

간절히 기다렸던 아기의 탄생이 임박했습니다. 막상 출산이 임박하면 산모는 누구나 두려움을 느끼기 마련입니다. 얼마나 아플지, 내가 이 고통을 잘 이겨내고 건강한 아이를 낳을 수 있을지 걱정이 되지요. 너무나 자연스러운 감정입니다. 아내의 두려움을 가장 잘 덜어줄 수 있는 사람은 바로 남편입니다. 아이를 낳는 과정을 잘 파악해두고, 아내와 충분히 이야기를 나누면서 아내의 마음에 공감해주세요. 나만큼 육아에 대해 잘 알고 내 손을 꼭 잡아주는 남편의 모습에 아내의 두려움은 할 수 있다는 자신감으로 바뀔 것입니다.

예비 아빠 교육에 참여하세요

아빠가 육아에 함께해야 한다는 인식이 강해지면서 최근에는 보건소나 주민센터, 문화센터 등에서 예비 아빠 교육프로그램이 많아졌습니다. 아빠들을 위해 교육 시간도 주말일 때가 많습니다. 아내가 출산 직전 겪는 신체적, 심리적 변화는 물론 남편이 도와주어야 할 호흡법과 마사지 동작 등 실전에서 쓸 수 있는 유용한 정보를 쉽게 배울 수 있습니다. 제 아내는 진통이 너무 심해 호흡법을 생각할 여유도 없었는데, 예비 아빠 교육프로그램에서 호흡법을 배운 덕분에 아내를 진정시키며 함께 호흡을 할 수 있었습니다. 책에서 보는 것과 현장에서 배우는 것은 다르니 부끄러워하지 마시고 꼭 참여하시길 권합니다.

임신 후기 체크포인트

[임신 8개월 : 29주~32주]

임신 8개월이 되면 태아는 스스로 독립을 준비합니다. 태아는 이제 신생아와 비슷하게 자라서 조산을 해도 적절한 처치만 받는다면 90% 이상의 생존력을 보입니다. 아직 폐로 호흡은 어렵지만 그 외의 주요 장기가 완벽하게 성장을 마쳤고 튼튼해진 다리로 힘찬 발길질을 해서 엄마 배 밖에서도 볼 수 있지요. 또한 뇌신경의 발달로 지능과 인격이 형성되기 시작합니다. 특히 출생 후 중요한 신체 기능인 체온 조절이 가능해지고, 태어나 6개월 동안 살아가는 데 필요한 면역 체계도 이때 발달합니다.

- 평생 사용하게 될 영구치가 형성돼요.
- 신경계 대부분이 성장과 성숙을 마치고, 오감의 성숙이 이루어집니다.
- 폐를 제외한 주요 장기가 완벽하게 성장해요.
- 비뇨기 계통의 기능도 성숙해져서 하루 두 컵 정도의 소변을 봐요.
- 임신부는 커진 배 때문에 행동이 불편해지고 복압이 증가해서 소화 능력이 떨어지고 화장실에 자주 갑니다. 또한 폐를 압박해 쉽게 숨이 차요.

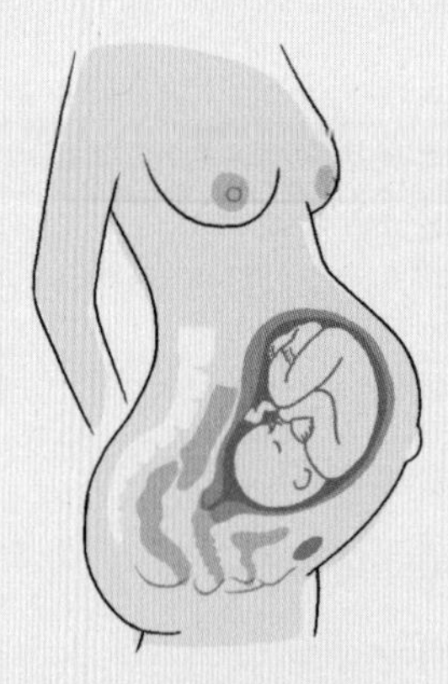

32주가 되면 태아는 43cm, 1.7kg 정도로 자라요.

☑ 임신 8개월 check point

□ 태아가 가장 잘 놀 때 편안한 자세로 움직임의 횟수를 체크해 태아의 건강을 살필 수 있어요. 1시간에 10번 이상 움직이면 태아가 건강하다는 의미예요.

□ 배 속 공간이 점점 좁아져 움직임에 제약을 받게 되면서 자리를 잡아요. 역아일 때는 위치가 바뀔 수 있으니 초음파로 태아의 위치를 계속 확인해야 해요.

□ 엄마의 말뿐 아니라 감정까지 느끼고 엄마 아빠의 목소리 외에 다른 여러 목소리를 구별할 수 있으니 태교에 신경 쓰세요.

□ 손발이 자주 붓고 때로는 신발도 잘 맞지 않아요. 다리 경련 때문에 수면을 취하지 못하는 경우가 많아져요.

[임신 9개월 : 33주~36주]

임신 9개월은 본격적으로 출산을 준비해야 하는 시기예요. 태아는 전체적으로 신생아와 똑같은 비율의 몸이 완성되었고, 신생아 몸무게의 절반 이상으로 자랍니다. 이제는 미숙아로 태어난다 해도 적절한 처치만 받으면 99%의 생존력을 가집니다.

태아가 커지고 출산이 임박할수록 엄마는 점점 더 불편해집니다. 손발이 심하게 부어 예전에 끼던 반지나 신발은 거의 맞지 않고, 가벼운 산책이나 쇼핑도 무리로 느껴집니다. 잠을 잘 이루지 못해 종일 컨디션이 좋지 않을 때가 많지요. 몸이 힘들어지는 만큼 남편의 도움이 절실하게 필요한 시기예요. 출산 때 제대로 힘을 쓰려면 근력이 필요하니 몸이 힘들다고 움직이지 않기보다는 매일 조금씩 움직이려고 노력하는 것이 좋습니다.

- 태아와 산모 모두 피하지방이 늘어 몸무게가 급격히 증가해요.
- 매우 빨리 뛰던 심장은 점차 느린 속도로 뛰어요.
- 뇌는 주름이 깊어져 표면적을 최대화해요.
- 간, 콩팥, 췌장 등 주요 기관들의 기능이 완성됐고, 폐는 계속해서 폐호흡을 위한 폐계면활성제를 생산해요.
- 35주가 넘어가면 태아는 출생을 위한 준비를 거의 마친 상태가 돼요.

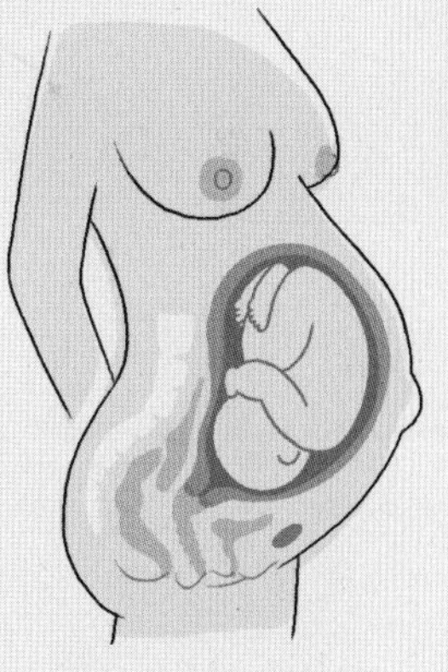

36주가 되면 태아는 48cm, 2.6kg 정도로 자라요.

☑ 임신 9개월 check point

□ 임신중독증에 주의해야 해요. 임신중독증은 심한 부종과 고혈압을 동반하는 합병증을 일으킬 수 있어요.

□ 양수가 터지거나 질 출혈이 있다거나 하는 증상이 있는지 항상 확인해야 해요. 이상 증상이 느껴지면 바로 병원으로 가세요.

□ 출산을 위한 태동 검사와 엑스레이 등 막달 검사를 받아요.

□ 쌍둥이 임신의 경우 36~37주를 만삭으로 보는 것이 좋아요.

□ 언제든 출산할 수 있으니 미리 출산 준비물을 챙겨두세요.

[임신 10개월 : 37주~40주]

자, 이제 드디어 태아는 세상으로 나올 준비를 마쳤어요. 이제 태아는 언제 태어나도 건강에 큰 이상이 없습니다.

엄마는 출산일이 다가올수록 기쁨과 함께 출산의 공포, 출산 이후 닥쳐올 변화에 대해 두려움을 가질 수 있습니다. 이때 남편의 따뜻한 말과 긍정적인 이야기가 아주 중요한 역할을 해요. 임신 기간 중 마지막 남은 한 달은 주변의 모든 것을 조심하세요.

- 태아의 피부를 덮고 있던 태지가 양수로 떨어져 나가 양수는 우윳빛을 띠게 돼요.
- 움직임이 많이 줄어들지만 힘이 세져서 한번 움직일 때마다 엄마에게 자신의 존재를 확실하게 알려요. 태동이 통증처럼 느껴져 잠에서 깨기도 하고 진통으로 잘못 알 수도 있어요.
- 대부분의 태아는 머리를 아래쪽으로 향하고 있지만 간혹 자세가 거꾸로 되어 있을 수 있어요. 이 시기에는 배 속 공간이 좁아 반대로 돌아갈 확률이 낮으니 선택적 제왕절개술을 준비해야 해요.
- 자연분만을 선택했을 경우 예정일까지 기다리며 출산을 준비해요.

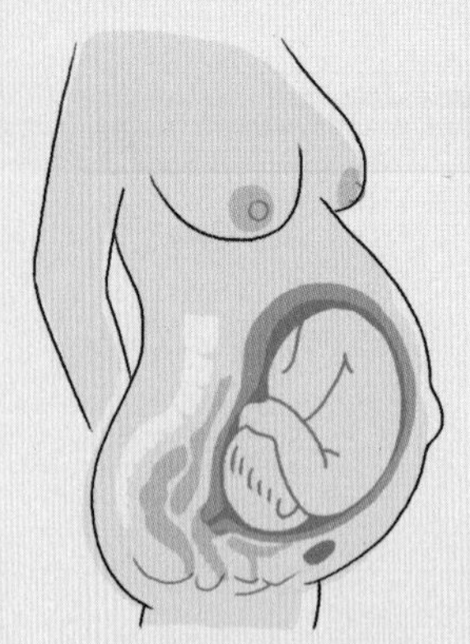

37주가 되면 태아는 48cm에 2.8kg 정도가 되고 출산까지 계속 성장해요.

임신 10개월 check point

- □ 분만을 준비해야 하기 때문에 매주 태아의 상태를 확인해야 해요. 태아의 성장과 움직임, 양수량을 확인해서 건강 상태를 확인해요.
- □ 갑작스럽게 올 수 있는 진통에 대비해 미리 출산 가방을 준비해두세요.
- □ 제왕절개 수술이 예정되어 있다면 예정일보다 약 2주 전에 수술 날짜를 잡는 것이 좋아요.
- □ 예정일이 다 되어도 출산의 징후가 보이지 않는다면 예정일쯤에 병원을 방문해 이후 계획을 세워야 해요.
- □ 37주 이전에 출산하는 것을 조기 분만이라고 하고, 42주가 되어도 출산이 안 되는 경우를 지연 임신이라고 해요. 지연 임신의 경우 유도분만을 시도합니다.

 임신 후기에 받아야 하는 검사의 종류

임신 후기가 되면 병원 진료를 더 자주 받게 돼요. 36주까지는 2주에 한 번, 37주부터 출산일까지는 매주 한 번씩 방문하여 초음파로 태아의 상태를 확인하고 출산을 대비한 여러 가지 검사를 받아요.

❶ 기본 검사
- **혈압과 맥박 :** 임신성 고혈압이 올 수 있는 시기이니 혈압이 높은지를 주의 깊게 관찰합니다.
- **체중 :** 과도한 체중의 증가는 당뇨, 고혈압 등의 고위험 임신 합병증을 일으킬 수 있기 때문에 집에서도 자주 측정하면서 적정한 체중을 유지하는 것이 좋습니다.

❷ NST(비수축자극검사, 태동 검사) 태아의 태동, 자궁의 수축, 태아의 심박수 등의 관계를 보는 것으로 태아의 상태를 평가하는 중요한 기초가 됩니다. 36주 정도에 한 번 측정하고 예정일에 가까울 때 한 번 더 측정합니다.

❸ 초음파 태아의 몸무게, 양수량, 태아의 움직임 등을 측정해 태아의 상태를 확인하고 태반의 위치, 자궁경부 길이 등을 측정해 조산 등의 위험 상황을 예측하는 데에도 활용합니다.

❹ 혈액 검사
- **일반 혈액 검사 :** 빈혈, 혈소판감소증 여부를 판단합니다.
- **일반 화학 검사, 전해질 검사 :** 간 기능, 신장 기능 상태를 알아봅니다.

그 외에 혈액 응고 검사, B형·C형 간염 검사, 에이즈 검사, 매독 검사 등을 실행합니다.

❺ 소변 검사 단백뇨 및 당뇨 여부를 확인합니다.

❻ 심전도 검사 부정맥 등을 알 수 있으며 응급 수술에 대비하여 미리 검사합니다.

❼ 흉부 엑스레이 혹여 제왕절개 수술로 전신마취를 해야 할 경우 위험을 예견하기 위해 미리 흉부 엑스레이 검사를 합니다.

❽ GBS(B군 사슬알균 선별검사) B군 사슬알균 선별검사는 임신한 여성의 질, 직장 부위에서 B군 사슬알균을 확인하는 것으로 건강한 성인에서는 큰 문제가 없지만 신생아에게는 폐렴, 패혈증, 뇌막염을 일으킬 수 있기 때문에 분만 전 꼭 검사를 해야 합니다.

선배맘이 추천하는 임신 후기 강추 아이템

이제 막바지에 이르렀어요. 병원도 자주 가야 하고 분만과 육아를 위해 배워야 할 것도 많지요? 여러모로 지치기 쉬운 때입니다. 이럴 때일수록 몸과 마음을 편안하게 해줄 완소 아이템을 알아봐요.

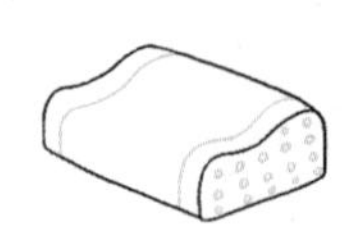

높은 베개
후기에 접어들수록 소화불량도 심해지고 위산이 역류하는 경우도 많아요. 그리고 목과 허리 통증도 심해지지요. 이럴 때 메모리폼으로 만든 높은 베개가 몸이 무거워진 산모의 목이나 상체를 받쳐줘서 목도 편하고 속이 불편할 때도 도움이 돼요.

배를 덮을 수 있는 속옷
임신 중기까지는 사이즈가 좀 큰 일반 속옷을 입을 수도 있지만 후기가 되면 임산부용 속옷을 입어줘야 해요. 특히 팬티의 경우 배 아래로 내려오는 V형보다는 배 전체를 덮어주는 것이 편하고 안정감 있어요.

수유 브라
임신 중기까지는 일반 브래지어나 브라렛으로도 괜찮지만 임신 후기에는 수유 준비로 유방이 매우 커져서 힘들어요. 임신 후기용 브래지어는 가격이 비싼데 사용 시기가 짧으니 차라리 수유용 브라를 사는 것도 좋아요. 수유 브라는 앞쪽에 버클이 있는 모델이 편해요.

칼슘 영양제
임신 후기에는 다리에 쥐가 나고 경련이 생기기 일쑤인 데다 자다가 쥐가 나는 경우가 많아서 당황하게 됩니다. 체중 증가가 원인이라고들 하지만 칼슘 부족일 수도 있어요. 의사와 상담해서 칼슘 영양제를 처방받아 복용해보세요.

의료용 압박스타킹
압박스타킹은 부기를 빼는 데 꽤 도움이 돼요. 임신 중에는 보험이 적용되니 처방을 받아 의료용 압박스타킹을 구입해 두면 출산 후까지 쓸 수 있어요. 사이즈도 여러 종류이고 종아리형/허벅지형 등 여러 종류가 있으니 미리 알아보고 구입해요.

선배맘이 추천하는 출산 강추 아이템

자연분만이든 제왕절개든 출산을 하고 나면 내 몸이 내 몸 같지 않고 아프고 힘들기 마련이지요. 분만으로 힘든 몸의 회복을 조금이나마 도와줄 아이템을 추천합니다. 내 몸은 내가 챙겨야 하니 임신 후기에 미리 챙겨두세요.

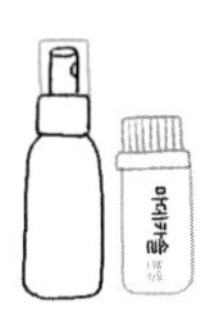

회음부 스프레이/마데카솔 분말

자연분만을 한 산모의 경우 회음부 통증 때문에 고생하는 경우가 많아요. 캄다운이나 얼스마마의 회음부 스프레이를 뿌려주면 순간적이긴 하지만 통증을 줄여줘요. 그리고 회음부에 마데카솔 분말을 뿌려주면 염증이 빨리 회복되게 도와줘요.

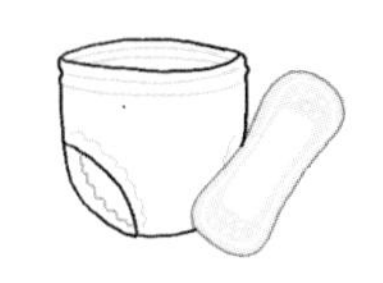

산모 패드

출산 후에는 출혈과 오로 때문에 산모 패드를 사용해야 해요. 일자 기저귀형 패드나 오버나이트 생리대를 사용하기도 하는데, 요즘은 편하게 얇은 팬티형 패드도 많이 사용해요.

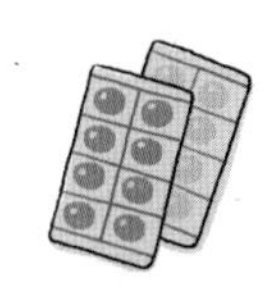

철분제

임신기뿐 아니라 출산 후에도 영양제는 필요해요. 임신 중이나 수유 시 유실된 영양분을 보충해야 하거든요. 특히 출산 때 출혈이 많았다면 철분제는 잊지 말고 꼭 복용하도록 해요. 출산 후에는 엄마를 위한 조언을 듣기 어렵거든요.

손목 보호대

출산으로 관절이 약해진 데다 수유 때문에 바로 아기를 안고 움직여야 하니 여기저기 쑤시고 아파요. 이럴 때 손목 보호대가 있으면 무리도 덜하고 통증도 완화된답니다.

가슴 마사지 크림

모유 수유를 하게 되면 가슴 마사지는 거의 필수예요. 가슴 마사지 크림을 준비해서 마사지해주면 수유에도 도움이 되지만 보습에도 좋고 탄력 회복에도 도움이 돼요.

선배맘이 알려주는 슬기로운 출산 준비

산부인과 병원 앞에는 산모·출산 용품을 파는 매장이 많아요. 그곳에 가면 왠지 종류별로 하나씩 장만해두어야 할 것 같은 생각이 들지요. 하지만 사람마다 상황마다 필요한 물건이 조금씩 달라요. 자연분만을 시도하다 제왕절개를 해야 할 수도 있고, 모유 수유에 실패할 수도 있지요. 미리 꼭 사두면 좋은 용품, 나중에 상황을 봐서 사는 것이 나은 용품 등에 대해 알려드릴게요.

✚ 미리 준비하면 좋은 산모용품

산후 복대 복대를 하면 앉거나 허리를 세워 걷는 데 도움이 되므로 하나쯤 준비해두는 게 좋아요. 산전 복대는 배 밑과 허리를 받쳐 무거운 배를 지탱해주는 반면 산후 복대는 출산 후에 나온 배를 눌러주고 골반과 허리를 교정해주는 용도예요. 병원에서 미리 준비하라고 말해주거나 수술 후에 병원에서 복대를 준비해주는 경우도 있으니 출산하기로 한 병원에 미리 알아보고 준비해요. 굳이 비싼 것보다 기본적인 기능이 있는 것으로 준비하면 돼요.

압박스타킹 제왕절개 후 혈전을 예방하고 부기가 덜하도록 도와주기 때문에 미리 준비해요. 부종이 심해서 아예 신지도 못했다는 산모도 있지만 신고 나서 훨씬 덜 부었다는 산모가 많으니 하나쯤 장만해두세요. 임신 중에는 보험이 적용되니 의료용 압박스타킹을 저렴하게 살 수 있어요.

손목보호대 출산으로 관절이 약해진 상태이므로 아기를 안거나 수유할 때 손목보호대를 사용하는 것이 좋아요. 종류가 많은데 손가락을 끼우는 형태보다는 손목 사이즈가 조절되는 기본형으로 구입하는 게 여러모로 편해요.

✚ 미리 준비하지 않아도 되는 산모용품

회음부방석 자연분만 시 회음부절개의 불편함을 덜기 위해 필요한데 산부인과 병원이나 조리원에 다 갖추고 있어요. 회음부 상처는 보통 일주일 안에 아물기 때문에 퇴원 후 바로 조리원에 가는 경우에는 살 필요가 없어요. 막상 수유 때마다 갖춰진 방석을 치우고 개인 방석을 쓰게 되진 않거든요. 집으로 돌아가서도 상처 부위가 아프거나 혹 치질로 고생한다면 그 때 구입해도 늦지 않아요.

✚ 미리 준비하면 좋은 수유용품

수유 브래지어 아기를 낳자마자 모유 수유를 시도하려면 입원할 때부터 수유 브래지어를 착용하는 것이 좋아요. 여러 종류가 있는데 산후조리 기간에는 무조건 앞쪽에서 편하게 가슴을 여닫을 수 있는 것으로 고르세요. 임신 후기에는 가슴이 많이 커지니 임신 후기부터 사용할 수도 있어요. 수유패드는 모유 양에 따라 필요 없을 수도 있으니 소량만 사두는 게 좋아요.

✚ 나중에 사도 괜찮은 수유용품

수유 쿠션 수유 쿠션은 여러 브랜드가 있는데 병원이나 조리원에 갖춰진 제품을 써본 뒤 나중에 나에게 맞는 걸 구매해도 늦지 않아요. 안고 젖을 먹이는 데 익숙해지면 아예 수유 쿠션을 사용하지 않을 수도 있어요.

젖병과 젖꼭지 모유 수유에 성공하면 젖병과 젖꼭지는 거의 필요하지 않아요. 병원이나 산후조리원에서 나올 때 신생아용 젖병과 분유를 선물해 주기도 하니 물을 주거나 비상용으로 신생아용 한두 개 정도만 있어도 돼요. 하지만 모두가 모유 수유에 성공하는 건 아니에요. 모유량이 부족하거나 제왕절개 후 유두혼동이 와서 혼합 수유를 하거나 분유 수유를 하게 될 수도 있어요. 산후조리원에 있을 때는 개별 젖병과 젖꼭지가 필요하지 않으니, 그동안 모유 수유를 시도하고 혼합 수유를 하거나 분유 수유를 하게 되면 그때 상황에 따라 인터넷으로 필요한 것들을 주문하면 돼요. 단, 제왕절개 시에는 아기에게 유두혼동이 오기 쉬운데 조리원에서는 일반 젖꼭지만 가지고 있으니 제왕절개를 한다면 모유실감 젖꼭지를, 편평유두이거나 함몰유두, 젖꼭지가 작은 경우에는 본인에게 맞는 사이즈의 유두보호기를 구입해 두는 게 좋아요.

유축기, 모유저장팩, 유두보호 크림 모유가 충분히 나오지 않거나 아기가 젖을 잘 빨지 못해서 모유 수유에 실패하는 경우도 많아요. 유축기는 산후조리원에 있으므로 모유 양을 확인하고 나중에 구입하세요. 모유 양이 많다면 유축기로 초유를 짜서 보관할 모유저장팩이 필요하고, 아기가 젖을 잘 빨지 못해서 유두에 상처가 생기면 유두보호 크림이 필요할 수도 있어요. 닥쳐서 급하게 검색하면 어떤 제품을 사야 할지 판단하기 어려우므로, 출산 전에 미리 어떤 제품을 살지 결정해두고 필요할 때 바로 사세요.

임신 8개월부터는 아기가 언제 태어날지 모르니 입원에 대비해 미리 가방을 싸두세요. 입원 기간은 보통 자연분만은 3일, 제왕절개는 1주일 미만이에요. 출산 가방은 큰 가방 하나에 모두 담기보다는 입원 중에 엄마에게 필요한 용품을 담은 병원용 가방, 퇴원 후에 필요한 아기용품을 담은 가방, 바로 산후조리원에 갈 경우를 대비한 산후조리원용 가방, 이렇게 따로 준비해두는 것이 좋아요.

✚ 엄마를 위한 병원용 출산 가방

옷과 속옷 출산했다고 배가 바로 들어가진 않으므로 임신 후기에 사용했던 임부용 속옷, 입원복 안에 껴입을 얇은 긴팔 내복, 입원복 위에 걸쳐 입을 겉옷, 수면양말 등을 챙기세요. 출산 몇 시간 뒤부터 초유 먹이기를 시도하므로, 수유용 브래지어도 잊지 마세요. 병원에서는 세탁이 어려우니 여유롭게 챙기는 것이 좋아요.

산모용품 산후복대와 손목 보호대는 미리 챙겨두세요. 또 내가 함몰유두나 편평유두는 아닌지 미리 점검해보세요.

세면도구 기초 세면도구, 구강청결제와 개인 수건, 머리빗, 머리끈, 거울 등을 챙겨요. 제왕절개를 할 경우에는 입원 기간이 늘어나므로 손톱깎이와 샤워용품도 챙겨두는 게 좋아요.

개인용품 휴대폰 충전기를 꼭 챙겨요. 즉석 카메라나 캠코더 등도 있다면 챙겨서 출산을 기록해도 좋아요. 물티슈와 손수건도 넉넉히 준비하고, 보호자가 덮을 가벼운 이불, 편하게 신을 수 있는 슬리퍼도 챙기세요.

관련 서류 출생 신고와 보험 청구를 해야 하고 손도장·발도장 신청에도 필요하므로 신분증, 산모수첩, 태아보험증서, 건강보험증, 진찰권과 필기도구를 준비해요. 서류는 보호자가 대신 쓰는 경우가 많으니 찾기 쉽게 따로 분리해두세요.

기타 용품 간단한 다과를 먹을 수 있는 일회용 접시나 종이컵, 과도, 포크 등도 챙겨두면 좋아요.

✚ 보호자가 챙겨주세요

자연분만이나 유도분만은 생각보다 오랜 시간이 걸리기도 하니 보호자가 분만 과정에 산모의 수분 섭취를 위한 텀블러와 빨대, 물티슈, 손수건 등을 챙겨서 가지고 있는 게 좋아요. 진통 중에는 수분 섭취를 금하지만, 진통이 길어지거나 수술의 가능성이 적을 경우엔 상황에 따라 약간의 물은 허용하거든요. 그리고 출생신고와 보험 청구 등을 위한 서류가 산모 가방 어디에 있는지 보호자가 미리 확인해두세요.

병원이나 산후조리원에서 선물로 배냇저고리나 속싸개, 간단한 수유용품 등을 선물로 주기도 해요. 특히 산후조리원에서는 분유나 기저귀, 기타 육아 용품 샘플을 받을 수도 있으니 미리 알아보고 적절히 활용해도 좋아요.

✚ 아기를 위한 출산 가방

입원 중에 아기에게 필요한 용품은 대부분 병원에서 지급하니 퇴원할 때 필요한 아기용품 위주로 싸면 돼요. 아기 옷(배냇저고리), 속싸개, 아기용 담요 또는 겉싸개, 신생아용 기저귀, 물티슈, 가제수건 등을 준비하세요. 신생아용 카시트를 미리 차에 장착해두는 것도 잊지 마시고요.

입원 중에는 씻는 것이 여의치 않으니 드라이샴푸를 준비해 가도 좋아요. 전 헤드스파7 제품을 챙겨가서 유용하게 썼어요.

✚산후조리원용 가방

오로 양이 적어지면 산모패드 대신 사용할 오버나이트 생리대, 수면바지, 여분의 속옷과 수면양말 등을 다른 가방에 따로 챙겨두세요. 엄마를 위해서 개인용 컵과 좋아하는 차, 출산 후 먹을 영양제와 가볍게 읽을 육아서 등을 챙겨요. 아기를 위해서는 딸랑이와 초점 책, 모빌 등을 챙겨가면 아기와 교감할 때 유용해요.

평소 안정을 취하는데 필요한 물품을 준비해요. 책이나 잡지, 게임기, 그리고 쉴 때 들을 수 있는 음악 플레이리스트 등을 미리 준비해놓는 것도 좋아요.

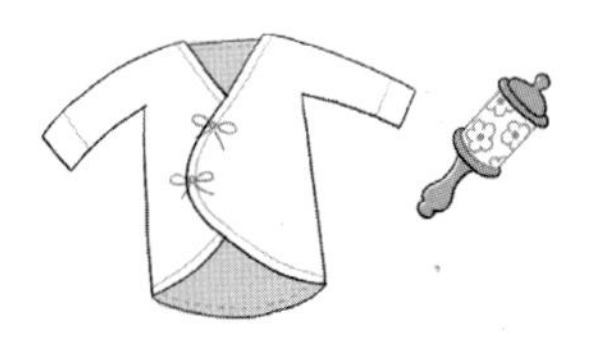

출산 가방 체크리스트

	산모 용품		남편이 챙길 용품	
병원용	수유 브래지어 2		텀블러	
	임산부용 팬티 5		빨대 또는 빨대컵	
	내복 또는 편한 바지 2		손수건	
	카디건/목수건		물티슈	
	수면양말 3		손선풍기	
	산후복대		즉석 카메라/캠코더	
	손목보호대		보호자 이불	
	세면도구 일체		보호자 신분증	
	수건 3		+ 아이 이름 짓기	
	구강청결제		+ 신생아 카시트 장착	
	머리빗/머리끈/드라이기			
	물티슈, 화장지			
	손톱깎이			
	슬리퍼			
	접시/컵/과도			
	멀티탭/충전기			
	산모 수첩/신분증			
아기용품	배냇저고리 2		아기 담요/겉싸개	
	속싸개 2		아기 손톱깎이	
	손싸개, 발싸개 1		가제수건 5	
산후조리원용	오버나이트 생리대		철분제/비타민	
	수면바지		딸랑이/모빌	
	수유패드		초점책	
	모유저장팩		육아서	
	일반 양말 2		《처음 임신 출산 멘붕 탈출법》	

✚출생신고

아이가 태어나면 출생신고를 해야 해요. 부모 중 한 명이 병원에서 발급한 출생증명서를 가지고 출생지 관할 구청, 주민센터 또는 읍면사무소에 들러 신청하면 돼요. 인터넷 신청도 가능한데 출생신고 외에 다른 신청도 하려면 직접 내방하는 게 편해요. 생후 30일이 지나 출생신고를 하면 과태료를 내야 하고 60일 이내에 아동수당과 양육수당을 신청하지 않으면 수당이 소급되지 않으니, 출생신고를 할 때 함께 신고하는 게 좋아요.

출생신고를 하기 전에 가장 중요한 절차는 아이의 이름을 짓는 거예요. 평생 불릴 아이 이름을 짓는 데는 오랜 고심이 필요하니 임신 중에 미리 정해두는 게 좋아요. 병원에 따라서는 분만까지도 아이의 성별을 알려주지 않기도 하니 미리 남아/여아의 이름 후보를 정한 뒤 출산 후 병원이나 산후조리원에서 함께 이름을 정하고 출생신고를 하러 가세요.

✚출생신고 방법

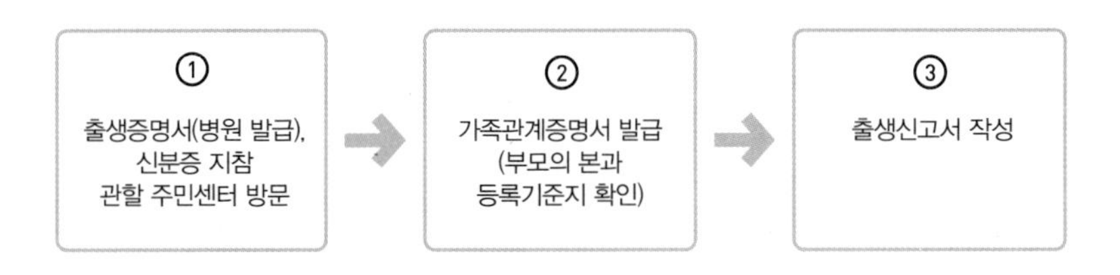

그 외에 주민센터에서 출산서비스(행복출산 서비스) 통합처리 신청도 할 수 있어요. 첫만남 이용권, 영아수당, 아동수당, 해산급여, 다자녀 공공요금 감면, KTX·SRT 다자녀 할인, 저소득층 기저귀 분유 지원 등 각종 서비스를 한 번에 신청할 수 있지요. 지자체별로 지원하는 출산지원금 및 출산축하용품 신청도 가능하고요.

주민센터에서 전기료 경감을 신청할 때는 고지서에 있는 고객번호를 신청서에 써야 해요. 또는 이후 한전 고객센터(국번 없이 123)에 전화하여 고객 번호를 불러주면 출생일로부터 3년 동안 매월 전기요금의 30%(최대 16,000원)를 할인해줍니다.

또 보건소에서도 출산축하세트 등을 준비하고 있는 경우가 많으니 출생신고 후에는 보건소에 들러 지원받을 수 있는 것들을 챙겨오세요.

배가 딱딱하게 뭉치면서 너무 아파요. 조기 진통일까요?

임신 중기부터 불규칙적으로 배가 뭉치는 증상이 시작되다가 임신 후기가 되면 뭉치는 빈도가 더 잦아지는데 이는 크게 걱정하지 않아도 되는 자연스러운 현상 중 하나입니다. 이런 배 뭉침은 흔히 가진통이라고도 하는데, 의학계에서는 '브랙스톤 힉스 수축(Braxton Hicks Constraction)'이라고 부릅니다.

브랙스톤 힉스 수축은 자궁 맨 윗부분에서 시작되어 점차 아래로 퍼지면서 꽉 조이는 느낌이 듭니다. 때론 배가 뾰족해지거나 이상한 모양으로 변하는 것을 볼 수도 있습니다. 보통 30~60초간 지속되며 2분까지 이어지는 경우도 있는데 잠에서 깰 정도로 아프기도 합니다.

브랙스톤 힉스 수축은 배 속의 아이가 매우 활발하게 놀고 있을 때나 엄마의 방광에 소변이 가득 차 있을 때, 부부 관계 후, 땀을 많이 흘려 탈수 증상이 있을 때, 배에 충격이 가해졌을 때 주로 나타납니다. 일반적으로 브랙스톤 힉스 수축은 안정을 취하면 대부분 사라집니다. 하지만 수축이 멈추지 않거나 강도가 세질 경우, 출혈이 동반될 경우에는 병원에서 태아 감시 장치를 통한 자궁 수축 여부 확인 및 조기 진통 여부를 진단받는 것이 좋습니다.

❤ 수축 증상이 나타날 때 어떻게 해야 할까?

- 일단 수축이 오면 당황하지 말고 자세를 바꿔본다. 서 있거나 걷고 있다면 잠시 앉거나 눕는 것이 좋고, 누워도 수축이 온다면 좌우로 눕는 방향을 바꿔본다.
- 뜨거운 물을 담은 핫 백을 30분 이상 배에 올려놓고 배를 따뜻하게 한다.
- 탈수도 배 뭉침의 원인이 될 수 있으니 따뜻한 물을 한 잔 마셔본다.
- 깊은 심호흡은 태아와 엄마에게 산소를 공급하여 혈액 순환을 향상한다. 3초간 숨을 깊이 들이마신 뒤 6초간 천천히 내뱉기를 약 5분 동안 반복한다.

배가 자꾸 뭉치는데 진진통인지 가진통인지 잘 모르겠어요. 어떻게 구별하나요?

평소 가진통이라고 여겨지는 배 뭉침이 자주 반복되면 이것이 진짜 진통이 아닐까 걱정도 되고 혼란스럽습니다. 그렇다면 진진통과 가진통은 어떻게 다를까요?

의학적으로 진진통은 간격이 규칙적이고 강도가 점차 세지며 자궁경부에 변화를 줄 정도로 지속적인 진통을 의미하지만 임신부 혼자 판단하기에는 무리가 있습니다. 가진통은 출산에 대비해 자궁근육이 수축과 이완을 연습하는 것으로 통증이 심하더라도 가만히 누워 안정을 취하면 진통이 사라집니다. 이것 자체가 불규칙한 진통이기 때문에 안정을 하며 쉬는 것이 좋습니다.

가진통은 출산 예정일이 다가올수록 잦아지고 강도가 강해지므로 진진통과 구별하기 힘든 경우가 많습니다. 예정일이 가깝지 않은데 진통의 간격이 규칙적이고 평소 느끼는 것과 달리 진통이 강하게 느껴진다면 일단 병원에서 조기 진통 여부를 확인해야 합니다.

가진통과 진진통의 증상 차이점

가진통 시 자궁 수축의 특징	진진통 시 자궁 수축의 특징
불규칙적인 간격	규칙적인 간격
간격이 계속 길게 유지됨	간격이 점차 짧아짐
강도가 증가하지 않음	강도가 점차 증가함
아랫배의 통증	배 전체의 통증
자궁경관에 변화가 없음	자궁경관이 열림
진정제로 완화됨	진정제로 완화되지 않음

자궁경부 길이가 짧다고 합니다. 자궁경부 길이와 조산은 어떤 관계가 있나요?

분만이 진행되려면 자궁문이 열려야 하는데, 이때 크게 두 가지 과정을 거칩니다. 우선 두꺼웠던 자궁문이 부드러워지면서 얇아지고, 얇아진 자궁경부가 점차 짧아지면서 자궁문이 열리는 것입니다.

자궁경부의 길이는 임신 주수에 따라 다르게 나타납니다. 임신 초기에는 다소 두꺼워서 3.5cm 이상의 두께를 보이지만 임신이 진행될수록 점점 얇아져서 2.5cm 정도가 됩니다. 따라서 조산 징후가 있을 때는 자궁경부 길이를 측정해서 앞으로의 분만 진행 여부를 판단하는데, 2.5cm 정도의 자궁 두께가 위험도를 판단하는 기준이 됩니다. 초음파로 보았을 때 얇아진 자궁 두께와 함께 자궁문이 열려 자궁 입구 모양이 변한다면 조산 위험이 매우 높은 것으로 간주합니다.

자궁경부 길이가 짧아지면서 모양이 변하면 분만이 시작될 수 있으므로 반드시 입원하여 안정을 취해야 하며, 이때 머리는 낮추고 다리는 높인 자세를 취해 하루라도 조산 시기를 늦춰야 합니다. 진통이 시작되면 자궁 수축 억제제를 투여하기도 합니다. 진행되는 조산은 막기 힘들기 때문에 입원 시기를 늦춰서는 안 되며 조산에 대비해 소아과와도 협진이 필요합니다.

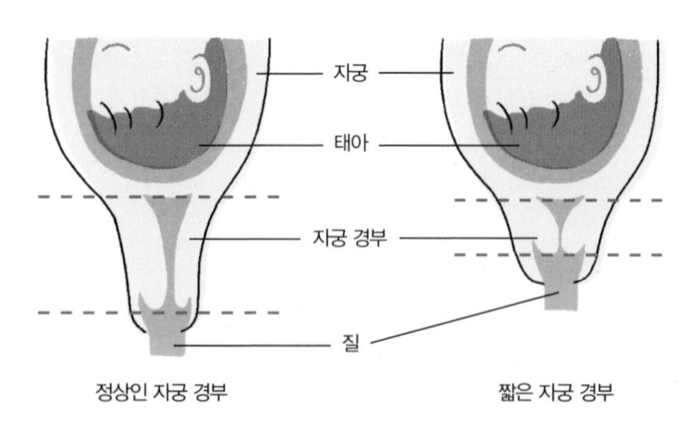

4

자궁경관 무력증으로 진단받으면 어떤 조치를 받게 되나요?

자궁경관은 자궁문을 뜻합니다. 자궁문은 평상시 닫혀 있어야 하지만 어떤 원인으로 자궁문이 열리거나 모양이 변하면 반복적 유산 혹은 조산을 일으킬 수 있는데, 이런 경우를 '자궁경관 무력증'이라고 합니다. 자궁경관 무력증의 경우 초음파로 확인이 가능합니다. 자궁경관 무력증의 원인은 명확히 밝혀지지 않았지만 선천적으로 모양의 변화가 있는 경우와 후천적 원인으로 나뉩니다. 인공유산, 또는 자연유산 치료로 소파 수술의 경험이 있거나, 조기 분만의 경험이 있는 경우, 자궁경부암 치료로 자궁경부 원추 절제술을 시행한 경우 자궁경관 무력증이 나타나기 쉽습니다.

자궁경관 무력증 진단을 받으면 임신 기간 동안 절대적으로 안정을 취해야 합니다. 경우에 따라서는 수술을 통해 열린 자궁경부를 인위적으로 묶어 임신을 유지하기도 합니다.

질식 자궁경부 결찰술

맥도널드 수술 임신 14~16주에 시행하는 수술로 비교적 간단하다. 벌어진 자궁문을 마치 복조리처럼 실로 묶어 인위적으로 닫는 수술인데, 자궁경부 손상이나 출혈이 적고 성공률도 85~90%에 달한다. 분만 때는 봉합사를 제거하고 분만한다.

시로드카 수술 질식 자궁경부 결찰술의 일종으로 맥도날드 수술과 비슷하지만 맥도날드 수술과 달리 자궁경부를 일부 절개하고 봉합사가 돌출되지 않도록 자궁경부 내부로 돌려서 묶는 방법이다.

복식 자궁경부 결찰술

복식 자궁경부 결찰술은 질식 자궁경부 결찰술보다 높은 위치에서 묶을 수 있다는 장점이 있다. 하지만 수술 방법이 복잡하고 복부 절개나 복강경을 이용해야 한다는 단점이 있다. 또한 간단하게 봉합사를 풀지 못하기 때문에 분만은 반드시 제왕절개로 해야 한다.

조기 진통의 원인은 무엇인가요? 어떻게 알 수 있는지도 궁금합니다

조기 진통의 원인은 아쉽게도 명확히 밝혀진 바가 없습니다. 그러나 많은 연구를 통해 질염, 구강염, 신장질환, 신우신염, 당뇨병, 만성 고혈압, 임신성 고혈압 등이 위험 인자임을 알게 되었고, 이로 인해 조기 진통이 진행된다고 보고 있습니다. 그 외에 과거 조산 경험이 있거나 쌍둥이 임신과 같은 다태임신, 임신 2·3분기 때의 출혈 등이 원인이 될 수 있으며 흡연, 알코올 섭취, 약물 중독, 피로, 장시간의 근무, 심리적 스트레스 등도 조기 진통으로 이어질 수 있습니다.

조기 진통 여부를 임신부가 스스로 알아내는 것은 쉽지 않습니다. 다만 평상시와 다른 느낌으로 진통이 시작되면 일단 자리에 누워서 진통을 관찰하고 조기 진통 여부를 자가 측정한 후 병원에 방문하는 것이 좋습니다.

❶편안하게 자리에 눕는다.
❷손을 배 위에 올려놓고 배가 딱딱해지기 시작하면 수축이 시작하는 시간, 딱딱해지는 것이 풀리면 수축이 끝나는 시간으로 체크한다.
❸다음 수축도 같은 방법으로 체크한다.
❹1~2시간을 측정해서 수축과 수축의 간격이 일정한 주기를 갖는다면 조기 진통의 가능성이 있으니 산전 진찰을 받던 병원을 방문하여 수축 검사 및 초음파를 시행하여 조기 진통 여부를 확인한다.

최근에는 진통주기를 측정해주는 앱이 많이 개발되어 있어 진통의 시간과 주기를 좀 더 알기 쉬워졌어요. '순산해요' '임신 9m'도 많이 쓰고, 임신 기록 앱에 기능이 들어있는 경우도 있어요.

조기 진통이 왔을 때 처음에는 가진통이라고 생각했어요. 통증도 통증이지만 진통 간격이 규칙적이라고 느껴지면 병원에 문의하고 방문하는 것이 좋아요.

6

첫아이를 조기 진통으로 조산했습니다. 둘째를 또 조산할까 봐 걱정됩니다

조기 진통으로 조산을 한 번 경험한 적 있는 엄마라면 두 번째 임신이 무척 걱정될 수밖에 없습니다. 미숙아로 태어난 아이를 살피느라 정신적인 고통뿐만 아니라 시간적으로도, 경제적으로도 매우 힘든 상황을 겪게 되니까요. 과거 조산 경험이 있을 경우 이후 조산을 할 확률이 높긴 합니다. 그러니 다음의 내용을 참고하여 최선을 다해 조산을 예방하는 것이 좋습니다.

조산 경험이 있는 임신부가 둘째 아이를 조산하지 않으려면?

❶철저한 산전 관리가 필요하다

임신 3개월 전부터 엽산제 복용은 물론이고 규칙적인 운동으로 체중을 철저히 관리한다. 또한 조산에 영향을 주는 요소를 체크해 예방 가능한 원인을 제거한다.

❷임신 전이나 임신 초기에 자궁경부 길이를 측정한다

자궁경부 길이 측정은 매우 중요한 산전 관리 중 하나로, 이를 통해 자궁경관 무력증이 확인되면 간단한 결찰술로 조기 진통이나 조기 유산을 예방한다.

❸염증을 치료한다

조기 진통은 질염과 같은 염증이나 충치와 같은 구강 내 염증과 관련이 크다. 임신 전에 철저한 검사를 통해 염증이 확인되면 충분히 치료하고 나서 임신을 시도하는 것이 좋다.

❹충분한 안정과 휴식을 취한다

조산 치료에서는 약보다 중요한 것이 안정이다. 무리한 활동을 하는 직업의 경우에는 휴직도 고려해야 한다. 특히 자궁경부 길이가 짧아진 경우에는 절대적 안정이 필요하다.

❺출산까지 부부관계를 조심한다

이슬과 같은 출혈이 비치거나 자궁경부 길이가 짧아져 있는 경우에는 조산할 위험이 있기 때문에 부부관계는 금하는 것이 좋다.

❻프로게스테론을 처방받는다

프로게스테론은 임신을 유지시키는 황체호르몬으로, 과거 조산 경험이 있는 여성은 의사와 상의하여 프로게스테론을 처방받는 것도 방법이다.

조기 진통으로 입원하면 폐 성숙 주사를 맞는다고 하던데요?

조기 진통으로 조산한 미숙아의 사망 원인 중 가장 큰 원인이 바로 호흡부전입니다. 만삭이 되는 37주 이전의 미숙아인 경우 모든 장기가 형성되기는 했지만 폐는 아직 미성숙한 상태입니다. 폐는 36주가 지나야 자발 호흡이 가능할 정도로 성숙해지기 때문에 많은 미숙아들이 폐가 성숙할 때까지 신생아 중환자실에서 인공호흡기에 의존하며 생명을 유지하게 됩니다. 산부인과에서는 이런 태아의 폐 성숙에 도움을 주기 위해 36주 이전의 조기 진통 임신부에게 폐 성숙제인 스테로이드 제제를 투여합니다. 폐 성숙 주사는 앞으로 다가올 조산에 대비하는 필수적 처치이기 때문에 많은 병원에서는 조기 진통 시 예방 차원에서 이루어지고 있습니다. 물론 완벽한 성숙은 힘들지만 스테로이드 제제를 투여한 경우, 그렇지 않은 경우보다 인공호흡기를 덜 사용했으며 인공호흡기를 착용하는 기간이 단축되었다는 연구 결과가 있습니다.

조산 예방 방법

조산 경험이 있는 여성 100명에게 임신의 경향에 대한 설문 조사를 한 결과, 5명을 제외한 95명(95%)의 임신부가 정상적인 출산에 성공했다. 이들이 경험한 조산 예방 방법은 다음과 같은데 공통적으로 꼽은 한 가지는 긍정적인 생각이 많은 도움이 되었다는 것이다. 따라서 철저한 산전 진찰과 함께 규칙적인 운동과 식생활로 몸 관리에 신경 쓰면서 부정적인 생각보다는 긍정적인 생각으로 태교에 임하는 것이 가장 중요하다.

❶ 절대적 안정(92%)
❷ 휴직(33%)
❸ 맥도널드 수술(26%)
❹ 장기간 입원(20%)

이른둥이로 태어날 경우 어떤 위험이 있을까요?

이른둥이, 즉 미숙아는 장기 등이 모두 형성되어 태어나지만 그 기능이 미숙한 신생아를 말합니다. 자발적 호흡과 동시에 심장에서 각 장기로 혈액을 공급하고 혈액을 공급받은 장기가 그 기능을 다해야 하는데 그 기능이 미숙하면 다음과 같은 여러 합병증이 올 수 있습니다. 따라서 최대한 재태주수를 늘이도록 조치하는 것이 좋습니다.

미숙아에게 나타날 수 있는 합병증

미숙아 호흡부전

대부분의 미숙아에게서 나타나는 합병증으로, 폐의 폐포가 잘 펴지지 않아 호흡부전이 오는 것을 말한다. 이를 예방하기 위해 조산이 의심되면 예방 차원에서 폐 성숙 주사를 맞기도 하며, 출산 후 폐계면활성제를 폐에 투여하여 폐포가 펴지는 것을 돕기도 한다. 물론 인공호흡기의 도움은 필수적이다.

허혈성 뇌 병변

미숙아는 뇌혈관의 자율조절기전 미비로 뇌혈관의 혈류량 변화가 심해져 허혈성 뇌 병변이 올 수 있다.

미숙아 망막증

망막은 안구 벽의 가장 안쪽에 위치한 조직으로 빛을 감지하여 뇌로 전달한다. 이 망막은 맨 마지막으로 발육되기 때문에 미숙아의 대부분은 망막이 다 발육되지 못한 채 태어난다. 과거에는 이로 인한 실명이 많았으나 최근에는 의술이 발달해 대부분 시력에는 큰 문제없이 치료된다.

괴사성 장염

미숙아가 괴사성 장염에 걸리면 장으로의 혈류 감소가 일어나고, 감염을 유발하는 박테리아가 자란다. 이 박테리아 때문에 염증이 심해지면 장의 괴사가 이루어진다. 괴사성 장염은 빠른 약물 치료가 시행되어야 하는데 치료가 늦어지면 패혈증을 일으켜 자칫 생명을 잃을 수도 있는 무서운 합병증을 유발할 수 있다.

진통 억제제를 투여 중입니다. 심장이 두근거리는데 괜찮을까요?

조기 진통으로 입원했을 때 가장 중요한 치료는 절대적 안정과 함께 진통 억제제를 투여하는 것입니다. 진통 억제제는 자궁의 조기 진통에 어느 정도 효과가 입증되어 있으니, 필요한 경우 의사의 진단을 받고 투여합니다.

진통 억제제로 사용하는 가장 보편적인 약물은 리토드린(유토파)인데, 자율신경계에 작용하기 때문에 심장이 두근거리는 증상이나 고혈당, 저칼륨증, 두통이나 메스꺼움, 폐부종 등의 부작용이 나타날 수 있습니다.

진통 억제제의 종류와 특징

리토드린(유토파) 조기 진통일 경우 많은 병원에서 사용하는 약물로, 이 약물을 처방받은 임신부의 30~40%는 진통이 줄어들거나 없어지는 효과가 나타났다. 그러나 약물을 끊은 후에는 진통이 다시 찾아오기 때문에 끊는 시기를 신중히 결정해야 한다. 쌍둥이 임신이거나 자궁의 기형이 있는 경우, 과거 조산 경험이 있는 임신부에게는 2개월 이상 처방하기도 하며, 임신부에게 특별한 부작용이 없고 기형을 일으키지 않는 비교적 안전한 약물이다.

트랙토실(아토시반) 아토시반은 최근에 개발된 자궁 수축 억제 약품으로, 일반적으로 리토드린에 반응하지 않거나 부작용 때문에 약물 투여가 어려울 때 사용한다. 단점은 효과에 비해 지나치게 비싸다는 것이다. 장기간 사용이 어렵고 병원에서도 가이드라인에 따라 철저하게 관리해서 처방하고 있다.

그 밖의 약물 널리 사용되지는 않지만 마그네슘제와 칼슘 통로 차단제 등을 사용하기도 한다. 부작용이 심하여 꼭 필요한 경우 외에는 처방을 제한한다.

진통 억제제는 임신부가 심장에 특별한 질환이 없거나 임신성 당뇨가 없으면 대부분 사용이 가능하다. 하지만 임신 20주 이전인 초기나 36주 이후인 말기에는 사용하지 않는다. 양막이 터지거나 자궁경부에 변화가 생겨 출산이 임박한 경우에도 약물 투여는 별 도움이 안 된다고 알려져 있다.

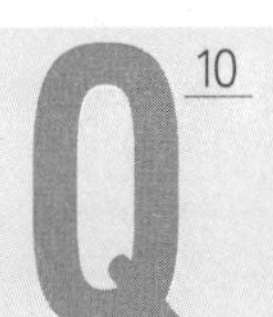

태아가 거꾸로 있다고 합니다. 역아면 자연분만이 어려울까요?

자궁 안의 태아가 분만 예정일에 가까워지면 자연스럽게 머리가 아래로 향하는 자세를 취하는 이유는 바로 자궁의 모양 때문입니다. 자궁의 모양은 서양배를 닮았는데, 자궁경부 쪽인 아래쪽이 짧은 모양입니다. 태아는 임신 초기부터 중기까지 여유 공간이 넓어 편한 자세로 있다가 몸집이 커질수록 공간이 부족해져서 스트레스를 가장 덜 받는 자세를 취하는데, 90%의 태아가 두위, 즉 머리가 아래로 있는 자세를 취합니다. 31주가 넘어가면 대부분 두위로 자세를 바꾸는데 출산 시에는 약 3%만 둔위(역아)를 보입니다.

❤ 둔위를 취하는 이유

- 쌍각자궁과 같이 자궁의 모양이 이상하거나 골반이 지나치게 좁은 경우
- 자궁근종과 같이 자궁의 모양을 변화시키거나 공간을 차지한 혹이 있는 경우
- 쌍둥이 임신과 같이 태아가 자세를 바꾸기 힘든 경우
- 양수과소증, 또는 탯줄이 짧아서 태아가 움직이기 쉽지 않은 경우
- 임신 후기까지 자전거 등을 타며 지나치게 압박을 가한 경우
- 전치태반과 같이 머리가 놓일 위치에 태반이 놓인 경우

자연분만이 어려운 태아의 자세

태아의 자세에 따라 진둔위, 완전 둔위, 불완전 둔위로 구분하는데 모두 자연분만이 어렵습니다. 그 외에도 반듯이 누워 있는 횡위, 또 두위라도 머리가 등 쪽으로 젖혀서 얼굴이 보이는 안면위 역시 자연분만보다는 제왕절개가 안전합니다.

진둔위

완전 둔위

불완전 둔위

안면위

11

역아를 돌리는 고양이 체조는 위험하지 않나요? 어떻게 하는 건가요?

역아를 돌리는 방법은 의외로 간단합니다. 태아가 엄마의 배 속에서 가장 편안하게 돌 수 있는 환경을 만들어주면 됩니다. 태아는 편한 자세를 찾아서 움직이니까요.

과거에는 인위적인 힘을 가해 태아를 돌리는 외두부 회전술을 시행하기도 했지만 요즘은 태반 조기 박리나 자궁 수축, 조기 양막 파수와 같은 합병증을 일으킬 수 있어 거의 시도하지 않습니다.

오히려 집에서 간단한 체조와 자세를 취하는 것이 태아의 자세를 바꾸는데 효과적입니다. 그런데도 태아가 마지막까지 자세를 돌리지 않으면 의사와 상담하여 안전하게 제왕절개 여부를 결정합니다. 그러면 역아를 돌릴 수 있는 생활 습관과 체조 방법, 주의할 점 등을 알아볼까요?

♥ 역아를 돌리려면?

• 오랫동안 일어서 있는 자세보다는 편안하게 누워 있는 자세가 좋다. 특히 옆으로 누운 자세는 태아가 움직일 수 있는 공간을 넉넉히 만들어준다.

• 역아 체조를 꾸준히 한다. 하지만 출산에 가까운 임신부에게는 어려운 자세일 수 있으니 힘들거나 배가 뭉치면 짧게 시도한다.

• 물구나무서기 등 검증되지 않은 체조는 오히려 혈액 순환에 문제를 일으킬 수 있으므로 무리하게 시행하지 않는다.

• 무엇보다 안전한 출산이 중요하니 역아라고 해서 무리하게 돌리려고 하기보다는 마음을 편히 가지는 게 좋다. 엄마의 마음이 편안해야 배 속의 아이도 편안하게 느껴 더 쉽게 자세를 바꾼다.

역아를 돌리는 자세

고양이 자세

❶방석을 깔고 그 위에 무릎을 구부린다.

❷쿠션이나 베개에 머리를 대고, 고개를 두 발 쪽을 바라보며, 엉덩이를 높이 치켜든다.

허리 높여 눕기

❶천장을 보고 누운 상태에서 허리와 엉덩이 사이에 30~35cm 정도 두께의 쿠션이나 책을 받친다.

❷어깨와 발바닥은 바닥에 붙이고 5~10분간 편안하게 누워 있으면 된다.

*5~10분가량 이 자세를 유지하는 것이 좋으며, 잠들기 전에 시행한다(잘 때는 옆으로 누워 자는 것이 역아를 돌리기 좋다).

반물구나무서기

❶쿠션이나 방석을 깔고 그 위에 선다. 몸 앞쪽에 의자를 놓고 허리를 굽혀 의자를 잡는다.

❷허리를 굽히는 것이 익숙해지면 바닥에 손을 대고 엉덩이를 올리면서 엎드려뻗친 자세를 한다.

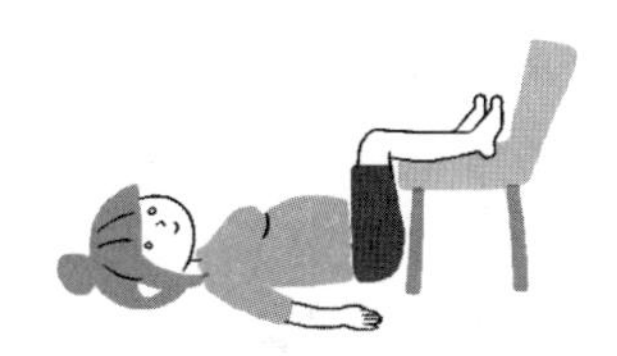

다리 올려놓기

베개나 쿠션으로 머리를 받치고 누운 후, 의자 위에 발을 올려놓는다. 의자는 무릎까지 충분히 걸칠 수 있는 것으로 한다.

*10분 정도 이 자세를 유지한다

다들 자연분만이 아기에게 좋다며 역아를 돌리는 고양이 체조를 하라고 했는데, 저는 그냥 맘 편히 제왕절개를 선택했어요. 굳이 자연분만으로 위험을 높일 필요는 없으니까요. 또 제 나이도 자연분만 후 산후조리가 쉽지 않은 고령이어서 제왕절개가 외려 빠른 회복을 도왔어요. 분만 방법은 무엇보다 산모에게 편한 방법을 택하는 게 좋아요.

12 역아라 수술을 해야 한다고 합니다. 정말 자연분만이 어려울까요?

태아가 거꾸로 있다고 하면 "역아는 꼭 제왕절개 수술로 분만해야 하나요?"라는 질문을 받습니다. 결론적으로 말씀드리면, 정상적인 두위가 아닌 모든 역아는 제왕절개술이 안전합니다. 태아가 좁은 자궁문을 빠져나오려면 신체 부위에서 가장 작은 부피를 차지하는 머리가 먼저 빠져나와야 몸통과 엉덩이가 부드럽게 빠져나옵니다. 반대로 엉덩이부터 분만을 하게 되면 마지막 머리의 분만에서 자궁문이 급격히 닫혀 머리가 걸리는 난산에 빠질 확률이 높습니다. 따라서 역아는 제왕절개술로 분만하는 것이 안전합니다.

역아를 분만할 때 어떤 합병증이 생길 수 있을까?

역아를 분만할 때 발생하는 합병증은 대부분 머리 분만이 쉽지 않아서 생기는데, 역아 분만 시 오는 합병증은 태아에게 매우 치명적이므로 안전한 제왕절개술을 권한다.

- 태아의 머리가 자궁문에 걸리면서 상완 신경 등 신경에 손상을 입을 수 있다.
- 태아의 뇌에 산소 공급이 중단되면서 저산소성 뇌 손상을 입을 수 있다.
- 산소 공급이 지체되면 태아 사망을 불러올 수 있다.
- 산모의 산도나 골반에 열상이 심해져 출혈이 있을 수 있다.
- 열상에 의한 감염이 있을 수 있다.

조산으로 출산을 해야 하는데 역아라면?

매우 난감하지만 흔히 발생하는 상황이다. 임신 30주 이전의 태아는 15%가량 역아의 자세를 취하고 있기 때문에 조산 시 제왕절개 수술 확률이 높다. 분만 시 많은 부모들이 제왕절개보다는 자연분만을 생각하지만 조산할 때 태아의 건강 상태를 확실히 담보받지 못하는 상황에서는 수술을 고민해야 한다. 조금이라도 생명 연장 가능성이 있는 임신 24주, 500g 이상의 태아라면 보다 안전하게 제왕절개 수술로 분만하는 것이 좋다.

13

쌍둥이를 자연분만하고 싶은데 병원에선 제왕절개를 권합니다

쌍둥이 임신인 경우 예정일보다 한 달 정도 일찍 제왕절개술을 정하는 경우가 많습니다. 일반 임신과 달리 예정일보다 미리 진통이 시작되는 경우가 많아 응급 제왕절개술을 해야 하는 부담감이 있고, 아이를 너무 크게 키울 경우 자궁이 확장되어 출산 후 자궁 수축 부전으로 대량 출혈을 일으킬 수도 있기 때문입니다. 또한 엄마의 자궁 크기는 한계가 있어 일정 몸무게 이상이 커지면 스트레스를 받을 확률이 높아지므로 제왕절개술을 선택하는 것이 좋습니다.

물론 쌍둥이 임신이라고 해서 무조건 자연분만이 불가능한 것은 아닙니다. 이때 가장 중요한 것이 태아의 머리 위치인데, 두 아이의 머리가 모두 아래로 향한 두위인 경우 자연분만을 시도할 수 있습니다. 하지만 한 아이가 나온 후 다른 아이의 분만이 늦어져 산소 공급이 잘 안 되거나 한 아이를 분만한 후 다른 아이의 머리 위치가 둔위나 횡위로 바뀐다면 즉각적인 제왕절개술이 필요합니다. 따라서 자연분만을 시도할 때는 즉각적인 응급 제왕절개술이 가능한지, 만일의 경우 응급 처치가 즉각 이루어질 수 있는 병원인지를 따져봐야 합니다.

이란성 임신인 경우에는 두 개의 융모막과 두 개의 양막으로 비교적 안전하지만 일란성 임신인 경우 단일 융모막과 단일 양막에 따라 태아의 예후가 달라지게 됩니다. 단일 융모막인 경우 하나의 태반에서 각각 태아의 혈관이 연결되기 때문에 두 태아 사이에 피가 통하는 경우 수혈증후군이나 혈전증후군 등의 문제를 일으킬 수 있고, 단일 양막인 경우 하나의 방에 두 태아가 들어가 있어 탯줄 꼬임 등으로 인한 자궁내 사망이 일어날 수 있습니다.

단일 양막은 일란성 쌍둥이 임신 중 약 1% 정도의 낮은 확률로 나타나지만, 단일 양막성 태아의 반 이상이 사망하기 때문에 일정 기간이 지나면 병원에 입원하여 태아를 집중 감시하게 됩니다.

태반 조기 박리로 조산한 경우를 봤는데 태반 조기 박리는 무엇인가요?

임신 후기에는 미끄러지거나 배를 부딪치는 사고를 경험하기 쉽습니다. 아무래도 배가 많이 불러 행동이 부자연스럽고 그만큼 다른 물체와 부딪치기 쉽기 때문입니다. 대부분의 경우 자궁 안의 태아는 양막에 둘러싸여 있고 양수 안에 있기 때문에 충격에 안전합니다. 하지만 태아에게 혈액을 공급하는 태반은 그렇지 못해서 가끔 문제가 되기도 합니다. 자칫 잘못하면 '태반 조기 박리'라는 합병증이 생길 수도 있습니다.

태아에게 소중한 혈액과 산소를 공급하며 임신 10개월간 보금자리 역할을 맡고 있는 태반은 분만이 끝난 후에 자궁으로부터 분리되어야 하는데, 외부의 충격으로, 또는 자궁이나 엄마의 질환 등에 의해 분만되기 전 먼저 자궁에서 분리되는 경우가 있습니다. 이를 '태반 조기 박리'라고 합니다. 태반 조기 박리는 산부인과에서 매우 응급한 상황으로 태반 조기 박리가 의심되면 지체 없이 제왕절개로 태아를 분만해야 합니다.

태반 조기 박리는 어떻게 진단할까?

태반 조기 박리는 진단과 동시에 출산을 요하는 초응급 질환이어서 진단을 위한 검사보다는 임신부의 증상에 의존하여 진단하는 경우가 많다.

태반 조기 박리의 가장 흔한 증상은 질 출혈이다. 이때 질 출혈은 검은색이 아닌 붉은색을 띠며 지속해서 발생한다. 태반이 박리되어 나타나는 증상으로 심한 통증도 발생하는데 때로는 배에 손을 대지도 못할 정도의 통증으로 데굴데굴 구르기도 한다. 조기 진통은 규칙적인 진통이지만 태반 조기 박리는 배를 눌렀을 때 자지러지는 듯한 통증과 같은 압통을 동반한다.

임신 중기 이후에 질 출혈이 발생했을 때 사용하는 진단 방법은 초음파와 비수축 검사이다. 초음파로는 태반과 자궁 사이에 발생한 출혈과 혈종을 관찰할 수 있으며, 비수축 검사로는 태아의 심박수를 관찰한다. 만약 질 출혈이 지속되고 심박수의 증감 없이 감소하는 패턴을 보이면 응급 수술이 필요할 수 있다.

15 임신 33주의 임신부입니다. 태반이 낮다고 하는데 전치태반일까요?

정상적인 자연분만을 위해서는 태반이 자궁 입구 위쪽에 있어야 합니다. 그렇지 않고 자궁 입구에 태반이 있는 경우에는 산도가 태반에 가로막혀 자연분만이 힘들어지는데, 이를 '전치태반'이라고 부릅니다.

임신 초기에는 태반의 위치가 자궁경부를 덮고 있어도 임신 주수가 진행되면서 자궁이 커지고 그에 따라 위치가 바뀌는 경우가 많아 전치태반으로 진단하기 어렵습니다. 하지만 임신 후기가 되어도 태반의 위치가 변하지 않고 계속 자궁 입구를 막고 있다면 전치태반일 가능성이 큽니다.

전치태반은 자궁경부에 형성된 태반의 위치가 문제인 경우가 많습니다. 또한 임신부의 흡연, 고령, 다태아 임신, 과거 제왕절개 수술을 했던 경험, 자궁근종과 같은 자궁 수술 경험이 전치태반의 원인이 될 수 있다고 보고되고 있습니다.

과거 전치태반을 경험했다면 그 원인에 따라 다음 임신에서도 전치태반의 가능성이 있습니다. 따라서 과거에 전치태반으로 고생했다면 다음 임신 때에는 산부인과 주치의에게 반드시 이 사실을 알리고 태반의 형성 과정을 주의 깊게 살펴볼 필요가 있습니다. 전치태반을 가진 많은 임신부들이 태반이 자궁에 단단하게 부착되어 잘 떨어지지 않는 자궁 유착과 자궁 근층으로 파고 들어가는 태반의 감입, 천공과 같은 합병증을 가지고 있습니다. 전치태반으로 진단되면 자궁의 근층을 초음파로 자세히 살펴봐야 하며 필요하면 MRI를 이용하여 유착과 감입의 여부를 진단하기도 합니다.

전치태반인 경우 부부관계나 무리한 운동을 피해야 하며 자궁이 커지면 태반이 같이 딸려 올라갈 수 있기 때문에 임신 9개월까지 전치태반 여부를 확인합니다. 만일 전치태반이 지속되면 정상적인 분만이 어렵기 때문에 제왕절개 수술을 시행합니다.

16

전치태반으로 대량 출혈이 예상되면 자궁을 제거해야 한다는 게 사실인가요?

전치태반 임신부에게 태반의 유착과 같은 합병증이 동반하면 제왕절개 수술 시 대량 출혈로 이어질 수 있습니다. 그 경우 상상을 초월하는 수준의 출혈이 있을 수 있습니다. 물론 즉각 수혈을 시작하지만 수혈로 들어가는 피보다 출혈되는 양이 훨씬 많다면 의사는 임신부의 생명을 살리기 위해 부득이 자궁 적출술을 고려하게 됩니다.

하지만 여자의 제2의 심장이라 부르는 자궁을 적출한다는 것은 의사의 마지막 결정이며, 매우 신중할 수밖에 없기 때문에 자궁 적출술을 결정하기 전에 자궁을 살리기 위한 여러 가지 방법을 고려합니다. 자궁의 출혈을 막기 위해 자궁으로 들어가는 가장 큰 혈관을 결찰하기도 하고, 때로는 지혈제를 사용하기도 합니다. 최근에는 자궁 동맥 색전술이라는 치료 방사선 기술 덕분에 전치태반과 같은 출혈성 질환으로 인한 자궁 적출술의 빈도가 많이 낮아졌습니다.

전치태반 임신부의 출산 시기를 늦추는 조치

❶절대적 안정을 취한다.
❷자궁 수축이 원인이라면 필요에 따라 자궁 수축 억제제를 투여한다.
❸조산에 대비하여 미리 태아에게 폐 성숙 주사를 놓기도 한다.
❹임신부의 빈혈 수치를 자주 검사하여 출혈량을 판단한다.
❺빈혈이 심해지는 대량 출혈이 예상되면 응급 제왕절개술을 결정한다.

제왕절개술은 자주 시행하는 수술이지만 여러 응급상황이 발생할 수 있는 수술이다. 수술 전에 반드시 출혈에 대비하여 충분한 혈액을 확보하고 있어야 하고, 미숙아로 태어나는 신생아의 처치를 위해 신생아 중환자실 및 의료진이 대비하고 있어야 한다. 따라서 고위험 산모인 경우 반드시 큰 병원을 선택하여 분만하는 게 좋다.

17

규칙적으로 배가 뭉치더니 이슬처럼 피가 비쳤습니다. 바로 분만하는 건가요?

출산이 임박하면 가진통이 계속되며 자궁에 신호를 보내다가 드디어 자궁문이 열립니다. 이때 자궁 입구 쪽에 모여 있던 점액질의 액체가 밖으로 나오는데 이를 '이슬'이라고 합니다. 이슬은 점액질 성분에 붉은 피가 섞여 나오는 경우가 대부분이며 때로는 자궁경부의 혈관이 파열되어 출혈과 비슷하게 나타나기도 합니다.

이슬이 보였다는 것은 분만이 임박했다는 신호일 수 있습니다. 만약 37주 이전에 이슬이 보이면 서둘러 병원에 방문하여 정확한 진단을 받아야 하고, 임신 37주 이후라면 분만을 기다립니다. 때로는 이슬이 비치고 자궁이 2~3cm 열린 상태로 몇 시간에서 며칠이 지속되는 경우도 있기 때문에 모든 경우가 분만을 의미하지는 않습니다. 하지만 일반적으로 이슬이 비친 후 24~72시간 내로 진통이 시작됩니다.

이슬이 비치는 동시에 양막이 파열되면 피와 양수가 섞여 마치 출혈이 일어나는 것처럼 보일 수 있습니다. 이럴 경우 양수 검사를 통해 양막 파열 여부를 꼭 확인해야 합니다.

단, 출산 경험이 있는 경산부의 경우는 초산부에 비해 분만 진행이 빠른 경우가 많으므로 이슬이 비치면 즉시 병원에 갈 준비를 하고 조금만 진통이 와도 바로 병원으로 가는 것이 좋습니다. 경산부에게 이슬이 보이는 경우 진통이 없거나 약해도 이미 자궁문이 어느 정도 열려 있는 경우가 적지 않기 때문입니다.

저는 거의 만 하루 이상 진통을 하고 출산을 했지만 아이가 셋인 제 친구는 진통을 하고 두 시간만에 출산을 했어요. 산모에 따라 진통 시간이 천차만별이니 임신 후기에는 언제든 분만을 할 수 있다는 마음을 가지고 준비해두는 게 좋아요.

18

임신 34주에 들어서면서 손발의 부기가 심해졌습니다. 임신중독증이 아닐까요?

임신중독증은 임신 기간 중 혈압의 상승과 더불어 소변에서 단백이 검출되는 질환입니다. 임신중독증의 초기 자각 증상은 체중이 갑자기 증가하고 부종이 있는 경우로 정상 임신과 구분이 어려운 경우가 대부분입니다. 손과 발 등이 붓는 부종은 임신부의 약 30~50%가 경험하는 흔한 증상이기 때문입니다. 그러나 임신중독증의 부종과 일반적인 부종은 증상이 많이 다르게 나타납니다. 임신 중 일반적인 부종은 자고 일어났을 때 반지가 꽉 끼는 뻑뻑한 느낌이며, 반대로 저녁이 되면 발이 약간 무거운 느낌이 듭니다. 이런 부종은 자주 나타나는데 체중에는 큰 영향이 없는 단순한 부종으로 대부분 자연스럽게 사라집니다.

그러나 임신중독증의 부종은 가장 먼저 보이는 변화가 급격한 체중 증가입니다. 매일 같은 시간에 같은 복장으로 몸무게를 측정해보면 500g 이상씩, 심하면 1kg 이상 늘어납니다. 이렇게 매일 늘어나는 체중은 단순히 살이 쪘다기보다는 임신중독증에 의한 수분 축적이 원인입니다.

이런 이유로 임신 중에는 매일 아침 같은 시간에 몸무게를 측정하는 습관을 들이는 게 좋습니다. 또한 일반적인 임신이더라도 체중이 과도하게 증가하면 임신중독증이 올 확률이 높아지니 평소 체중 관리를 해야 합니다.

임신중독증을 조심해야 하는 경우

- 고혈압을 앓고 있는 경우
- 비만인 경우
- 고령 임신인 경우
- 신장 질환을 앓고 있는 경우
- 임신성 당뇨인 경우
- 쌍둥이 임신인 경우

일상생활에서 알 수 있는 임신중독증의 증상

- 급격한 체중 증가와 함께 부종이 생긴다. 체중은 매일 500g 이상의 증가를 보이며 발의 부종은 손가락으로 눌렀을 때 누른 자국이 선명하게 지속된다.
- 일반적인 진통제로는 효과가 없는 극심한 두통이 지속된다.
- 체한 것처럼 명치끝이 답답한 상복부의 통증이 생긴다.
- 몸에 수분이 축적되어 소변량이 줄고, 화장실을 거의 가지 않으며 소변 색이 진하다.
- 체액량이 많아지면서 심장에 부담을 줘 심장이 두근거리는 심계항진이 나타난다.
- 망막에 부종이 생겨 물체가 흐릿하게 보이거나 둘로 보이는 현상이 나타난다.

병원에서 진찰로 확인하는 임신중독증 증상

- 평소 심장에 이상이 없었는데 갑자기 혈압이 140/90mmHg 이상으로 높아진다.
- 신장에 이상이 없지만 소변에는 2+ 이상의 단백뇨가 관찰된다.

일반적으로 고혈압, 부종, 단백뇨의 순서로 임신중독증이 진행된다. 따라서 평소와 다른 심한 부종이 생기면 병원에서 정확한 진단을 받아야 한다.

임신중독증 예방을 위한 관리법

❶음식을 싱겁게 먹는다 나트륨은 고혈압을 일으키는 주범이다. 임신 전 비만 체중이었다면 보다 철저한 식단관리로 고혈압을 예방해야 한다.

❷규칙적인 운동을 한다 운동은 식생활과 함께 체중 관리에 매우 중요하다. 몸에 무리가 되지 않을 정도의 강도로 하루 30분~1시간 정도 규칙적인 운동을 하는 것이 좋다.

❸고혈압을 앓고 있다면 혈압약을 복용한다 고혈압으로 약을 복용해왔던 경우 임신이라고 약을 끊어서는 절대로 안 되며, 정확한 용법에 따라 약을 복용해야 한다.

❹조기 발견이 중요하다 비만, 고혈압, 당뇨를 앓고 있으면 자신의 질환을 주치의에게 알려 보다 세심한 산전 진찰을 받아야 한다. 임신중독증은 100% 예방이 가능하지 않으므로 조기 발견이 더욱 중요하다. 평소 집에서 몸무게를 매일 체크하는 것도 방법이다.

❺병원 처방에 따라 약물을 복용한다 최근 임신중독증 임신부에게 저용량 아스피린이나 항응고제를 투여했을 때 어느 정도 효과를 보았다는 연구 결과가 있지만 아직 여기에 대해 정확한 가이드라인이 세워진 것은 아니다. 따라서 반드시 의사와 상의를 하고 약물 투여에 대한 장단점을 꼼꼼히 따져보아야 한다.

19

임신중독증은 임신에 어떤 영향을 미치나요?

임신중독증은 '혈액에 중독성 물질이 생겨 엄마나 태아에 중독을 일으키고, 이런 중독은 임신에 치명적인 결과를 초래한다'는 가설 때문에 생긴 이름입니다. 임신중독증은 과거의 병명으로, 최근에는 '전자간증'이라고 합니다.

임신중독증으로 인해 간질 발작이 일어나는 경우를 '자간증'이라고 하며, 응급을 요하는 상황으로 각별한 주의가 필요합니다. 이 외에도 몸에 생긴 부종과 불안한 심혈관계 때문에 폐에 물이 차는 폐부종, 태반 관류 이상, 태반 조기 박리, 조산과 그에 따른 태아 질환, 헬프 증후군 등의 심각한 질환을 동반할 수 있습니다.

임신부에게 미치는 영향

- 혈압이 높아져 뇌출혈을 일으킬 수 있다.
- 눈의 부종이 심해지면 망막 박리가 일어날 수 있다.
- 간을 둘러싸고 있는 막에 부종이 생겨 심하면 간 파열이 일어날 수 있다.
- 신장 기능이 떨어져 투석을 할 수도 있고 심하면 영구적으로 신장 기능이 상실될 수 있다.
- 범발성 혈액 응고 장애가 올 수 있다. 이런 경우 출혈 후 몸의 지혈 기능을 상실하여 대량 출혈을 일으키며 생명을 잃을 수도 있다.
- 간질 발작이 일어날 수 있다.

태아에게 미치는 영향

엄마의 높은 혈압은 탯줄로 공급하는 혈액량의 감소를 가져오고, 이는 곧 태아의 성장에 영향을 미친다. 임신중독증을 진단받은 이후 태아의 성장은 급속도로 느려지며 초음파상으로는 양수과소증을 보인다. 임신중독증이 더 진행되면 태아 사망에 이르는 치명적인 결과가 올 수도 있다.

임신 34주에 임신중독증으로 제왕절개를 권유받았어요

임신중독증은 임신으로 인한 합병증입니다. 즉 임신을 하면서 생긴 심혈관계의 불안정성이 임신중독증을 일으키고, 이는 임신부나 태아에게 영향을 미쳐 심각한 합병증을 초래합니다. 반대로 임신을 중단하면 임신중독증은 더 이상 진행되지 않으며 증상이 호전되는 단계로 넘어갑니다. 따라서 임신중독증의 가장 좋은 치료는 분만을 하는 것입니다.

임신중독증은 임신 기간 중 어느 기간에서도 올 수 있지만 주로 임신 28주 이후에 발생합니다. 임신중독증이 37주 이후에 발병했다면 고민 없이 분만을 시도하지만 37주 전이라면 아기가 미숙아로 태어나게 되기 때문에 분만에 대한 고민이 시작됩니다. 어떤 경우든 임신중독증인 경우 모체의 고혈압으로 인해 태반을 통한 태아로의 혈류량이 감소하기 때문에 대부분의 태아는 2.5kg 미만의 저체중아로 출산을 하게 됩니다.

따라서 임신 기간 내에 운동, 식생활 등을 통해 관리를 잘하여 임신중독증을 피하는 것이 중요하며, 만약 임신중독증이 발병했더라도 초기에는 증상이 거의 없기 때문에 빠른 발견이 중요합니다. 임신중독증이 발병했다면 입원을 통해 태아와 산모의 상태를 집중적으로 관찰하여 최대한 임신을 유지합니다.

임신중독증이 태아와 산모에게 합병증을 야기하는 단계까지 온다면 고민 없이 임신을 종결(출산)해야 합니다. 임신 종결이 산모 건강 회복의 첫 단계이며 건강한 아기로 성장하는 시작점이기 때문이죠.

임신을 종결하기 위해서는 자연분만이 가장 좋지만 위급하다고 생각되면 응급 제왕절개술을 시행합니다. 기약 없는 임신의 유지는 태아, 모체 모두 심각한 합병증을 야기할 수 있다는 것을 꼭 명심하세요.

21 임신 중 자다가 갑자기 다리가 저리면서 화끈거려 깨곤 합니다. 왜 그런 걸까요?

임신부가 겪는 수면 장애 중 하나가 다리에 쥐가 나서 잠을 이루지 못하는 증상입니다. 또한 쥐가 나는 증상과는 다르게 다리에 매우 이상하고 불쾌한 느낌이 오기도 하는데 이런 현상을 '하지 불안 증후군'이라고 합니다. 이 증후군은 임신부의 10~20%가 겪는 비교적 흔한 증상으로, 정도에 따라 다양한 형태를 보입니다. 주로 다리에 무언가가 기어가는 느낌이나 욱신거리고 타는 듯한 느낌이 나는데 때로는 전기 충격과 같은 강한 충격이 느껴지기도 하며, 가끔은 다리가 아닌 팔에 나타나는 경우도 있습니다. 이런 느낌은 움직임이 없을 때 주로 나타나기 때문에 낮보다는 밤에 잘 나타나고 이로 인해 수면을 지속하기가 힘들어집니다.

하지 불안 증후군의 원인은 아직 확실하게 밝혀지지 않았지만 철분 결핍, 류머티즘, 당뇨병, 신경 손상, 하지정맥류 등이 빈도를 높이는 원인으로 보고되고 있습니다. 임신이 진행되면서 발생 빈도수가 높아지며 출산 후에도 발생합니다. 치료는 약물요법부터 여러 가지를 시도해볼 수 있지만, 임신 중에는 약물요법을 제외한 방법을 택해야 합니다.

하지 불안 증후군의 치료 방법

- 철분제를 복용한다. 철분제는 하지 불안 증후군을 약화하므로 임신 기간 내내 꾸준히 보충해준다.
- 수면은 똑바로 눕는 것보다는 왼쪽 옆으로 눕는 자세가 좋다. 이 자세는 자궁이 하대정맥을 압박하는 것을 풀어주기 때문에 원활한 정맥 순환이 이루어진다.
- 취침 전에 규칙적으로 간단한 운동을 한다. 다리를 풀어주는 마사지나 족욕도 좋고 간단한 스트레칭은 숙면을 취하는 데에도 도움을 준다.

임신 후기 순산을 위한 요가

임신 후기가 되면 배도 커지고 몸도 무거워져서 운동은커녕 몸을 움직이기도 쉽지 않습니다. 하지만 건강한 출산을 위해서는 꾸준한 운동이 필요합니다. 임신 후기, 큰 움직임이 없어도 몸을 편하게 하고 순산을 도울 수 있는 요가 동작을 소개합니다.

❶ 소·고양이 자세

고양이 체조의 기본 동작를 취한 다음(228쪽 참조) 엉덩이와 허리 근육을 이용하여 한 발씩 교대로 올릴 수 있을 만큼 올린다. 동작을 끝낸 후에는 바르게 누워 휴식을 취한다. 임신 후기 불러온 배로 인해 눌린 장기를 마사지하는 효과를 줘 변비 해소와 소화 기능 향상에 좋다.

❷ 손·발의 합장

누운 상태에서 합장한 손을 머리 위로 밀었다가 가슴까지 당기고, 합장한 발을 아래로 폈다가 복부 쪽으로 당기기를 반복한다. 1~2분 정도 반복한 뒤 2~3분간 편안한 자세로 휴식을 취한다. 임신 후기의 대표적인 전신 운동으로, 근육의 좌우 밸런스를 맞춰 순산을 돕는다. 이 동작을 꾸준히 하면 아랫배가 강해져 자궁이 튼튼해지고 태아의 위치가 바로잡힌다.

❸ 옆으로 누워 다리 올리기

옆으로 누운 뒤 다리를 들어 올릴 수 있을 만큼 올리고 5~7초간 유지한다. 임신 후기로 갈수록 등과 허리에 체중이 실려 요통이 자주 오는데, 이 동작을 해주면 다리 근육이 이완되고 신체 옆면 근육이 단련되어 요통을 완화한다.

❹ 누워서 허리 비틀기

양팔은 양옆으로 일직선이 되도록 펴고, 복부에 부담을 주지 않을 만큼 무릎을 굽혀 좌우로 움직인다. 허리의 유연성을 높여 순산을 돕는다.

22 임신 34주인데 아이의 몸무게가 1.5kg 밖에 안 나간다고 해서 걱정입니다

태아의 몸무게가 해당 주수의 평균 몸무게 하위 10%에 속하는 경우를 '자궁 내 성장 지연'이라고 합니다. 따라서 이렇게 몸무게가 적게 나가고 체중 증가가 늦다면 자궁 내 성장 지연으로 진단하고 원인을 찾아봐야 합니다.

자궁 내 성장 지연의 원인을 파악할 수 있으면 원인을 교정하고 태아의 상태를 지켜볼 수 있지만, 대부분의 경우 그 원인을 파악하기 힘들고 이미 성장이 지연된 경우라면 임신의 유지가 오히려 태아의 상태를 더욱 악화시킬 수 있기 때문에 의료진은 임신의 종결, 즉 출산을 고려하게 됩니다.

초음파상의 양수량, 태아의 움직임, 자궁 수축 검사 상 태동에 따른 심박수의 증감을 면밀히 관찰하여 태아가 버티기 힘들다고 판단하면 임신 주수, 태아의 몸무게와 상관없이 분만을 시도합니다. 출산 후 태아는 신생아 중환자실에서 집중 관리를 통해 성장을 도모하는 것이 일반적인 치료 방법입니다.

자궁 내 성장 지연의 원인

임신부의 원인

- 임신부의 나이 고령 임신이거나 나이가 너무 어린 경우
- 임신부의 만성 질환이나 몸의 상태 임신중독증, 만성 영양부족, 만성 빈혈, 만성 신장 질환과 같은 임신부의 질환, 체구가 너무 작은 경우
- 임신부의 생활 습관 음주, 흡연, 습관성 약물 복용

태아의 원인

유전적 소인인 염색체 이상이나 기형, 다운 증후군, 자궁 내 감염, 태반의 형태학적 이상, 심한 탯줄 꼬임 등

자다가 화장실을 너무 자주 갑니다. 문제가 있는 걸까요?

임신 중에 소변을 자주 보는 것은 흔한 현상으로, 임신 초기와 후기에 특히 심해집니다. 임신 초기에는 황체호르몬인 프로게스테론의 영향을 받아 자궁으로 가는 혈관의 이완이 일어나고 이로 인해 혈액량이 증가합니다. 이렇게 확장된 혈관이 방광을 자극하여 소변을 자주 보게 되는 것입니다. 이후 임신 중기에는 소변을 자주 보는 현상이 잠시 좋아졌다가 태아의 크기가 커지면서 방광이 차지 않아도 몸에서는 소변을 보고 싶은 느낌이 들어 다시 화장실을 가게 되는 현상이 반복됩니다.

평상시 소변을 자주 보는 증상은 불편하긴 해도 일상생활에는 큰 영향을 미치지 않지만 수면 중의 요의는 수면을 방해하여 임신부를 피곤하게 합니다. 그렇지만 임신 중 화장실을 자주 가는 현상은 아쉽게도 치료 방법이 없습니다. 취침 전에 미리 소변을 보거나 이뇨 작용이 있는 과일, 음식 등을 섭취하지 않는 것이 최선이지만 근본적인 해결책이 되지는 못합니다.

이런 증상들은 출산 이후 대부분 좋아지지만 제왕절개 수술을 위해 소변 줄을 삽입한 경우에는 요도의 자극으로 소변을 자주 보는 증상이 지속될 수 있습니다. 또 분만 시 사용한 자궁 수축제가 이뇨 현상을 일으켜 화장실에 자주 가게 되는 될 수도 있는데 큰 이상이 있는 것은 아니며 곧 좋아지므로 걱정하지 않아도 됩니다.

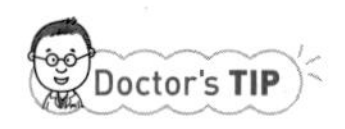

소변을 볼 때 통증을 느끼거나 화장실을 다녀왔는데 바로 또 요의가 느껴지는 경우, 소변에 피가 섞여 나오거나 소변을 봐도 시원하지 않고 조금만 보는 경우 등은 요도염이나 방광염이 의심되는 증상이다. 이런 경우에는 임신 중이라도 항생제 치료가 필요할 수 있으니 반드시 병원에서 소변 검사를 받고 치료받아야 한다.

24 자는 도중에 속이 쓰려서 자주 깹니다. 어떻게 하면 좋을까요?

임신 기간 중 속 쓰림은 임신부가 경험하는 흔한 증상으로, 대부분이 역류성 식도염의 한 증상입니다. 임신 중 증가한 프로게스테론이 위와 식도 사이의 괄약근을 약하게 하여 역류성 식도염을 증가시키는 것입니다. 아울러 위와 장의 연동운동을 떨어뜨려 소화 기능을 낮추는 것도 이런 역류성 식도염을 증가시키는 원인 중 하나입니다.

임신 후기가 되면 증가한 복압 때문에 위의 음식물이나 위산이 식도로 역류하여 속 쓰림이 더 자주 느껴집니다. 이러한 속 쓰림은 기도부터 명치까지 타는 듯한 느낌이 들게 하고 잠을 잘 때 위의 내용물이 올라와 수면 중 깨기도 합니다. 또한 기도를 자극하여 지속적인 기침을 유발하며 계속되는 기침은 자궁의 수축뿐 아니라 배가 땅기는 느낌을 주어 수면을 더욱 방해합니다.

예전에는 TUMS를 많이 권했었어요. 천연성분 소화제 TUMS는 일종의 제산제여서 속 쓰림에 도움이 되는데 의료품으로 구분되어 구하기가 어려워요. 속 쓰림 때문에 잠을 자기가 힘들다면 의사에게 요청해서 다른 제산제를 처방받는 게 좋아요.

역류성 식도염을 줄이는 팁

- 식사 후 최소 한두 시간이 지나기 전에는 눕지 않는다.
- 식사량은 줄이고 식사 시간을 늘리면서 천천히 먹는 습관을 들인다.
- 너무 꽉 끼는 옷은 소화에 방해가 된다.
- 물을 충분히 섭취한다.
- 가급적 저녁에는 속이 편한 섬유질 중심으로 식사한다.
- 수면을 취할 때는 옆으로 눕고, 허리가 아플 때는 베개를 이용하여 비스듬히 눕는다.
- 기름진 음식이나 매운 음식을 삼간다.
- 속 쓰림 때문에 잠을 못 이룬다면 제산제를 처방받는다.

임신중독증이 있을 때 속 쓰림은 간의 부종으로 나타나는 증상이어서 매우 위험하다고 해요. 임신 32주 이후에 몸이 많이 붓고, 두통과 속 쓰림 등의 증상이 동반된다면 빨리 병원으로 가서 진찰을 받으세요.

25 태동 검사(비수축 검사)를 하자고 하는데 어떤 검사인가요?

태동 검사는 일반적인 검사로 출산 전 1회 정도 시행하면 됩니다. 태아의 건강 상태를 간접적으로 평가하는 검사법으로, 정확한 명칭은 '비수축 검사'라고 합니다. 태아의 심박수는 늘 일정하게 유지되는 것이 아니고 태동에 따라 증감이 나타납니다. 태아가 건강한 상태라면 태아가 움직일 때 심박수의 증가가 일어나고, 반대로 모체로부터 혈류량이 감소하거나 성장지연이 생기게 되면 태아의 심박수는 움직임과 상관없이 일정하게 유지되거나 오히려 감소하는 비정상적인 그래프를 그립니다.

20분 정도 검사하면서 태아의 심박수가 정상적인 변화를 보이는지 확인하는데, 충분히 측정했음에도 불구하고 심박수 변화가 없다면 태아가 수면 상태에 있거나 혹은 태아의 건강 상태에 문제가 있을 수 있으니 태아를 진동기로 깨운 이후에 다시 검사를 시행합니다.

태아의 건강 상태를 체크해야 할 경우

- 평소 태동이 활발하고 좋았는데, 갑자기 종일 관찰해도 태동이 전혀 없을 때
- 태동이 줄어들면서 진통이나 심한 복통이 동반될 때
- 양막의 갑작스러운 파열 후 태동이 전혀 느껴지지 않을 때
- 자궁에 자극을 주어도 태동이 전혀 느껴지지 않을 때

태동 검사를 반복해서 해야 하는 경우

- 자궁 내 태아 발육 지연
- 양수과소증
- 임신 중 출혈이 동반될 때
- 당뇨, 임신성 고혈압과 같은 고위험 임신
- 예정일이 지난 지연 임신이어서 유도분만 시기를 결정할 때
- 조기 진통으로 자궁의 수축 여부를 관찰할 때
- 양막 파열 후 태변의 착색이 의심될 때
- 내진 및 다른 의학적 검사 결과 태아의 저산소증이 의심될 때

임신 후기 요통 완화 운동법

✚ 고양이 체조

목과 어깨, 척추의 유연성을 길러주고 혈액순환을 도와 요통, 변비에 효과적입니다.

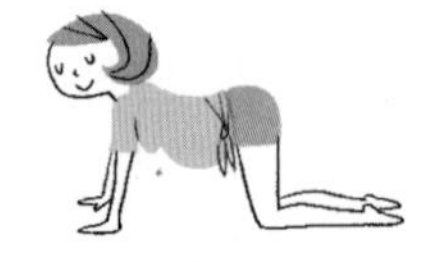

❶양손을 어깨너비로 벌려 바닥을 짚고, 무릎은 구부려 골반 너비로 벌려 준비한다.

❷숨을 내쉬면서 복부와 등을 최대한 동그랗게 말아 올리고, 고개를 숙여 가슴 쪽으로 턱을 당겨 붙인다. 숨을 내쉬면서 아랫배를 당기고, 숨을 들이마시면서 ❶의 자세로 돌아온다.

❸숨을 내쉬면서 가능한 한 목을 뒤로 젖히면서 턱을 위로 밀어 올리고 배는 바닥에 닿는다는 느낌으로 허리를 낮춘다.

✚ 허리 비틀기

몸을 비트는 동작으로 경직된 허리 근육을 푸는 데 좋습니다.

❶허리를 바르게 세우고 앉아 양 발바닥을 맞닿게 한다.

❷왼손을 오른쪽 무릎 위에 올린 다음 몸을 왼쪽으로 천천히 돌린다. 반대쪽도 반복한다.

✚ 옆으로 누워 다리 들기

다리 근육을 강화하고 요통을 완화하는 효과가 있습니다.

❶옆으로 누워 균형을 잡는다.

❷왼쪽 다리를 들어 올릴 수 있는 만큼올린 뒤 5~7초간 유지한다. 반대쪽도 반복한다.

✚ 서서 하는 코브라 자세

하체 강화와 흉추 및 요추를 풀어줘 허리와 등의 통증을 완화합니다.

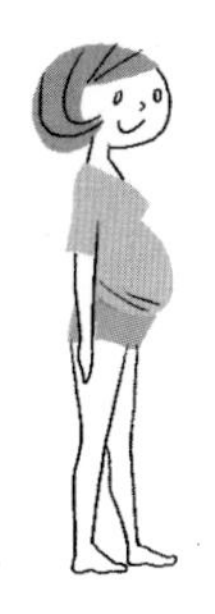

❶발을 어깨너비로 벌리고 똑바로 선다.

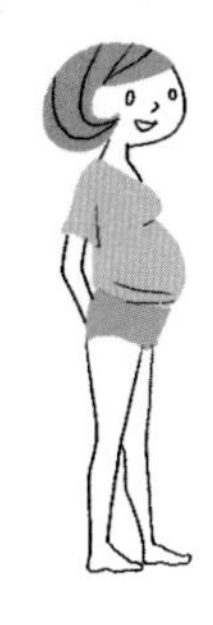

❷두 손을 등 뒤 허리 아랫부분에 손끝이 아래로 향하도록 댄다.

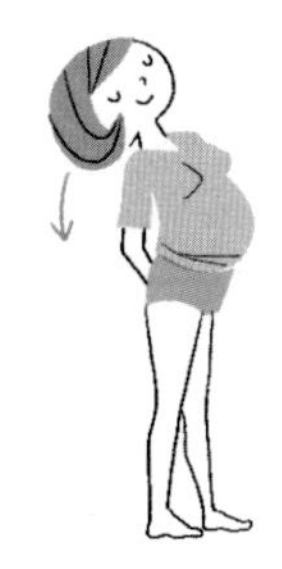

❸ ❷의 상태에서 머리와 상체를 뒤로 젖힌 다음 호흡에 따라 목과 어깨의 힘을 자연스럽게 푼다.

✚ 브리지 자세

자궁의 위치를 바로잡아주고, 척추 강화에 도움을 줍니다.

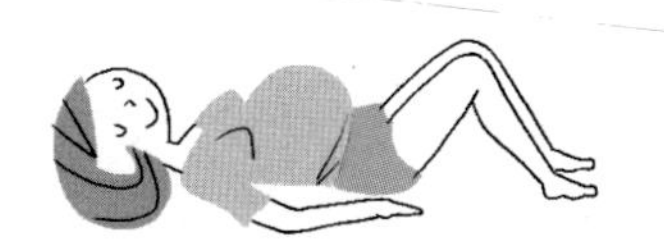

❶등을 바닥에 대고 누운 뒤 두 무릎을 세운다.

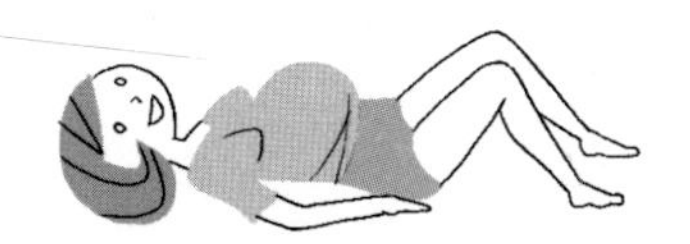

❷무릎과 양다리는 골반 너비를 유지한다.

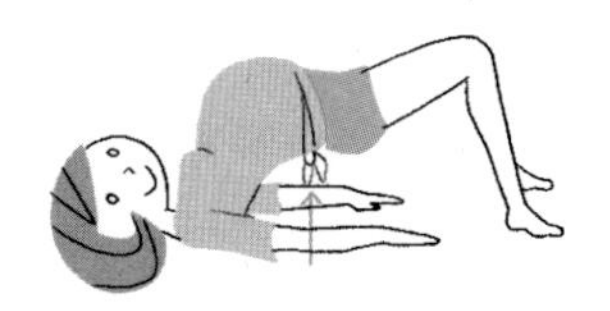

❸양 손바닥으로 바닥을 밀어내며 서서히 엉덩이를 들어 올린다. 이때 배를 무릎보다 높게 유지하면서 깊고 고르게 호흡한다.

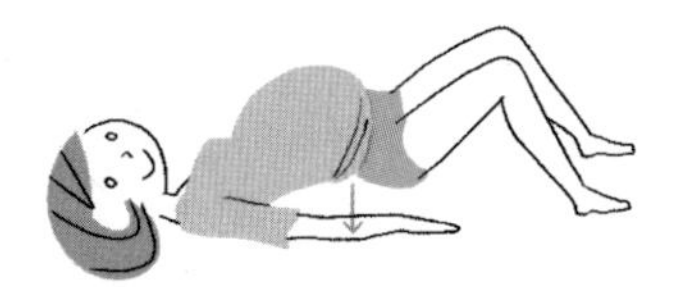

❹ ❸의 상태에서 숨을 내쉬면서 무릎은 세운 채 천천히 몸을 바닥으로 내린다.

SOS

임신 후기

조산, 어떻게 대비해야 할까요?

배 속의 소중한 태아는 언제 태어나는 것일까요? 통상적으로 10개월,
즉 40주를 채우면 아기가 태어난다고 하지만 40주는 통계적인 수치로,
실제로 40주에 딱 맞춰서 나오는 경우는 그리 많지 않으며
대부분 40주 전후로 태어난다고 생각하면 됩니다.
의학적으로 임신 37주 이전 분만을 조산이라고 일컫습니다.
37주 이후의 만삭아는 조산으로 인한 질환에 걸릴 확률이 거의 없습니다.
최근에는 신생아 처치의 발전 덕분에 넓게는 36주까지를 정상 신생아로 보는
경향도 있지만 그래도 37주 이후의 출산을 목표로 하고 있는 것은 변함이 없습니다.
그럼 조산의 원인은 무엇이며, 조기 진통이 올 경우 어떻게 해야 하는지를 알아봅시다.

조산의 원인

❶ 자연적인 진통과 조기 양막 파수

조산의 원인 중 약 75%가 여기에 해당한다. 원인은 아직 확실히 밝혀지지 않았지만 생식기계의 염증이나 감염이 원인이 된다고 알려져 있으며 그 외에 과거 조산 경험이 있거나 다태임신, 임신 2, 3분기 때의 출혈 등이 원인이 될 수 있다.

❷ 모체나 태아의 질환에 의한 조산

조산의 약 25% 정도가 여기에 해당하며 산모의 고혈압, 당뇨, 임신중독증 등과 같은 임신 합병증이나 태아의 발육부전, 양수과소증, 기형 등이 이유로 꼽힌다. 이외에 산모의 나이가 20세 이하이거나 40세 이상일 때, 흡연과 약물 복용 등이 있는 경우에도 조산의 위험성이 증가하는 것으로 알려져 있다.

조산의 예방과 치료

조산의 경우 원인이나 위험요인을 파악해야 하며 이런 요인을 미리 제거하여 관리를 철저히 하는 것이 중요하다. 분만이 진행되면 조산을 멈추기 힘들기 때문에 미리 예방해야 한다.

❶ 조산의 원인이 되는 질염은 미리 치료한다

산전 진찰 시 질염의 여부를 검사하여 조산을 일으키는 마이코플라즈마나 유레아플라즈마 질염이 발견되면 항생제 치료를 통해 질염을 치료해야 한다. 남편도 함께 치료를 받는 것이 좋다.

❷ 주기적인 검사로 조산을 예측한다

주기적인 자궁 경부 길이의 측정이나 태동 검사를 통해 조산을 미리 예측하는 방법도 있다. 조산이 의심되는 경우 그에 맞는 의학적 치료로 최대한 출산을 늦춘다.

❸ 평소 관리를 세심히 하고 안정을 취한다

산모의 상태가 집에서 안정을 취해도 될 정도면 스트레스나 심한 운동을 피하고 집에서 안정을 취한다. 부부 관계도 가급적 금하는 것이 좋으며 적절한 식단을 통해 과체중이 되지 않도록 주의한다.

가능한 조산을 늦출 수 있다면 다행이지만 조심하고 관리한다고 모두 제어할 수 있는 것은 아니다. 조기 진통이 심하여 분만이 임박하거나 자궁의 수축이 제어되지 않는다면 약물 치료가 필요할 수 있으니 병원에 입원하여 치료를 받는 것이 좋다.
미숙아를 치료할 수 있는 신생아 중환자실이 갖추어진 2차 이상의 병원을 찾는 것이 좋으며 호흡곤란이 발생하여 인공호흡기가 필요할 정도의 매우 이른 조기 진통이 예상된다면 대학병원에서 분만을 하는 것이 좋다.

아기를 무사히 낳을 수 있을까요?

출산 멘붕 탈출법

출산 예정일이 다가오면 곧 아이를 만날 수 있다는 반가움과 함께 걱정이 앞서기 마련입니다. 진통은 어떻게 오는 건지, 어떨 때 병원을 가야 하는 건지, 얼마나 아플지, 출산 과정에 어떤 위험이 있는지, 불안하지만 정확히 모르는 것투성이입니다. 분만 과정에 대한 정확한 정보로 불안함을 덜 수 있도록 도와드릴게요.

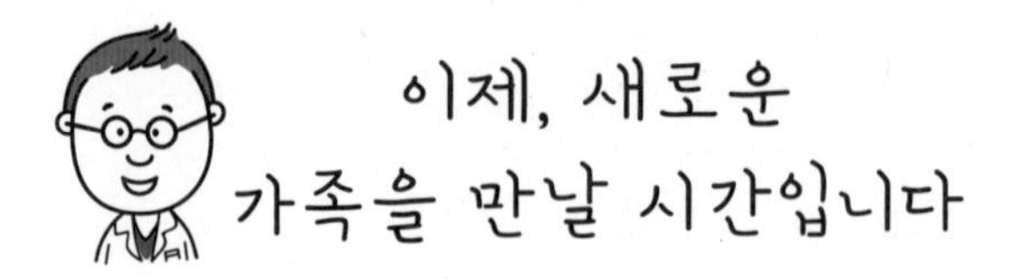

이제, 새로운 가족을 만날 시간입니다

기나긴 40주가 지나가고 이제 아기를 만날 순간입니다. 그동안 가진통으로 수백 번을 두드려도 전혀 꿈쩍하지 않던 자궁문은 살짝 비치는 출혈을 신호로 비로소 열리기 시작합니다. 이때의 출혈은 공포와 걱정의 출혈이 아니라 반가운 소식을 전해주는 출혈입니다.

진통은 간격이 더욱 짧아지며 점점 더 센 강도로 자궁문을 계속해서 두드립니다. 허둥지둥, 그렇지만 침착하게 병원으로 가야 합니다. 요즘은 남편도 분만실에 들어가 아내의 출산을 함께합니다. 아내의 배에 힘이 들어가 심한 진통이 오면 손을 꼭 잡아 힘을 북돋아주고, 진통이 사라지면 호흡을 같이 하면서 다음 진통을 기다립니다. 이제 당신은 인내심을 갖고 호흡과 힘주기를 적절하게 반복해야 합니다. 옆에서 힘이 되어주는 남편과 함께 아기가 좁은 산도를 빠져나올 수 있도록 조금만 힘을 낸다면 곧 성공적인 출산의 기쁨을 맛보게 될 것입니다. 조금만 더 참으세요.

진통이 더 크고 잦게 찾아오면 엄마가 되기 위한 고통도 점점 커지지요. 아기를 밀어내는 혼신의 노력에 아기도 본능적으로 산도를 빠져나가기 위한 노력을 기울입니다. 좁은 통로를 빠져나가기 위해 몸의 부위에서 가장 큰 머리의 직경을 최대한 줄이고 통로 중 가장 큰 직경을 찾아 몸을 이리저리 움직입니다. 마치 자물쇠와 열쇠가 딱 맞아떨어지듯이, 아기는 좁은 통로에 맞춰 가장 적합한 위치와 모양으로 새로운 세상을 보기 위해 조금씩 전진을 시작합니다. 엄마의 호흡이 가빠지면서 아기의 검은 머리가 조금씩 보이기 시작합니다. 어두운 터널을 빠져나가기 위한 최후의 몸부림이 다시 시작되고, 엄마의 고통은 극에 다다르게 됩니다. 그리고 터져 나오는 아기의 첫울음은 보고 있는 모든 이에게 감동을 안겨주며 점점 더 크게 울려 퍼지지요. 마침내 엄마의 품에 안긴 아기는 처음으로 엄마의 존재를 피부로 느낍니다.

·

아기의 울음에는 이유가 있습니다. 그동안 막연히 상상하던 바깥세상이 현실로 다가오면서 두렵고 무서울 겁니다. 낯선 빛과 공기, 냄새와 소리 모든 것이 엄청난 자극일 겁니다. 하지만 엄마의 품에 안겨 익숙했던 심장 소리를 들으면서 아기의 두려움은 어느덧 포근함으로 바뀌고 멀리서 들려오는 또 하나의 익숙한 목소리, 아빠의 음성을 들으며 새로운 세상을 탐색하는데 든든한 지원군을 얻습니다. 한없이 낯설고 무서운 이 세상이 엄마 아빠의 존재를 느끼며 조금씩 익숙한 공간으로 바뀌는 감동의 순간입니다.
새로운 가족을 품에 안은 지금 이 순간의 감동을 평생 기억해야 합니다. 아이를 키운다는 것은 또 다른 미지의 세계로 거친 항해를 떠나는 것과 같습니다. 육아가 힘겹게 느껴지는 순간마다 이 순간의 감동을 떠올린다면 힘든 항해를 계속할 힘을 얻을 수 있을 것입니다.

새로운 시작을 반드시 함께해 주세요

아내를 위한 이벤트를 해보세요

결혼 전 남자가 반드시 해야 하는 것 중 하나가 프로포즈입니다. 안 할 경우 두고두고 욕을 먹으니 많은 남성이 프로포즈에 공을 들이지요. 그만큼 놓쳐서는 안 되는 것이 아내의 출산입니다. 아무리 바쁘더라도, 아무리 먼 곳에 있더라도 절대 놓쳐서는 안 되는 순간입니다. 출산 후 산후조리원에서 작은 이벤트를 해보세요. 거창할 필요는 없습니다. 고생한 아내를 위해 작은 케이크에 촛불을 켜고 마음을 담은 노래를 불러주는 것만으로도 충분합니다. 제 아내는 결혼 전 프로포즈를 했을 때는 눈물이 살짝 맺히는 정도였지만 조리원에서는 엉엉 울었답니다. 가성비 높은 산후조리원 이벤트! 강력 추천합니다.

아이보다 아내에게 집중하세요

드라마 '산후조리원' 1화를 보면 막 태어난 아기를 보기 위해 시부모님이 찾아온 장면이 나옵니다. 시부모님의 눈에는 고생한 며느리보다는 갓 태어난 아기만 보입니다. 급기야 이런 말도 하지요. "(출산이) 아무리 고생스러워도 애기 얼굴 보면 싹 잊히는 게, 그게 엄마야." 며느리는 이렇게 생각합니다. '나만 즐겁지 않은 축제가 시작되었고 아이러니하게도 그 축제의 센터는 바로 나였다.' 아기가 태어나면 모든 관심은 아기에게 집중됩니다. 이때 아빠의 역할이 중요해집니다. 아빠는 무엇보다 아내의 마음을 잘 살피고 돌봐야 합니다. 자칫 지나치기 쉬운 아내의 몸과 마음 상태에 집중할 때 육아가 더 행복해집니다.

서두르지 마세요

아기가 태어난 후 일어나는 모든 일은 엄마 아빠가 처음 겪는 경험입니다. 아기를 안는 법, 모유(분유) 먹이는 법, 목욕시키는 법, 기저귀 가는 법까지 쉬운 일이 하나도 없습니다. 그러다 보니 지금 내가 하고 있는 게 맞는지 헷갈리기도 하고, 더 잘해야 한다는 부담감을 느낄 때가 많습니다. 저와 아내 역시 아기가 밤새 울거나 토를 하면 이러다 문제가 생기는 건 아닌지 지레 걱정을 하기도 했지요. 당시 선배 아빠의 조언을 받아 아내에게 슈와프라는 시인의 '서두르지 마라'라는 시를 선물했습니다. 첫 아이 출산 후 정신없던 시절, 아내와 저는 이 시에 큰 공감을 했고, 한결 편안한 마음으로 아기를 돌볼 수 있었습니다.

아이의 성장 과정을 기록하세요

첫째가 태어나고 정신없이 육아를 하다 보니 아기 사진과 동영상만 열심히 찍었지, 따로 아이의 성장 과정을 기록할 여유가 없었습니다. 그러다 둘째가 태어난 후 아이의 성장 과정을 글로 적었는데, 5년이 지난 지금 돌아보니 기록 자체가 엄청난 자산임을 깨닫게 되었습니다. 기록하지 않았으면 잊혔을 여러 이야기 안에 우리 가족의 삶과 아이를 사랑하는 제 마음이 고스란히 들어있기 때문입니다. 아이의 성장 과정에 대한 기록이야말로 아빠가 아이에게 줄 수 있는 최고의 선물이 아닐까 싶습니다. 기록에 담긴 아빠의 응원은 높은 자존감으로 연결되어 낯선 세상을 헤쳐나가는데 큰 힘이 될 것입니다.

출산 시 체크포인트

길다면 길었던 임신 시기를 다 채우고 나면 이제 마지막 과정, 출산을 맞게 됩니다. 상황에 따라 자연분만을 할 수도 있고 제왕절개술 분만을 할 수도 있지요. 어떤 방식이 더 좋고 편하다고는 할 수는 없습니다. 산모에 따라, 처한 상황에 따라 가장 적절한 방식을 택해 가장 안전하고 건강하게 분만하는 것이 중요하지요.

여기에서는 자연분만을 하는 과정을 살펴보겠습니다. 분만을 위한 진통 과정은 연속적으로 이루어져 정확히 나누기 힘들지만 일반적으로 다음과 같이 3단계로 분류합니다.

분만 과정 1단계_진통 1기

분만의 첫 번째 단계로, 자궁문이 얇아지면서 열리는 단계입니다. 임신 중 두꺼웠던 자궁경부가 진통이 시작되면서 얇아지고 동시에 자궁문이 열리기 시작합니다.

❶ 진통 1기 - 잠복기

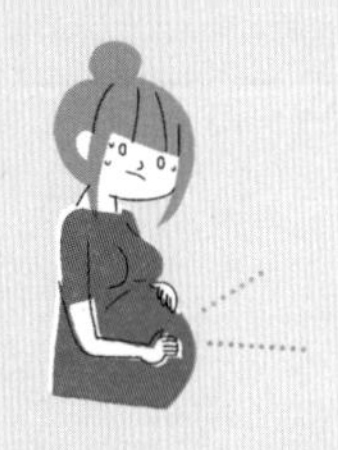

잠복기는 가진통이 진진통으로 바뀌는 시기입니다. 불규칙했던 배 뭉침이 어느덧 10~15분 간격으로 찾아오면서 점차 그 강도가 커집니다. 얼굴을 찡그릴 정도로 살짝 아픈 느낌이 심해지지만 아직은 분만을 실감하지 못하는 경우도 많습니다. 잠복기의 형태는 사람마다 다양하며 양수가 먼저 터지는 경우도 있습니다. 일단 진통이 규칙적으로 발생하면 이 시기에는 병원을 방문해 수축 검사나 내진을 해보는 것이 좋습니다.

□ 진통이 10~15분 간격으로 오거나 양수가 터지면 병원에 가요.

□ 이때 미리 준비해 둔 병원용 출산 가방을 가지고 가요.

□ 화장과 매니큐어는 지우고 렌즈는 안경으로 바꿔 써요.

□ 초산이 아닌 경우 잠복기가 매우 짧을 수 있으니 주의해야 해요.

출산이 임박했다는 결과가 나오면 입원하여 아래와 같은 준비를 합니다.

- 내진을 해요 첫 내진은 자궁문이 열린 정도와 얇아지는 숙화의 정도를

보고 분만의 진행 상태를 측정하여 입원 여부를 결정합니다.

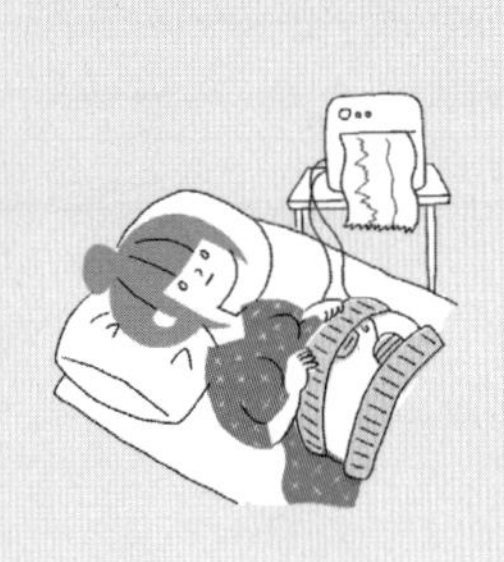

● 태아 감시 장치를 부착해요 태아 감시 장치를 부착하고 자궁의 수축 정도, 자궁 수축 간격, 그리고 태아의 건강 상태를 측정하면서 관찰합니다.

● 관장을 해요 장 속에 변이 차 있으면 분만에 방해가 되며, 분만 과정에서 회음부의 오염을 가져오기 때문에 관장을 합니다.

● 정맥 주사를 연결해요 탈수나 전해질의 불균형을 막고 분만에 도움이 되는 약물을 투여하고 만약의 문제 상황에 대비해 혈관을 확보합니다.

● 제모를 해요 모공에 붙어 있는 균을 미리 제거하고 분만 후 열상에 의한 봉합이 필요하기 때문에 회음부 절개 부위를 제모합니다.

❷ 진통 2기 - 활성기

조금씩 열리던 자궁문이 점점 빠르게 열리고 태아가 골반을 통해 조금씩 내려오며 엄마의 진통은 점점 강도가 세어지고 진통 간격은 단축됩니다. 이렇게 아기가 내려오고 자궁문이 완전히 열릴 때까지를 '활성기'라고 합니다. 활성기는 편의에 따라 가속기·절정기·감속기로 나누기도 합니다.

통증을 가라앉히는 자세

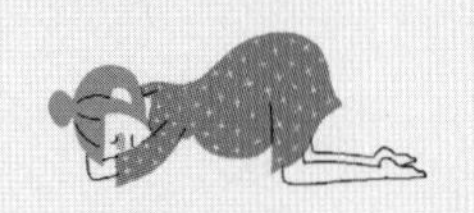

활성기 중 가속기

잠복기를 지나 자궁문이 서서히 열리는 시기입니다. 자궁경부의 소실이 상당히 진행되면서 자궁문이 열릴 준비를 하고 있습니다. 자궁경부는 2~4cm 정도 벌어지기 시작하며 진통은 5~10분 간격으로 점차 짧아집니다.

□ 진통은 5~10분 간격으로 점차 짧아져요.

□ 진통이 조금씩 심하게 느껴져요.

활성기 중 절정기

자궁경부의 소실이 일어나면서 본격적으로 자궁경부가 열리는 시기입니다. 자궁경부는 약 9cm까지 열리며 이와 동시에 태아도 본격적으로 내려올 준비를 합니다. 이 시기는 분만의 성공 여부를 결정하는 가장 중요한 시기로, 내진을 통해 분만의 진행 정도를 자주 체크합니다.

□ 진통이 2~5분 정도로 더 자주, 더 세게 와요.

□ 골반과 허리의 통증이 심해지면서 본격적인 진통이 와요.

□ 진통이 올 때 힘을 주기보다는 미리 연습했던 호흡을 하며 견디는 것이 좋아요. 진통이 없을 때는 몸을 이완시켜 쉬도록 해요.

활성기 중 감속기

자궁문이 10cm까지 완전히 열리는 시기로, 진행 속도가 다소 늦어집니다. 이 시기는 자궁문이 완전히 열리면서 태아가 산도에 맞추어 본격적인 하강 준비가 끝나는 시기이지만 산모의 골반과 태아의 상호 관계에 따라 시기가 더 늦어질 수도 있어요.

□ 진통은 1~2분 간격으로 매우 자주 와요.

□ 하강 준비를 마친 태아가 본격적으로 내려오는 진통 2기로 넘어가요.

분만 과정 2단계_진통 2기

자궁경부가 완전히 열리고 드디어 본격적으로 태아가 자궁문을 향해 내려옵니다. 이제 본격적으로 출산이 시작되는 것이지요! 출산의 느낌은 변의처럼 느껴지기도 합니다. 이런 느낌에 따라 자연스럽게 힘 주기를 시작하면 태아의 하강에 도움이 됩니다. 그동안 분만대기실에 있었다면 분만실로 이동합니다.

❶ 분만 준비

분만의 종류에 따라 분만 준비가 달라지지만, 일반적으로는 분만대에서 분만을 시도합니다. 가족 분만실을 이용할 경우에는 침대가 바로 분만대로 변형이 가능하기 때문에 그 자리에서 분만을 진행합니다.

□ 분만실로 이동해서 본격적으로 임신부의 힘 주기를 시작해요.

□ 분만에 적합한 자궁 수축이 오지 않는 경우 진통촉진제를 투여하기도 해요.

□ 분만대에서는 낙상 등의 위험이 있기 때문에 절대로 당황하거나 돌발 행동을 해서는 안 돼요.

❷ 분만

진통 2기는 실제 분만 과정입니다. 자궁문이 10cm 정도까지 열리고 진통이 1~2분 간격, 자궁 수축이 60~90초간 지속할 때가 최고조에 달하는 순간으로 드디어 아기 머리가 자궁문 밖으로 나옵니다. 진통이 오면 아기가 머리를 내밀었다가 진통이 수그러들면 아기 머리가 다시 들어가기를 반복합니다. 이때 의사의 지시에 따라 힘을 주면 아기의 머리가 완전히 나오고 이어서 몸 전체가 나옵니다.

자연스러운 힘 주기 방법

- 힘 주기는 자연스럽게 자궁 수축과 동시에 시작해요. 자궁 수축이 없을 때 힘 주기를 하면 오히려 임신부가 지치고 태아의 하강에도 도움이 되지 않습니다.

- 자궁 수축이 시작되면 크게 숨을 마시고 변을 보듯 자연스럽게 힘을 줍니다. 수축할 동안에는 절대로 힘을 끊지 말고 가능한 한 지속적으로 힘을 줘야 합니다.

- 자궁 수축이 사라지면 짧은 호흡보다는 큰 호흡을 해서 태아에게 충분히 산소가 전달될 수 있게 합니다.

- 본격적으로 태아의 머리가 보이기 시작하고, 태아의 하강이 충분히 이루어졌다고 판단되면 분만에 들어갑니다.

분만 과정 3단계_진통 3기

진통 3기는 태아가 분만된 이후 태반이 반출되는 시기입니다. 출산의 마무리 단계이지요. 분만 후 자궁 안에는 태반이 남아 있는데, 10분쯤 지난 후 지속적인 자궁 수축과 함께 산모가 한 번 더 힘을 주면 상승한 복압에 의해 자연스럽게 배출됩니다. 자연스러운 배출이 힘들 때는 의료진이 자궁을 마사지하면서 자연스러운 반출을 시도합니다. 태반이 반출되면 회음 절개 부위를 봉합하고 휴식을 취하다가 이상이 없으면 병실로 이동하게 됩니다.

신생아 처치

아기가 태어나면 바로 탯줄을 자르고, 코와 위에 든 양수를 제거해 폐호흡을 시작하게 도움을 줍니다. 아기의 몸을 깨끗하게 닦은 후 신장, 체중, 머리와 가슴둘레를 측정하고 배꼽 소독 후 속싸개로 감싸줍니다. 대부분의 병원에서 엄마 품에 한 번 안겨준 다음 신생아실로 데려갑니다.

아기가 나오는 과정

❶ 진입 전

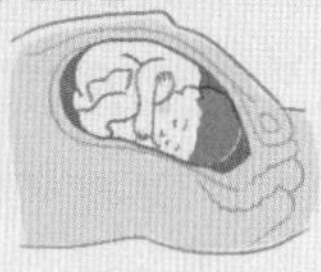

❷ 진입, 굴곡, 하강

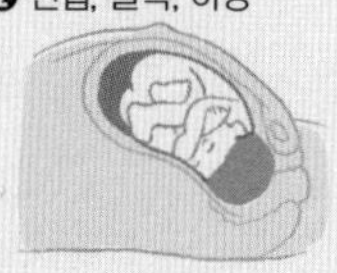

❸ 더욱 하강, 내전

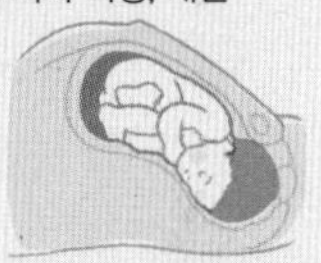

❹ 완전 회전, 신전 시작

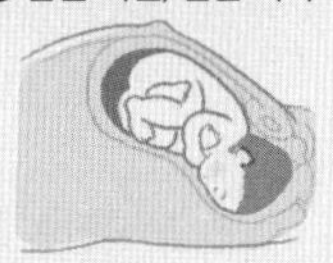

❺ 완전 신전

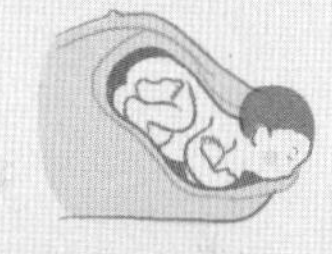

❻ 복구(외전)

❼ 전견만 분만

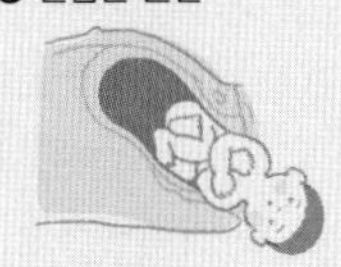

❽ 후견갑 분만

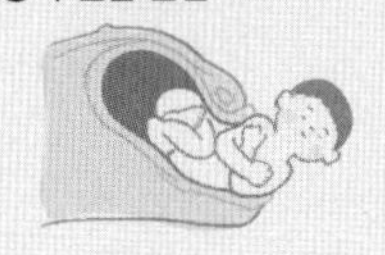

선배맘이 알려주는 출산 휴가 제도

많은 여성들이 일을 하면서 임신과 출산을 합니다. 당연히 출산 휴가도 법으로 보장되어 있지요. 요즘은 출산을 한 배우자도 길지는 않지만 출산 휴가를 받을 수 있어요. 그러면 출산 휴가는 얼마나 가능한지, 휴가 시 급여는 얼마나 받을 수 있는지 알아볼게요.

출산전후휴가

일하는 여성의 경우 출산을 전후하여 90일(다태아일 경우 120일)간의 출산전후휴가를 받을 수 있어요. 출산 전에도 미리 신청해서 나눠서 쓸 수 있지만 출산 후 휴가는 최소 45일 이상(다태아일 경우 60일)을 확보해야 한다고 정해져 있으니 출산이 늦어져 출산 전 휴가가 45일을 초과했다면 출산 후 휴가가 45일 이상이 되도록 휴가 기간을 연장해야 해요. 유산이나 조산의 위험이 있을 때도 마찬가지로 나누어 사용하되 출산 후 휴가 기간이 45일 이상 되어야 합니다.

출산전후 휴가급여

출산전후 휴가급여는 휴가 개시일의 통상 급여를 기준으로 지급해요. 우선지원 대상기업의 경우 90일(다태아 120일)의 급여가 고용보험에서 지급되고, 대규모 기업의 경우 최초 60일(다태아 75일)은 사업주가, 그 이후 30일(다태아 45일)은 고용보험에서 지급됩니다.
회사에 맞는 조건을 알아보고 사업주로부터 출산전후 휴가확인서를 발급받은 후 출산전후 휴가신청서와 함께 거주지 또는 사업장 소재지 관할 고용센터에 제출하세요. 온라인신청도 가능하며 휴가를 시작한 날 이후 1개월부터 휴가가 끝난 날 이후 12개월 이내에 신청해야 합니다.

✚ 배우자 출산휴가

배우자의 출산 90일 이내에 10일의 유급휴가가 법적으로 보장되며, 1회에 한해 나눠서 사용할 수 있어요. 출산한 날부터 사용할 수 있는데 출산을 위한 준비과정 등을 고려해 휴가 기간 안에 출산(예정)일을 포함하고 있다면 출산일 전부터 휴가를 사용할 수도 있어요. 기본 5일은 통상 급여의 100%로 회사에서 지원하며 나머지 기간에 대해서는 회사가 지급한 후 정부에 신청할 수도 있고, 본인이 직접 신청해야 할 수도 있어요.

선배맘이 알려주는 육아휴직 제도

육아휴직은 만 8세 이하 또는 초등학교 2학년 이하의 자녀를 둔 부모가 자녀 양육을 위해 신청하여 사용할 수 있는 휴가예요. 상황에 따라, 육아관에 따라 슬기롭게 활용하세요.

육아휴직 기간

육아휴직은 자녀 1명당 1년간 사용할 수 있어요. 즉 아이가 둘이라면 각각 1년씩 총 2년을 쓸 수 있어요. 또한 한 자녀에 대하여 아빠도 1년, 엄마도 1년 사용 가능하며, 부부가 동시에 같은 자녀에 대해 육아휴직을 사용할 수도 있어요. 단 근로 기간이 6개월 미만이라면 원칙적으로 대상이 아니기에 회사에서 육아휴직을 거부할 수도 있어요.

육아휴직 급여

육아휴직 기간(1년 이내)에 대해서는 육아휴직 개시일 기준 통상 급여의 80%(상한액 150만 원/하한액 70만 원)를 지원받을 수 있어요. 22년부터는 3+3 부모육아휴직제가 적용되어 같은 자녀에 대해 생후 12개월 이내 부모가 동시에 또는 순차적으로 육아휴직을 사용하는 경우, 첫 3개월에 대해서는 부모 각각의 육아휴직 급여를 상향하여 지급합니다. 예를 들어 부모 모두 3개월씩의 육아휴직을 신청했다면 각각 월 상한 300만 내에서 육아휴직 급여를 지원받을 수 있습니다.

육아휴직 급여 신청 방법

회사에 육아휴직을 신청하여 육아휴직 확인서를 발급받은 후 육아휴직 급여신청서와 함께 거주지 또는 사업장 소재지 관할 고용센터에 제출하면 돼요. 육아휴직을 시작한 날 이후 1개월부터 매월 단위로 신청할 수 있고, 기간을 누적해서 신청할 수도 있어요. 단, 육아휴직이 끝난 날 이후 12개월 이내에 신청하지 않으면 급여를 받을 수 없어요.

신청 및 문의처

고용노동부 고객상담센터 1350 / **고용센터** 1588-1919

고용보험 사이트 www.ei.go.kr

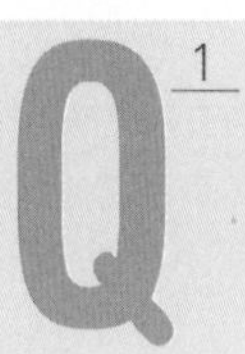

1 자연분만과 제왕절개 중 원하는 출산 방법을 선택할 수 있나요?

출산은 크게 자연분만과 수술적 방법인 제왕절개 분만으로 나눌 수 있습니다. 우리나라에서는 특별한 수술적인 이유가 아니면 자연분만을 시도하고 자연분만에 실패하거나 분만 시도가 태아나 산모에게 위험한 경우, 자연분만 자체가 불가능한 경우에만 제왕절개 수술을 시행하고 있습니다.

자연분만이 제왕절개보다 출혈이 적고 회복이 빠를 뿐 아니라 태아에게 주는 여러 가지 이로운 점이 있다는 것은 많은 사람들이 알고 있는 사실입니다. 하지만 모두가 자연분만을 원하지 않는 것도 사실입니다. 자연분만은 그 자체가 감동의 드라마인 것은 맞지만 산모에게 많은 고통을 수반하고 끊임없는 기다림의 시간이며 분만 과정에서 남에게 보여주기 싫은 과정을 필연적으로 겪을 수밖에 없기 때문에 제왕절개를 선호하는 사람들이 점점 늘어나고 있습니다. 또한 35세 이상의 고령 임신이 점점 늘어나는 것도 제왕절개율을 높이고 있습니다. 2021년도 가족과 출산조사에 따르면 최근 3년 내 출산한 여성의 자연분만은 50.3%, 제왕절개 분만은 42.3%로 2018년도 조사 결과와 비교해보면 자연분만을 선택한 산모가 7.4% 줄어들고 제왕절개를 선택한 산모가 그만큼 늘었습니다. 이런 경향은 우리나라뿐 아니라 세계적인 추세로 세계적으로 제왕절개율이 매년 4%씩 늘어나고 있다는 통계도 있습니다.

따라서 자연분만보다 제왕절개를 원한다면 의사와 충분히 상의를 하고 날짜를 잡아 수술을 하면 됩니다. 제왕절개가 절대 나쁜 것이 아니니 건강한 태아와 산모를 위한 출산 방법이 무엇인지 남편과 충분히 상의하고 방법을 결정하길 바랍니다.

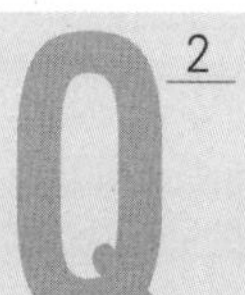

가족 분만은 일반 분만과 어떤 점이 다른가요?

일반적으로 분만실은 개인의 사생활이 보호되는 공간이기 때문에 면회가 제한됩니다. 하지만 기나긴 진통의 시간을 보내는 산모의 입장에서 볼 때 혼자 있는 시간은 진통보다도 더 힘든 일이 될 수 있습니다. 따라서 산모 혼자만이 아닌 남편 혹은 다른 가족들과 함께 진통의 시간을 보내고 분만 과정에 참여하게 하는 분만의 개념이 생겼는데, 이것이 바로 가족 분만입니다. 대학병원과 같은 대형병원을 제외하고는 대부분의 산부인과(전문여성병원, 개인산부인과)에서는 가족분만실을 갖추고 있으며 가족 분만을 실시하고 있습니다.

가족 분만의 특징

온 가족이 분만에 참여한다

일반 분만은 진통실이 따로 있어 면회가 제한되지만 가족 분만은 가족 분만실이라는 독립된 공간에서 진통을 하게 된다. 따라서 진통을 할 때 TV 시청도 할 수 있고 조용한 음악도 들을 수 있으며 면회 제한이 없기 때문에 남편이나 다른 가족과 함께 진통의 아픔을 이겨낼 수 있다.

진통과 분만이 한자리에서 이루어진다

일반 분만은 진통실에서 진통 1기를 보낸 뒤 분만실로 옮겨 분만하지만, 가족 분만은 특수 침대를 사용하기 때문에 진통이 진행된 침대가 바로 분만을 위한 침대가 된다. 따라서 남편이 분만실에서 분만에 참여하고 탯줄을 자를 수 있으며 태어나자마자 아기를 안아볼 수 있다.

추가 비용이 발생한다

가족 분만은 1인실을 기본으로 하기 때문에 추가 비용이 발생한다. 따라서 분만 방법을 결정하기 전에 추가적으로 발생하는 비용을 꼼꼼히 따져봐야 한다. 또 가족 분만실은 병상 수가 제한되어 있어 이용하지 못할 수도 있음을 유념하자.

라마즈 분만은 어떤 분만인가요?

라마즈 분만법이란 출산의 고통을 줄이기 위해 개발된 분만법으로, 분만 시 진통의 기원이 정신적이고 문화적인 데 기인한다는 생각에서 출발합니다. 즉 출산에 대한 공포는 긴장을 유발하고 이러한 긴장이 다시 통증을 유발하는 악순환의 고리를 만들기 때문에 출산에 대한 공포를 줄이면 진통의 고통도 줄어든다는 이론에 기초를 두고 있습니다. 라마즈 호흡법을 가르쳐주는 산전 프로그램을 통해 임신 후기부터 라마즈 호흡법을 연습해두면 출산할 때 꽤 큰 도움을 받을 수 있습니다.

라마즈 분만 교육

라마즈 분만 교육은 크게 세 가지로 나눌 수 있는데 즐거웠던 일을 떠올리는 연상법과 우리 몸 전체의 긴장을 풀어주는 이완법, 분만의 경과에 따라 호흡을 조절하는 호흡법, 이 세 요소가 합쳐져야 효과가 크다.

연상법

먼저 기분 좋은 상상을 한다. 이러한 상상은 체내에 엔도르핀 분비를 증가시키는데 엔도르핀은 강력한 진통제로 작용하여 분만 시 진통을 감소한다.

편안한 자세에서 가장 행복한 순간들을 떠올리며 눈을 감고 힘을 뺀 후 기분 좋은 상태로 빠져든다. 행복한 기억은 개인마다 다를 수 있는데 동적인 것보다는 정적인 기억을 떠올리는 것이 좋다(예: 한적한 바닷가에 앉아 파도를 감상하는 장면, 신혼여행의 즐거움 등). 진통이 엄습하는 실제 상황에선 생각처럼 쉽지 않기 때문에 평소 꾸준히 연상하는 습관을 기르는 것이 좋다.

이완법

출산에 대한 두려움과 공포는 온몸을 긴장하게 하고, 이로 인한 자궁 입구의 근육이나 골반 근육의 긴장은 진통 시간을 연장시킬 뿐 아니라 출산의 진행을 방해한다. 이완법의 효과는 온몸의 힘을 빼면 근육의 피로가 줄어들면서 '릴랙신'이라는 물질이 분비되고 이는 다시 엔도르핀의 분비를 상승한다는 데 있다. 엔도르핀은 연상법과 마찬가지로 진통 완화 효과가 있으며 근육을 이완시키고 자궁문이 빨리 열리게 하여 진통 시간을 단축한다. 이완 연습을 할 때에는 이완의 기본자세인 심스 체위(옆으로 누운 뒤 아래쪽 팔과 다리를 뒤로 빼고 위쪽 다리를 약간 구부리는 체위)를 취한다.

호흡법

호흡법의 주된 목적은 체내에 산소를 충분히 공급함으로써 근육 및 체내 조직의 이완을 돕고, 태아에게 원활한 산소 공급을 해주는 것이다. 통증의 사이클마다 리듬에 맞추어 호흡함으로써 진통에만 집중되는 관심을 분산시켜 통증을 덜 느끼게 하는 효과도 있다. 보통 호흡법은 복식 호흡과 흉식 호흡으로 나뉘는데, 라마즈 분만에서는 흉식 호흡을 원칙으로 한다. 즉 흉곽을 넓히는 호흡을 통해 긴장 때문에 불규칙해지는 호흡의 리듬을 규칙적으로 바꾸어 분만이 원활하도록 돕는다. 흉식 호흡법은 분만의 경과에 따라 각각 달라지는데 출산 과정에서는 잘 기억 못 할 수 있으니 평상시 호흡법을 반복하여 연습해두자.

❶진통이 5~10분 간격으로 20~30초 정도 지속될 때 진통이 오기 시작하면 먼저 1~2회 깊이 심호흡하고 통증이 강해지면 3초 간격 정도로 얕고 빠르게 호흡하며, 진통이 끝나가면 다시 1~2회 심호흡을 한다.

❷진통이 2~4분 간격으로 40~60초 정도 지속될 때 자궁문이 거의 다 열려서 진통 간격이 짧고 통증이 가장 셀 때로, 진통이 시작되면 심호흡을 1번 하고 통증이 강할 때는 2번 정도 짧게 숨을 내쉬고 1번은 길게 내쉬는 식으로 반복하다가 진통이 끝날 때 다시 심호흡을 한다.

❸만출기(아기가 태어날 때) 힘을 주어 아기를 밀어낼 때로 자궁수축이 오면 심호흡을 1번 한 뒤 숨을 참고 힘을 주다가 길게 한번 숨을 쉬고 다시 숨을 참고 힘을 주는 것을 2~3번 반복하고 자궁수축이 끝나면 다시 길게 심호흡을 한다.

❹아기 머리가 나온 후 아기의 머리가 나온 후에 힘을 주면 오히려 산도를 조이게 되니 전신의 힘을 빼고 빠르고 짧게 호흡을 한다.

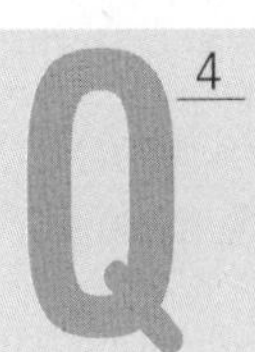

르바이예 분만에 대해 알고 싶습니다

따뜻하고 조용하고 어두운 엄마 배 속에서 갑자기 세상으로 나온 아기는 처음에 얼마나 놀랄까요? 르바이예 분만은 아기가 태어날 때 세상 밖의 낯선 환경에 크게 당황하지 않도록 분만실을 가장 편하고 아늑하게 느끼는 엄마의 자궁과 같은 환경으로 만들어 주어야 한다는, 아기 측면의 인권 분만법입니다. 이 세상의 첫 빛을 본 아기에게 환한 조명은 심한 스트레스로 다가올 수 있으며, 시끄럽고 낯선 환경은 아기를 두렵게 만들 수 있고, 수술대 위의 낯선 손길은 차갑게 느껴질 수 있기 때문에 이런 자극 요소를 최소화하는 것이지요. 실제로 르바이예 분만을 통해 태어난 아기는 낯선 환경에 금세 적응하여 잠시 울다가 엄마 품속에서 울음을 그치는 것을 볼 수 있습니다.

르바이예 분만 과정

❶조명을 어둡게 한다

자궁 안의 밝기는 30룩스인데 비해 10만 룩스 정도 되는 분만실의 조명은 이 세상의 첫 빛을 보게 될 아기에게는 매우 강렬하여 적응하기가 힘들다. 의료진에게는 불편한 일이겠지만 아기를 위해 모든 조명을 끄고 형체만 알아볼 수 있을 정도의 밝기를 유지하여 아기의 민감한 시력을 보호한다.

❷엄마의 자궁처럼 조용한 환경을 만들어준다

자궁의 환경과는 다른 분만실의 기계음, 낯선 사람들의 웅성거림 등은 갓 태어난 아기에게 두려움을 주기에 충분하다. 엄마의 자궁처럼 조용한 환경을 만들어주고 평소 들려주던 태교 음악도 틀어준다. 분만 시 아기를 억지로 울리지 않고, 엄마도 소리를 지르거나 우는 행동 등은 삼가야 한다.

❸엄마의 심장 소리를 들려준다

태어나자마자 탯줄을 자르고 신생아 처치에 들어가는 일반 분만과 달리 르바이예 분만은 아기를 엄마에게 안기고 젖을 물린다. 잠시 낯선 환경에 불안해하던 아기는 엄마의 심장 소리를 들으며 비로소 안정을 찾고 젖을 빨기 시작한다. 아기의 안정감과 함께 엄마도 건강하게 아기를 분만했다는 안도감에 정서적으로 안정을 찾는다.

❹탯줄을 바로 자르지 않는다

탯줄을 자른다는 것은 탯줄로 받던 산소 공급을 멈추고 폐자가호흡에 따라 폐로 산소를 공급함을 의미한다. 태어난 아기는 탯줄에 의한 호흡과 폐호흡에 의한 호흡을 동시에 진행하다가 폐호흡에 익숙해지면 탯줄로의 호흡을 멈추게 된다. 그 시간이 5분 정도 소요되기 때문에 이때 탯줄을 자른다. 엄마의 배 위에서 심장 소리를 들으며 안정된 아기가 천천히 호흡법을 익히는 것을 도와주려는 배려이다. 한 연구 결과에 의하면, 탯줄을 늦게 자른 아기에게서 헤모글로빈 수치가 높고, 출생 후 3~6개월 동안 철분 결핍 위험도 낮은 것으로 나타나 최근에는 탯줄을 늦게 자를 것을 권장하고 있다.

❺자궁 안의 양수와 같은 환경을 만들어준다

자궁에서 10개월을 보낸 아기에게 가장 익숙한 환경은 바로 양수다. 엄마의 체온과 같은 37도 정도의 물에 아기를 10~15분간 놀게 함으로써 새로운 세상이 엄마의 자궁과 그리 다르지 않다는 안정감을 갖게 한다. 분만을 지켜보던 아빠도 아기의 물놀이에 참가하여 아기를 물에 담갔다가 뺐다가를 반복하며 물과는 다른 공기의 중력에 익숙해지도록 돕는다.

⊕ 소프롤로지 분만

소프롤로지 분만법은 임신과 출산을 긍정적으로 받아들이는 정신 훈련을 통해 통증을 줄이는 분만법이다. 서양의 근육 이완법과 동양의 요가가 결합한 분만법으로, 출산은 기쁨이라는 반복적인 이미지 트레이닝으로 분만 시 진통을 최소화하는 것이 핵심이다. 이미지 트레이닝을 위한 명상을 할 때는 대개 음악을 반복적으로 듣는다. 이런 명상과 호흡, 그리고 이완 운동을 반복적으로 연습함으로써 태교를 하고 분만을 준비한다. 소프롤로지 분만에 성공하려면 최소 3~4개월 이상 수련해야 몸의 변화를 느낄 수 있으며, 분만을 진행하는 의료진이 이 분만에 대해 완벽하게 숙지하고 있어야 한다. 때문에 소프롤로지 분만을 하기 위해서는 이 분만법이 병원에서 가능한지 미리 확인하고 의사와 상의해야 한다.

최근에는 병원의 분만 방법이 다양해지고 있어서 선택지가 넓어졌지만 그래도 모든 병원에서 분만 방법을 선택할 수 있는 것은 아니에요. 르바이예 분만이나 라마즈 분만 등의 시행 여부는 병원마다 다른데 시행하는 병원에서는 따로 산모교실을 통해 분만 방법을 교육하는 경우가 많으니, 분만 전 병원에 문의하는 것이 좋아요. 하지만 출산이 위급하게 진행되는 경우도 있으니 집 근처의 분만 병원 중에서 가능한 분만법을 고려하는 게 더 나을 수도 있어요.

수중 분만법에 대해 알고 싶습니다

수중 분만이란 옛날에 여인들이 흐르는 물속에서 진통을 적게 느끼며 순산하는 것을 보고 개발한 분만의 한 방법입니다. 실제로 태아는 분만과 동시에 양수와 같은 환경인 물을 만나면서 안정감을 느끼고, 산모 역시 물의 부력으로 자세가 편안해져 이상적인 분만 방법입니다. 또한 태어나서 바로 탯줄을 자르는 것이 아니라 엄마의 품에 안겨 있기 때문에 엄마와 아기의 유대감이 강해집니다. 우리나라에서는 1999년 뮤지컬 배우 최 모 씨가 이 방법으로 분만하여 화제가 되며 많은 사람들에게 알려졌습니다.

수중 분만의 장점

• 힘 주기가 용이하다 수중 분만은 앉은 자세 분만법의 하나로, 중력을 이용하기 때문에 골반이 잘 벌어지며 힘을 주기도 쉬운 분만법이다.

• 낯선 환경에 아기가 빨리 적응한다 물은 자궁의 양수와 비슷한 환경이라 아기가 쉽게 적응할 수 있다.

• 자연분만에 가깝다 회음부의 탄력성이 증가하여 분만 시 회음 절개를 하지 않아도 열상이 적다. 또한 분만 기구 사용이 억제되기 때문에 자연스러운 분만이 이루어진다.

• 엄마와 아기의 유대감이 강해진다 아기는 태어나자마자 엄마에게 안겨 젖을 물게 된다. 탯줄은 4~5분이 지난 후 남편이 자른다. 따라서 부모와 아기의 유대감이 강해지고 정서적으로 안정적인 상태가 된다.

수중 분만 시 주의 사항

수중 분만은 여러 장점도 있지만 물에서는 태아 감시 장치 부착이 어려워 자궁의 상태나 태아의 심박동 수를 체크하기 힘들다는 단점도 있다.
수중 분만이 가장 좋은 분만 방법이라고는 할 수 없으므로 무조건 이를 고집하거나 무리하게 시도할 필요는 없다. 수중 분만은 여러 분만 방법 가운데 충분히 장점이 있으므로 이 분만법이 적합하다고 판단되는 임신부에 한해 권장되고 있다.

수중 분만에 적합한 임신부

- 37주 이상의 만삭 임신부
- 자연스러운 진통이 발생한 임신부
- 규칙적인 수축이 확실한 임신부
- 4cm 이상 자궁경부가 열린 임신부
- 정상 분만 과거력이 있으며, 제왕절개술을 받은 적이 없는 임신부

수중 분만이 어려운 임신부

- 일반적인 분만에서 합병증이 있는 경우
- 양수에 태변이 있는 경우
- 고위험 임신으로 관리가 필요한 경우
- 진통제 사용 후 두 시간이 경과하지 않았을 경우
- 태아의 상태가 좋지 않은 경우(태아의 호흡 곤란 등)
- 자궁 수축 촉진제를 사용한 경우
- 양수가 터진 후 상당한 시간이 경과된 경우

그 외 다른 분만 방법

그네 분만

분만 시 그네 타는 것처럼 움직인다고 해서 그네 분만이라고 한다. 그네 분만대는 임신부가 원하는 자세, 즉 바로 선 자세, 앉은 자세, 쪼그려 앉은 자세, 무릎을 꿇고 앉은 자세, 웅크리고 누운 자세, 그네 시트(앉는 부위)에 엎드린 자세, 매달린 자세 등 다양한 자세가 가능하도록 고안됐다. 진통이 올 때마다 몸을 자유롭게 움직이거나, 임신부를 흔들어주면서 분만할 경우 분만 진행이 더 순조롭고 편안해진다. 실제로 미국 서부 지역의 인디언들은 담요 위에 임신부를 눕히고 흔들어서 분만했다고 한다.

공 분만

공 분만은 일명 '출산공'이라 불리는 지름 65cm 정도의 부드럽고 탄력 있는 공에 앉거나 엎드리거나 기대거나 무릎을 꿇는 등의 자세를 취하고 공을 이용하여 지속적으로 몸을 움직임으로써 진통을 격감시키고 분만의 진행을 도와주는 분만법이다. 임신부가 편안한 자세를 취함과 동시에 태아가 골반 안에서 내려오고 회전하는 데 유리한 자세를 취하게 해준다. 또한 공의 자극은 골반 강화 및 혈액 순환에 도움을 주고, 허리의 통증을 경감하여 분만 과정을 촉진시키는 장점이 있다. 출산공은 병원에서도 이용하지만 37주 이후나 출산 이후 집에서도 할 수 있는 골반 강화 운동이다. 특히 분만 전에는 집에서 의자 대신 앉아 있기 좋은 도구로, 골반 강화뿐 아니라 진통 시기까지 앞당길 수 있는 운동 기구다.

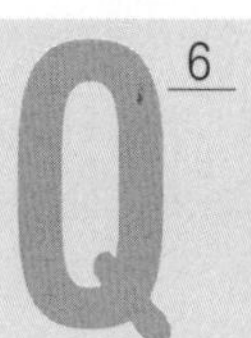

6 갑자기 아기가 나오면 어쩌죠? 언제 병원에 가야 하나요?

아기가 언제 나올지는 아무도 모릅니다. 40주를 못 채우고 나오는 경우도 있고 40주가 넘어도 나올 기미가 안 보이기도 합니다. 초산모와 경산모의 경우도 다르고요. 따라서 37주 이후에는 언제라도 병원에 갈 수 있도록 미리 준비해 두고, 혹시 40주가 넘어간다면 병원에 방문하여 분만 시기나 유도분만 등에 대해 상의하는 것이 좋습니다.

병원에 갈 준비를 해야 하는 징후

이슬이 비칠 때

분만이 임박했다는 신호 중 하나가 이슬이다. 자궁의 수축과 동시에 자궁문이 살짝 열리면서 나오는 점액질과 혈액이 이슬인데, 이슬은 곧 분만이 임박했다는 신호다. 하지만 이슬이 비친다고 바로 분만이 진행되는 것은 아니며 때로는 여러 날이 지난 후에야 분만이 진행되기도 한다. 따라서 이슬이 비친다면 일단 병원을 방문해서 내진을 통해 자궁문이 열렸는지, 자궁경부가 얼마나 부드러워졌는지 확인하는 것이 좋다.

양막이 터졌을 때

자궁의 지속적인 수축은 양막을 터뜨리기도 한다. 갑자기 따뜻한 물이 소변처럼 다리로 흘러내리는 것이 바로 양막이 터져 양수가 나오는 것이다. 양수가 흐른다고 해서 태아의 건강에는 전혀 문제가 없으니 평상시대로 침착함을 유지하고 24시간 이내에는 분만이 되겠다는 생각으로 병원에 가면 된다.

진통이 규칙적으로, 짧게 올 때

이슬과 양막의 파수가 없더라도 진통이 평상시와는 다르게 규칙적으로, 간격이 짧게 온다면 진통의 시작을 알리는 신호일 수 있으니 병원을 방문한다. 밤이나 새벽 시간에는 병원 방문을 꺼리기도 하는데 분만은 낮과 밤을 가리지 않기 때문에 귀찮더라도 의심스러우면 즉각적으로 병원에 연락을 취하고 방문하는 것이 좋다. 초산의 경우에는 분만까지 다소 시간의 여유가 있지만 경산모의 경우 분만의 진행 과정이 매우 빠르게 일어날 수 있기 때문에 아침에 가야지 하고 안일하게 밤을 보냈다가 정말 응급 분만을 하는 경우가 생길 수 있다.

7

역아여서 제왕절개 수술을 할 예정입니다. 제왕절개 수술은 어떤 장단점이 있나요?

요즘은 사회적으로 자연분만을 권하는 분위기이지만, 제왕절개는 자연분만 외의 하나의 선택지입니다. 누구나 분만을 시도하는 과정에서 제왕절개 수술을 선택할 수 있으며, 실제로 수많은 산모와 신생아의 생명을 구하는 수술 방법 중 하나입니다.

제왕절개는 결코 간단한 수술이 아니므로 경험이 풍부한 의료진에게 안전하고 고통 없이 수술을 받는 것이 중요합니다. 그럼 제왕절개 수술의 장단점에 대해 알아보겠습니다.

제왕절개 수술의 장점

- 원하는 날을 정해 수술할 수 있으므로 출산일에 맞춰 계획을 세울 수 있다.
- 분만 과정이 생략되기 때문에 진통 없이 편하게 출산할 수 있다.
- 분만 후 생길 수 있는 골반저 근육의 손상을 예방하고, 출산 후 질이 늘어나지 않는다.
- 분만 중 일어날 수 있는 태아 곤란증, 자궁 혈관 파열로 인한 출혈 등 위험 상황이 발생할 경우 응급 제왕절개술로 생명을 구할 수 있다.

제왕절개 수술의 단점

- 수술 후 상처가 남고 회복이 느리다.
- 다음번 분만에도 제왕절개 수술을 하게 된다.
- 자연분만보다 출혈량이 많다.
- 마취에 의한 사고가 일어날 수 있다.
- 자연분만에 비해 합병증 확률이 3~4배 높아지고, 모성 사망률도 2~4배 높다.
- 자연분만 과정에서는 태아의 양수가 자연 배출되지만 수술할 경우에는 이런 과정이 생략되어 양수로 인한 신생아 일과성 빈호흡(출생 직후의 아기가 확실하지 않은 원인에 의해 빠르게 호흡하는 것)의 빈도가 높아진다.
- 분만 직후 바로 모유 수유가 어렵다.

8 계획 제왕절개 수술과 응급 제왕절개 수술은 어떻게 다른가요?

위험이 예상되거나 분만이 어려운 경우에는 처음부터 제왕절개 분만을 계획하기도 합니다. 이를 '계획 제왕절개 수술'이라 하고, 분만 도중 예상치 못한 결과로 시행하는 수술을 '응급 제왕절개 수술'이라고 합니다.

계획 제왕절개술을 하는 경우

이전에 제왕절개술을 시행한 경우

요즘은 브이백(VBAC)의 시도가 많이 증가했지만 자궁 파열의 위험이 있기 때문에 과거 제왕절개의 경험이 있으면 이후에도 제왕절개를 하는 경우가 대부분이다.

과거에 자궁근종과 같은 자궁 수술을 시행한 경우

과거 자궁근종과 같은 자궁 수술을 했다면 수술 부위에 상처가 남게 되고, 이는 곧 진통 시 자궁 파열의 원인이 될 수 있어 제왕절개술을 시행한다.

전치태반과 같이 태반이 산도를 막고 있어 분만이 불가능한 경우

전치태반은 태반의 위치가 자궁경부에 있어 분만 시 산도를 막기 때문에 자연분만이 불가능하다. 수술 중에도 대량 출혈이 발생할 수 있기 때문에 특별히 주의를 기울여야 한다.

쌍둥이와 같은 다태 임신인 경우

쌍둥이의 경우 여러 위험 상황이 올 수 있기 때문에 미리 제왕절개를 권하기도 한다. 자연분만 중이라도 응급 상황이 오면 바로 제왕절개 수술에 들어가야 한다.

역아나 횡위와 같이 태아의 위치가 잘못된 경우

횡위는 자연분만이 불가능하며, 역아는 자연분만을 하기도 하지만 간혹 머리가 제때 빠져나오지 못해 저산소증이 올 수도 있으므로 제왕절개로 분만하는 것이 안전하다.

외음부에 급성 성병이 있는 경우

분만 직전에 바이러스 질환이 질이나 외음부에 발생할 경우 급성기라면 제왕절개로 태아로의 감염을 막는다. 하지만 이미 치유되었다면 자연분만을 시도할 수 있다.

허리 디스크와 같은 척추 질환이 있는 경우

자연분만은 허리와 골반에 무리를 줄 수 있으므로 과거에 디스크와 같은 허리 질환을 진단받았다면 의사와 상의한 후 제왕절개를 선택하는 것이 좋다.

산모에게 내과적인 질환이 있는 경우

선천적으로 심장 질환이나 천식과 같은 만성 질환, 그리고 갑상샘, 당뇨와 같은 내분비 질환을 앓고 있는 경우에는 의사와 상담한 뒤 분만 방법을 결정해야 한다.

4kg 이상의 거대아 혹은 2.5kg 이하의 저체중아인 경우

4kg 이상의 거대아는 난산으로 이어지는 경우가 많고, 태아가 2.5kg 이하의 저체중이어서 자연분만의 진통을 견디지 못할 것으로 예상될 때는 제왕절개술을 하는 것이 좋다.

응급 제왕절개 수술을 하는 경우

태아의 머리와 모체의 골반이 맞지 않는 아두 골반 불균형

산모의 골반이 지나치게 좁거나 몸무게에 비해 태아의 머리가 큰 경우 난산으로 이어져 응급 제왕절개 수술을 시행해야 한다.

분만 도중 태아의 심박동 수가 지속적으로 떨어지며 회복이 안 되는 경우

태아의 심박동 수는 진통이 오면 다소 떨어지다가 진통이 사라지면 회복되는 게 정상인데, 때로는 진통이 사라져도 회복이 안 되는 경우가 있다. 이런 경우는 태아에게 저산소증을 초래하므로 응급 제왕절개 수술을 시행해야 한다.

진통은 계속 오지만 분만이 진행되지 않는 경우

진통은 태아를 자궁 밖으로 밀어내는 근본적인 힘인데 이런 진통이 약할 때는 어느 정도 자궁문이 열리지만 더 이상 진행되지 않는 경우가 있다. 따라서 일정 시간 이상 분만이 지체될 경우 응급 제왕절개 수술을 시행한다.

태반 조기 박리일 경우

태반이 분만 전에 먼저 떨어질 경우 태아로의 산소 공급이 끊겨 저산소증을 일으키거나 태아의 자궁 내 사망을 일으키는 무서운 결과로 이어질 수 있다. 태반 조기 박리가 의심되면 10분 이내에 응급 제왕절개 수술을 시행해야 한다.

양막의 조기 파열로 자궁 감염이 의심되는 경우

때로는 진통이 오기 전에 양막이 먼저 파열되기도 하는데 이런 경우 일반적으로 만 하루를 넘기지 않는다면 자연분만이 가능하다. 그러나 양막이 파열된 것을 모른 채 수일이 지나면 양수와 태반에 염증이 생길 수 있어 지체 없이 제왕절개 수술을 시도해야 한다.

제대 탈출일 경우

간혹 분만하는 과정에서 탯줄이 자궁 밖으로 먼저 나올 때가 있는데 이럴 경우 태아의 압박으로 탯줄이 눌리면 산소 공급이 중단되어 저산소증에 의한 합병증이 발생할 수 있다. 따라서 탯줄이 밖으로 빠진 것이 확인되면 최대한 빨리 제왕절개 수술을 시행한다.

9 계획 제왕절개 수술은 어떻게 진행하나요?

계획 제왕절개 수술은 진통이 오기 전에 시행해야 하므로 예정일보다 1~2주 일찍 출산일을 정하는 것이 일반적입니다. 보통 의사와의 상의를 통해 임신 38주 정도로 결정합니다.

전 40세 고령 임신부였고 체중 증가도 심했는데 제왕절개 수술을 할 필요는 없다고 하셔서 자연분만을 하기로 했었어요. 그런데 예정일보다 열흘이 지나도록 소식이 없어서 유도분만을 하기로 했고, 촉진제를 맞은 후에도 24시간 이상 진통만 오고 자궁문이 열리지 않아 결국 응급 제왕절개를 했답니다. 이럴 줄 알았으면 처음부터 제왕절개술을 선택했을 거예요. 저처럼 초산이고 고령인 경우 유도분만 성공 확률이 낮다고 하니 계획 제왕절개 수술을 고려하시길 바라요.

♥ 계획 제왕절개 수술 준비

❶수술 날짜 잡기

계획 제왕절개 수술은 분만 날짜를 선택할 수 있다. 임신 37주 이후에는 어느 때라도 가능하며 보통 예정일보다 2주 전인 38주 정도에 하는 것이 일반적이다.

❷동의서 작성

제왕절개술은 예상치 못한 변수가 발생할 수 있는, 비교적 고난이도의 수술이다. 따라서 수술로 인해 발생할 수 있는 여러 가지 경우에 대해 담당 의사에게 충분한 설명을 듣고 동의서에 사인한다.

❸수술 후 입원 시 필요한 물품 챙기기

제왕절개 수술은 병원마다 차이가 있지만 6일 정도 입원해야 한다. 퇴원 후 바로 산후조리에 들어가기 때문에 필요한 물품들을 미리 챙겨두는 것이 좋다.(196쪽 참고)

❹수술 전 몸을 깨끗이 씻기

수술 후에는 약 일주일간 제대로 샤워를 하지 못하므로 수술 전에 미리 몸을 깨끗이 씻는다. 수술 도중 의료진이 출혈 정도를 손톱의 색깔로 판단할 수 있으므로 손톱과 발톱에 칠한 매니큐어는 깨끗이 지운다.

❺8시간 이상의 금식

계획된 제왕절개술의 경우 8시간 이상 금식한다. 일반적으로 잠들기 전에 음식물을 섭취하는 것은 상관없으나 아침에 일어나면 양치질 이외에 어떤 물이나 음식물의 섭취도 금한다.

10

제왕절개 수술을 해야 하는데 수술 자국이 크게 남을까요?

제왕절개 수술을 결정할 때 흉터 때문에 걱정을 하는 산모가 많습니다. 피부에 상처가 나면 치유 과정에서 콜라겐이 과증식하면서 얇아진 피부를 밀어 올리는데, 이를 일반적으로 '흉터'라고 합니다. 보통 흉터는 상처를 입은 지 1~2년 지나면 희미해지거나 없어지는데 콜라겐의 과증식 과정에서 비이상적으로 과다 증식이 되면 흉터가 시간이 지날수록 더 뚜렷해지고 단단해지며 불규칙한 덩어리처럼 나타납니다. 이를 '켈로이드'라고 합니다.
어렸을 적 '불주사'라고 부르는 BCG를 맞은 자국이 남들보다 유난히 도드라지게 튀어나왔다면 켈로이드성 체질을 의심할 수 있습니다. 켈로이드가 잘 생기는 부위는 앞가슴과 어깨, 등, 턱, 귀, 다리 등입니다. 만약 켈로이드 체질이라면 수술을 피하는 것이 가장 좋지만 부득이하게 수술이 결정되면 의사에게 미리 알려주어야 합니다. 켈로이드가 생기는 것을 막을 수는 없지만 수술 방법에 따라 줄일 수도 있다는 연구 결과가 많습니다. 수술 부위를 봉합하는 봉합사의 선택, 수술 중 주입하는 스테로이드, 수술 후 관리에 따라 켈로이드 흉터를 줄일 수도 있기 때문입니다. 그리고 피부 절개 부위를 배 아래쪽으로 선택하여 팬티에 가리거나 음모에 가리는 방법도 있습니다. 하지만 켈로이드 흉터는 체질이기 때문에 완전한 예방은 어렵습니다.

흉터를 흐리게 하려면?

흉터는 일시적으로 붉어지고 뭉쳤다가 다시 흐려지므로 꾸준한 관리가 필수이다. 흉터 연고나 흉터 시트를 꾸준히 사용하면 완벽하게 없어지지는 않지만 상처가 튀어나오거나 붉게 착색되는 것을 방지할 수 있다.
수술 후 절개 부위가 완전히 아물면 메피폼 흉터 시트를 붙이거나 실리콘 젤 타입의 흉터 연고를 최소 3개월 이상 사용하도록 한다. 레이저를 이용한 상처 치료도 흉터를 제거하는 데 효과적이다.

11 제왕절개 수술을 앞두고 있는데 마취는 어떻게 하나요?

수술을 하면 반드시 겪어야 하는 과정 중의 하나가 마취입니다. 흔히 알고 있는 마취 방법은 전신마취와 부분마취입니다. 과거에는 주로 전신마취를 했지만 최근에는 부분마취인 척추마취나 경막외마취를 주로 하며 전신마취는 응급 상황 이외에는 거의 하지 않습니다.

부분마취는 두 가지 방법 모두 제왕절개 수술 부위 이하에 감각을 못 느끼게 함으로써 통증 없이 수술하는 방법입니다. 척추마취는 척수에 마취제를 투여하여 척수신경을 마비시키는 것으로 마취제가 퍼진 부위 아래로 감각을 상실합니다. 경막외마취는 척추 주위의 경막외강에 주사하여 통증을 줄이는 마취 방법입니다. 주로 무통분만에 널리 사용하며 무통분만을 통해 자연분만을 시도하는 과정에서 부득이하게 응급제왕절개 수술이 필요할 경우 마취제를 더 투여한 뒤 바로 수술로 전환할 수도 있습니다.

♥ 마취법의 장단점

상섬 자발적인 호흡이 가능하기 때문에 기관 내 삽관이나 인공호흡기가 필요 없어 호흡기에 대한 합병증이 없다. 수술 후 회복실에서 의식 회복 절차 없이 바로 입원실로 옮길 수 있다.

단점 마취를 시작하여 감각이 소실되기까지 10~20분 정도 소요되기 때문에 시간을 다투는 응급 상황에서는 시행하기가 어렵다. 또 통증만 사라질 뿐 감각은 느낄 수 있기 때문에 수술 과정을 모두 경험하므로 수술에 대한 두려움이 있는 임신부는 전신마취가 더 좋을 수 있다. 허리 부분에 마취를 시행하므로 허리 질환이 있는 경우에는 의료진과 상의한다. 또한 과도한 마취약의 투여는 수술 도중 오심이나 구토를 유발할 수 있다. 수술 중 느낌이나 진행 소리가 무섭다면 의료진에게 미리 음악을 부탁할 수도 있다.

부분마취에도 합병증이 있을까요?

부분마취는 척추에 바늘을 꽂아 마취액을 주입하는 방법으로 시행하기 때문에 혹시나 허리를 못쓰거나 다리를 움직이지 못하게 되는 건 아닌가 하는 걱정하는 분도 계십니다. 그러나 이런 합병증은 거의 발생하지 않기 때문에 걱정하지 않으셔도 됩니다.

다만 부분마취 후 발생하는 흔한 합병증 중 하나인 두통은 마취를 경험한 환자의 약 20~40%에게서 나타납니다. 경막외마취보다는 척추마취 환자에게서 발생하며 대부분 시간이 지나면 저절로 회복됩니다. 원인은 마취할 때 발생한 뇌척수액이 밖으로 유출되어 뇌척수액이 낮아지면서 생기는 것으로 알려져 있습니다. 부분 마취 시행 후 24시간 이내에 발생하며 4~5일간 지속되기도 합니다.

❤ 부분마취 후 두통을 예방하는 방법

• 수술 후 머리를 들지 말고 누워서 안정을 취한다. 이런 종류의 두통을 체위성 두통이라고 하는데 누워 있는 상태에서는 별 이상이 없지만 앉거나 일어서면 두통이 발생한다.

• 복대를 착용하여 복압을 높여준다.

• 충분한 물을 섭취한다.

• 두통이 심한 경우 혈액 봉합술을 시행한다. 혈액 봉합술은 구멍 난 부분을 혈액으로 막아주는 방법으로, 혈액을 본드처럼 이용한다고 생각하면 된다.

부분마취를 한 산모의 상당수가 요통을 호소하는데 과연 부분마취와 요통은 인과 관계가 있을까? 결론은 '그렇지 않다'이다. 요통을 호소하는 주원인은 수술이나 수술 후 자세의 불안정으로 인한 척추 근육의 통증 때문이거나 입원 침대에 적응되지 않아서인 경우가 대부분이며 척추에 바늘을 찌른다는 선입관 때문일 수도 있다. 수술 후 요통은 대부분 특별한 치료 없이 회복되니 부분마취가 요통을 일으킬 수 있다는 생각으로 전신마취를 택할 필요는 없다.

자연분만 중에 무통주사를 요구하면 놔주나요?

무통분만이란 분만 시 수반되는 통증을 경감시키기 위해 경막외강에 가느다란 관을 꽂아 지속적으로 마취주사액을 주입하는 경막외마취 방법을 말합니다. 이름이 무통분만이기는 하지만 진통의 통증을 줄여주는 방법이지 완전히 사라지게 하지는 못합니다. 최근에는 거의 모든 분만 시 무통분만을 시행하고 있으며, 덕분에 산모가 통증을 참지 못해 제왕절개에 들어가는 빈도가 크게 낮아졌습니다.

무통주사의 장점

• 통증의 경감은 무통주사의 가장 큰 장점이다. 이름처럼 통증을 완벽히 없애지는 못하지만 진통 시 오는 극심한 통증을 줄여주는 무통주사 시술은 진통으로 힘든 산모에게 가뭄의 단비처럼 소중한 시술이기도 하다.

• 지속적으로 마취제의 투입이 가능하다. 경막외에 가느다란 관을 꽂아두기 때문에 진통시간이 길어져도 추가로 마취제를 투여할 수 있으며 응급 상황이 발생해도 바로 수술이 가능하다.

• 진통 시 발생하는 스트레스 호르몬은 혈관을 수축시켜 태아로의 혈액량을 감소시킬 수 있는데 이런 통증을 경감시킴으로써 혈액의 순환을 돕는다.

• 분만 이후 발생하는 회음부의 통증 완화에도 도움을 준다.

• 분만 시 통증이 완화되면 산모가 보다 적극적으로 분만에 참여할 수 있어 제왕절개 수술의 빈도를 줄인다.

무통주사의 단점

• 통증을 줄여주기 때문에 산모가 제때에 힘을 주지 못할 수 있다. 감각이 없어지면서 운동 능력도 약해지고, 자궁문이 거의 다 열렸을 때 오는 감각을 제대로 느끼지 못해 제대로 힘을 주지 못하는 경우가 생기는 것이다. 그래서 무통주사를 맞지 않은 산모보다 진통이 길어지기도 한다.

• 마취의 한 종류이기 때문에 합병증에 대한 위험이 있다.

14

출산 중에 출혈로 위험할 수 있다는 말을 들어서 걱정됩니다

분만 과정에서 지금까지 태아의 생명을 이어주던 태반이 분리되는데, 이때 필연적으로 어느 정도 출혈이 생깁니다. 일반적으로 자연분만인 경우에는 약 200~300cc의 출혈이 발생하고, 제왕절개 수술인 경우에는 300~500cc 정도의 출혈이 발생할 수 있습니다.

하지만 분만 과정이나 태반의 반출 과정에서 예상치 못한 상황이 생기면 더 많은 출혈이 발생할 수 있는데, 일반적으로 500cc 이상의 출혈을 '산후 출혈'로 정의합니다. 산후 출혈은 자궁 수축 부전, 잔류 태반, 자궁경부 및 질 손상, 회음부 열상, 자궁 복구 부전 등 여러 가지 원인이 있을 수 있습니다. 분만 중 500cc 이상의 출혈은 지속적인 출혈이 발생할 수 있음을 예견하는 지표가 되는 데다 산후 출혈은 갑자기 대량으로 발생하는 경우가 많기 때문에 최악의 상황을 대비해야 합니다. 건강한 산모라면 대량의 출혈이 있다 해도 빠르고 적절한 처치가 이루어지면 충분히 회복할 수 있습니다.

❤ 산후 출혈이 일어나면?

- 산후 출혈은 대량 출혈을 의미하기 때문에 골든타임을 놓치면 돌이킬 수 없는 상황을 맞을 수 있다. 보호자는 출혈이 진행되면 환자 옆을 계속 지키며 의료진에게 현재 상황에 대한 설명을 들어야 하고 기타 수술 등 다른 의료 행위 시 정확한 상황 판단을 해야 한다.
- 의료진은 산후 출혈에 대한 시뮬레이션 연습이 잘되어 있으니 의료진의 판단과 처치에 대한 신뢰를 가지고 절대 당황하지 않도록 노력한다.
- 산후 출혈에서 가장 중요한 것은 수혈 시간이다. 개인 병원은 수혈까지의 시간이 오래 걸릴 수 있기 때문에 혈액은행이 있는 3차 병원의 응급실로 가는 것이 좋다.
- 산후 출혈의 마지막 선택은 자궁 적출술이 될 수도 있다. 이는 산모의 생명이 위급을 다투는 상황이라는 뜻이니 자궁 적출에 대한 망설임은 시간의 지체를 가져올 수 있다. 산후 출혈의 가장 중요한 치료는 빠른 판단과 함께 빠른 처치임을 잊지 말아야 한다.

15

첫아이가 역아여서 수술을 했어요. 둘째 위치는 정상인데 자연분만이 가능할까요?

첫아이를 제왕절개술로 분만하고 둘째는 자연분만으로 시도하는 것을 '브이백(VBAC, Vaginal Birth After Cesarean)'이라고 합니다. 과거에는 제왕절개 경험이 있거나 자궁근종 수술과 같이 자궁에 수술한 상처가 남은 경우에는 둘째도 제왕절개술을 시도했지만 최근에는 자연분만에 대한 관심이 높아지면서 브이백을 시도하는 경우가 많습니다.

브이백은 낮은 확률이긴 하지만 자궁 파열의 위험 때문에 산부인과 의사가 기피하는 분만 방법 중 하나이긴 합니다. 따라서 브이백을 많이 시도해본 병원과 의사를 찾는 것이 좋습니다. 또 응급 상황이 발생하면 바로 수술해야 하니 마취과 의사가 상주하는 병원, 바로 수혈이 가능한 병원, 갑자기 발생하는 신생아의 위험 상황에 대한 처치가 가능한 병원인지 꼼꼼히 따져봐야 합니다.

브이백을 시도하기 전 검사가 필수인데, 과거 제왕절개 수술 부위의 자궁 두께를 측정하거나 태아의 머리 및 X선 골반 계측을 측정하기도 하지만 무엇보다 중요한 것은 과거의 수술 기록입니다. 분만 과정에 어떤 문제가 있어서 수술을 했는지, 또 어떤 방법으로 했는지, 수술 도중에 다른 문제는 없었는지 등을 꼼꼼히 따져보고 브이백을 준비해야 합니다.

브이백의 성공률은 과거 제왕절개 수술을 한 원인에 따라 큰 차이를 보입니다. 또한 임신부가 비만일수록, 태아의 머리가 클수록 성공률이 떨어지기 때문에 브이백을 원한다면 임신 중에 태아의 몸무게 및 임신부의 체중 증가에 신경 써야 합니다. 과거 역아로 제왕절개술을 한 경우에는 성공률이 90% 정도 되지만 산모의 골반이 좁거나 태아의 머리가 커서 수술한 경우에는 성공률이 60% 정도로 낮습니다. 브이백 성공률을 높이기 위해서는 산모의 끊임없는 노력과 자기 관리가 필요합니다. 임신 전 지속적인 운동과 식이요법을 통해 건강한 몸을 만들고 골반 강화 운동으로 순산할 수 있는 힘을 길러야 합니다.

브이백의 장단점

브이백의 장점

- 수술로 생길 수 있는 감염, 출혈, 마취에 대한 합병증을 줄일 수 있다.
- 입원 기간이 단축되고 분만 후 회복이 빠르다.
- 자연분만의 성공으로 인한 산모의 심리적인 만족감과 함께 분만 후 아기를 곧바로 안을 수 있어 심리적 안정감을 얻을 수 있다.

브이백의 단점

자궁 파열이 나타날 수 있다. 자궁 파열은 과거 제왕절개 수술을 한 자궁벽의 두께가 얇아지면서 진통 때 전해지는 압력을 이기지 못해 파열되는 것을 말하는데, 그 확률은 1% 미만이다. 자궁이 파열될 경우 태아에게 충분한 산소가 공급되지 못하여 뇌성마비 등의 영구적 합병증을 초래할 수 있고 심하면 사망에까지 이를 수 있다. 또한 예기치 않게 자궁 혈관이 함께 파열되면 산모는 심한 출혈로 쇼크에 빠질 수 있다. 따라서 자궁 파열이 의심된다면 지체 없이 응급 제왕절개 수술을 해야 하며 수술이 빠를수록 심각한 합병증을 예방할 수 있다.

브이백의 성공률이 높은 경우

- 과거 자연분만 경험이 있거나 40주 전 진통이 저절로 시작된 경우
- 과거 역아로 수술한 경우
- 현재 태아의 몸무게가 4kg을 넘지 않은 경우
- 과거 쌍둥이 임신으로 수술한 경우
- 현재 산모의 나이가 만 35세를 넘지 않은 경우
- 과거 수술 방법상 자궁 절개를 세로 절개가 아닌 하부 가로 절개로 한 경우

브이백을 절대 해서는 안 되는 경우

- 과거 자궁 파열을 경험한 경우
- 제왕절개 수술 이외에 자궁근종 수술 등 자궁 수술을 한 경우
- 과거 자궁의 절개를 세로 절개 혹은 역 T자형 절개를 한 경우
- 자궁 절개를 하부 가로 절개로 했지만 수술 도중 심한 자궁 혈관 파열이 있었던 경우
- 과거 제왕절개 수술 후 수술 부위에 염증이 생겼던 경우
- 분만 전 초음파 검사에서 과거 제왕절개 부위의 자궁벽 두께가 2mm 미만인 경우

진통 도중 내진은 왜 해야 하나요?

내진은 분만 과정에서 의료진이 산모의 자궁 입구를 손으로 촉진하는 진료 방법입니다. 산모들이 꺼리는 검사이긴 하지만 내진은 태아가 스스로 산도를 내려오는 험난한 과정에 이상이 없는지를 파악하여 정상적으로 분만이 가능할지 예측하는 가장 중요한 검사입니다. 내진은 숙련된 의료진에 의해 최대한 고통 없이 빠르고 편안하게, 그리고 정확하게 이루어지니 다소 불편하더라도 인내를 당부드립니다.

❤ 진통 시 내진을 통해 알 수 있는 것들

❶분만의 힘, 엄마의 자궁 수축

분만을 하기 위한 가장 중요한 요소가 바로 자궁의 수축이다. 자궁의 수축은 규칙적이고 지속적으로 발생하며, 강도는 점차 세지고 간격도 짧아진다. 의료진은 내진과 동시에 산모의 배에 한 손을 올려 자궁의 수축 정도를 판단한다. 10분간 관찰했을 때 이런 수축이 몇 번 오는지를 통해 분만이 시작됨을 알 수 있다. 자궁의 수축을 좀 더 과학적으로 알아보기 위해 내진 후 비수축 검사를 시행한다.

❷분만의 필수 요소인 자궁 개대와 숙화

분만에 필요한 힘이 자궁에 전해지면 자궁문이 열리는데 이를 위해서는 먼저 자궁경부의 숙화가 이루어져야 한다. 자궁경부의 숙화란 두꺼운 자궁문이 얇아지는 과정으로, 숙화의 진행에 따라 자궁문은 서서히 열리게 된다. 내진을 통해 자궁문의 열린 정도와 숙화의 정도를 판단함으로써 분만을 예측한다.

❸태아의 머리 굴곡과 회전, 그리고 거푸집 현상

내진을 통해 태아의 하강과 위치를 확인하는데 이때 태아의 머리 위치가 시시각각 바뀌거나 모양이 변하는 모습을 관찰한다. 이런 변화는 분만에 적합한 방향으로 변하기도 하지만 때로는 분만이 힘들다는 신호가 될 수도 있다. 태아는 좁은 산도를 통과하기 위해 머리의 자세를 굴곡과 회전을 통해 바꾸면서 내려오고 머리의 모양을 변형시키는데 이런 변형을 거푸집 현상이라고 한다.

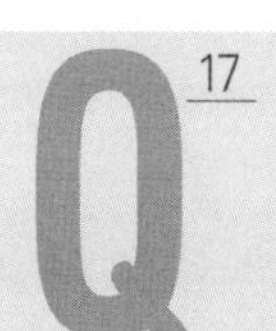

회음부 절개를 하고 싶지 않습니다. 안 하면 안 되나요?

사실 회음 절개는 분만에 꼭 필요한 요소는 아니며 진통 2기에서 분만까지의 시간을 단축시키려는 의료 행위 중 하나입니다. 초산모의 경우 태아의 머리가 회음부에 보이기 시작하는 순간부터 분만까지의 시간이 상당히 걸릴 수 있습니다. 이때 회음 절개로 분만 시간을 단축할 수 있습니다.

또한 회음 절개는 회음부의 손상을 줄이는 장점도 있습니다. 회음 절개를 하지 않을 경우 90% 이상이 회음부가 찢어지는 열상을 입게 되는데 때로는 항문 쪽으로 찢어지면서 심한 손상을 입거나 불규칙한 열상이 생겨 봉합에 더 많은 시간이 소요되기도 하고 봉합 후 흉터가 심하게 남는 경우도 있습니다.

회음 절개는 필수적인 의료 행위는 아니지만 회음 절개 여부는 분만 당시 의료진이 결정하는 것이 가장 좋으며 회음 절개를 하지 않을 경우 오히려 분만 후 합병증이 발생할 수도 있다는 점을 알아야 합니다. 회음 절개의 시행 여부부터 방법은 분만 과정 및 상황에 따라 변동적이므로 분만을 시도하는 의료진의 선택을 믿고 맡기는 게 가장 좋습니다.

회음 절개의 종류

중앙 회음 절개

수직으로 절개하는 중앙 회음 절개 방법은 출혈이 적고 회복이 빠르며 봉합 시간이 단축된다는 장점이 있지만 태아의 머리가 크거나 거대아인 경우 혹은 난산인 경우에는 항문에 직접 손상을 줄 수 있다.

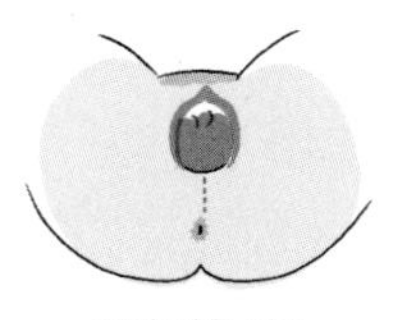

중앙 회음 절개

내외측 회음 절개

항문을 비켜 절개를 가하는 내외측 회음 절개는 분만 후 회복이 느리고 많이 불편하며 출혈이 동반되는 단점이 있는 반면 항문의 손상을 피할 수 있다.

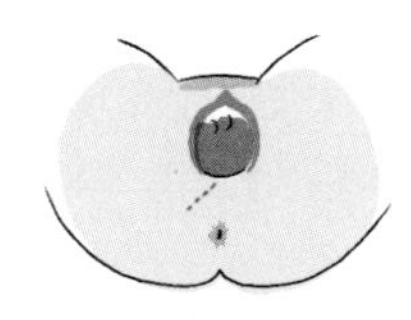

내외측 회음 절개

18

출산 후 태반으로 인해 출혈이 일어날 수 있다는데 어떤 경우인가요?

태반은 임신하면서 만들어진 조직으로, 엄마의 혈액을 태아에게 전달하고 태아의 노폐물을 제거할 뿐 아니라 임신 유지에 필요한 호르몬을 생산하는 역할을 합니다. 분만 후 5~10분 정도 시간이 지나면 자연스레 몸 밖으로 반출되지만 때론 태반으로 인해 산후 출혈이 일어나기도 합니다.

이중 가장 위급한 상황은 분만 후 태반과 함께 자궁이 딸려 나오는 '자궁내번증'입니다. 자궁의 속과 밖이 뒤집힌 상태로 나오는데 자궁의 불완전 수축을 일으켜 심한 산후 출혈을 유발합니다. 자궁내번증이 발생하면 즉시 자궁과 태반을 분리한 뒤 자궁을 손으로 집어넣어 원래 상태로 복구해야 하며 산후 출혈에 대비해야 합니다. 자궁이 원래대로 복구되지 않을 경우에는 자궁 적출까지 고려해야 하는 응급 상황 중 하나입니다.

잔류 태반

분만 직후의 잔류 태반

태반이 반출되지 않아서 생기는 경우가 대부분이다. 정상적으로 태반이 반출된 이후 자궁은 강력한 수축을 통해 자연적으로 지혈이 이루어지는데 태반이 남아 있는 경우에는 불완전 자궁 수축을 일으켜 산후 출혈로 이어진다. 이때 무리하게 태반 반출을 시도하면 탯줄이 끊어지거나 태반과 자궁이 함께 밖으로 나오는 자궁내번증과 같은 합병증이 발생할 수도 있다.

산후 회복기의 잔류 태반

산후 회복기에 오는 잔류 태반은 태반의 일부 조직이 자궁에 남아 출혈을 일으키는 경우가 대부분이다. 분만 이후 오로가 지속되다가 갑자기 배가 심하게 아프면서 마치 생리처럼 심한 출혈이 일어나는 경우에는 빨리 병원을 방문하여 출혈의 원인을 찾아내야 한다. 만일 잔류 태반이 의심된다면 즉시 태반을 제거해야 한다. 만약 첫아이를 낳을 때 잔류 태반으로 고생했다면 다음 임신에서도 가능성이 있으니 반드시 분만 전에 의사에게 알리도록 한다.

19 분만 도중 열상으로 인해 고생했는데 열상은 예측하거나 피할 수 없나요?

분만 도중 자궁경부, 질 그리고 회음부에 생기는 열상은 피할 수 없는 합병증입니다. 대부분의 열상은 간단한 봉합으로 해결되지만 때론 심한 산후 출혈의 원인이 되기도 합니다.

질과 자궁경부의 열상은 태아가 산도를 내려올 때는 태아의 몸으로 열상 부위를 압박하기 때문에 바로 출혈이 관찰되지 않다가 분만 이후 갑자기 출혈이 발생하는 경우가 많습니다. 또 임신 중 정맥류가 발생한 경우에는 분만 도중 정맥류가 파열되어 많은 출혈이 일어납니다. 이런 경우에는 즉각 출혈 부위와 열상 부위를 봉합해 지혈해야 합니다. 발견 즉시 지혈하면 큰 문제가 없지만 발견이 늦어지거나 봉합이 늦어지면 대량 출혈이나 혈종을 형성하게 되어 심각한 산후 출혈을 야기할 수도 있습니다.

분만 도중의 열상은 예측하기 힘들며, 열상이 발생한 경우 산후 출혈을 일으키므로 재빨리 정확한 출혈 부위를 찾아 봉합해야 하는 응급 질환 중 하나입니다.

항문 주위 회음부의 열상은 많은 양의 출혈을 일으키지는 않지만 분만 후 봉합하기까지 시간이 지체되기 때문에 출혈과 함께 산후 변실금과 같은 합병증이 올 수 있습니다. 자연분만의 과정에서 회음 절개를 했더라도 이는 회음부 손상을 최소화하는 것이지 완벽하게 막아줄 수는 없기 때문에 회음부 열상 발생 즉시 봉합해야 합니다.

출산 후 감정 기복이 심해지고 예민해졌습니다. 우울증일까요?

산후 우울증은 출산 후 겪는 우울증을 말합니다. 출산 후 아기를 만나 기쁘고 행복하지만 동시에 여러 가지 부정적인 감정도 함께 올 수 있습니다. '아기 울음소리에 미쳐버리겠어.', '내가 과연 아기를 키울 자격이 있을까?', '내게 이런 상황이 생기게 한 남편이 너무 싫어.', '아기에게 무슨 잘못이 생기면 어떡하지?' 이렇게 매 순간 부정적인 감정이 몰려왔다가 사라지곤 합니다.
많은 엄마들이 이런 낯선 감정에 당황하는데 이는 출산 후 산모의 약 50~60%에게 발생하는 흔한 감정입니다. 대부분의 산모가 겪는 가벼운 우울감은 시간이 지나면서 자연히 해결되는 경우가 많지만, 때론 증상이 걷잡을 수 없이 심해지기도 하니 누구나 겪는 일이라고 묵과해서는 안됩니다. 산후 우울증으로 발전하면 산모와 아기 모두에게 위험한 상황을 초래할 수 있으니 치료가 필요합니다. 그렇다면 산후 우울증은 왜 나타나는 것이며, 어떻게 치료해야 할까요?

단기 산후 우울감(Postpartum Blue)

영어 'blue'는 우울한 감정을 뜻한다. 우울감은 출산 후 나타나는 감정의 변화 중 가장 약한 형태로, 50~85%에 달하는 산모가 겪는다. 보통 분만 직후 2~4일째 증상이 시작되는데, 3~5일째 가장 심하고 대개 2주 정도 후면 정상적인 감정으로 돌아온다.
임신으로 호르몬이 급격한 변화를 일으켜 몸의 변화를 가져왔듯이 출산 후에는 호르몬들이 정상으로 돌아오면서 다시 한번 몸에 변화가 생긴다. 이런 호르몬의 변화로 산후에도 정신적인 우울감이 생기는 것이다. 또한 출산의 기쁨과 동시에 미래에 대한 불안감이 심해지면서 여러 가지 감정의 변화가 나타난다. 출산 이후 힘든 몸으로 아기를 돌보며 쌓인 피곤함이 이런 감정을 더욱 혼란스럽게 한다. 하지만 단기 산후 우울감은 일시적으로 생겼다가 출산 후 2~3주 이내에는 대부분 정상으로 돌아오며 이후 큰 문제를 일으키지는 않는다.

단기 산후 우울감의 증상

갑자기 눈물이 흐르고 별것 아닌 일에도 짜증이 난다. 밤에 잠을 잘 이루지 못하며 신경이 극도로 예민해진다. 불안과 함께 하루에도 몇 번씩 감정의 변화가 심하게 나타나지만 일상생활을 하지 못할 만큼 심한 정도는 아니며, 시간이 지날수록 좋아진다.

과거 우울증을 앓았거나 월경전 증후군으로 치료받은 적이 있었던 산모라면 출산 후 우울감이 오랫동안 지속되거나 일상생활에 지장을 줄 정도로 심하게 나타날 수 있으니 주의해야 한다. 심한 경우 단기 산후 우울감에서 우울증으로 진행할 수 있으니 우울감이 오래 지속되면 반드시 정신과 전문의와 상담을 하고 치료를 받아야 한다.

단기 산후 우울감 치료 방법

단기 산후 우울감은 시간이 지나면 대부분 좋아지므로 주변 사람들의 사랑과 관심이 가장 좋은 치료 방법이다. 특히 남편의 역할이 가장 중요하다. 아내와 대화를 많이 나누면서 평소보다 더 세심하게 배려해야 한다. 남편이 밤에 수유를 돕거나 아기를 돌보는 데 적극 참여하여 아내의 수고를 덜어주는 것이 가장 좋은 방법이다. 또 미래에 대한 긍정적 설계를 하며 긍정적인 사고를 나누는 것도 큰 힘이 된다.

❤ 산후 우울증(Postpartum Depression)

산후 우울증은 산후 우울감과 달리 조금 더 늦게 발병하고 좀 더 심한 상태로 발전하는 것을 말한다. 일반적으로 산후 우울증은 출산 후 4주를 전후해 발병하며 드물게는 수개월 이후에 발병하기도 한다. 출산 후 한 달 정도는 아기를 돌보는 데 만족했는데, 갑자기 우울해지면서 성격도 예민해진다면 산후 우울증을 의심해봐야 한다.

출산 후 변화한 호르몬이 주요 원인으로 여겨지지만, 그 외에도 여러 원인이 복합적으로 작용하는 것으로 알려져 있다. 특히 다음 경우에는 산후 우울증을 겪을 가능성이 커진다.

산후 우울증을 조심해야 하는 경우

- 우울증이나 월경전 증후군의 과거력이 있는 경우
- 과거 미숙아를 낳은 경험이 있는 경우
- 과거 출산에 어려움을 겪었거나 육아가 정신적, 경제적으로 힘들었던 경우
- 남편과 사이가 좋지 않거나 미혼모인 경우
- 과거 부모에 대한 서운함과 좋지 않은 감정이 있는 경우

산후 우울증의 증상

우울감, 체중 감소, 수면 장애, 집중력 저하, 자살 충동, 피로감, 불안함과 같은 증상들 중 적어도 다섯 가지 이상의 증상이 거의 매일, 그리고 2주 이상 발생하거나 이런 증상으로 일상생활에 지장을 받을 정도라면 통상 우울증으로 진단을 내릴 수 있다. 산후 우울증은 이런 증상과 함께 아기에 대한 생각과 태도가 곁들여져 나타난다. 즉 아기에게 갑자기 폭력적인 행동을 취하거나 관심이 없어지기도 하고, 때로는 지나친 걱정을 하며 불안해하기도 하는 등의 행동을 보이는 것이다. 이런 행동을 보인다면 즉시 의사와 상담하여 치료 시기가 늦어지지 않도록 주의해야 한다.

산후 우울증 치료 방법

산후 우울증은 단기적 산후 우울감과는 달리 약물 치료와 함께 정신적 상담이 이루어져야 한다.

약물 치료

아이에 대한 걱정으로 대부분 약물 치료를 피하려 하지만 오히려 적극적인 약물 치료를 통해 증상을 개선해야 한다. 약물 치료는 혈액 내의 세로토닌 성분을 높여서 감정 상태를 좋게 하는 치료로, 우울증 치료 효과가 매우 좋다.
약물 복용과 모유 수유는 큰 상관이 없으니 모유 수유는 그대로 진행해도 된다. 오히려 모유 수유는 아기와의 유대감을 강화시키기 때문에 치료에 도움이 된다. 단, 약물 복용에 대한 불안감을 산모가 떨쳐버리는 것이 중요하다. 약물이 산모와 아기에게 안전하다는 믿음을 갖고 적극적인 약물 복용으로 우울증을 치료해야 한다.

상담 치료

산후 우울증은 과거 가족의 문제나 현재 남편과의 문제 등이 원인인 경우가 많다. 이런 원인들은 상담 치료를 통해 해결하는 것이 좋은데, 이때는 산부인과 전문의가 아닌 정신과 전문의에게 치료받아야 한다.

남편의 노력

출산 후 산모는 시간 대부분을 아기와 남편과 보내게 된다. 아기는 엄마의 우울증 치료를 도울 수 없으므로 당연히 남편의 역할이 매우 중요하다. 이때 산모에게 필요한 것은 공감과 지지다. 그러니 아내 중심으로 생활 방식을 바꾸고 대화를 많이 나누는 게 좋다. 퇴근 후 술자리나 약속은 피하고, 밤중 수유를 돕거나 집안일을 도맡아 하며 산모의 일을 덜어주는 것이 좋다. 아내의 우울증 치료에는 약물보다 남편의 힘이 더 크다는 것을 잊지 말아야 한다

산모의 노력

산모 본인도 우울증을 극복하기 위해 노력을 기울여야 한다. 의사와의 상담 치료와 약물 치료를 게을리하지 않고 스케줄에 따라 치료를 받는 것이 중요하며, 평소 충분한 휴식과 영양 섭취를 통해 안정을 찾는 것이 좋다. 몸이 힘들거나 육아가 힘들어진다면 주변에 도움을 청하는 것도 좋은 방법이다. 편안한 음악이나 규칙적인 운동도 체내에 엔도르핀을 분비시켜 기분을 전환시키는 데 좋다. 같은 상황에 있는 다른 엄마들과 카페 활동을 통해 만나 기분 전환을 하는 것도 좋다.

♥ 산후 정신병(Postpartum Psychosis)

산후 정신병은 산후 우울증과는 달리 증상의 형태가 매우 심각한 상태로, 중증의 증상을 보이는 산후 우울증이다. 이런 증상은 산모 중 0.1~0.2%에서 나타나며 대부분 출산 3개월 이내에 나타난다.

극도로 정서가 불안하여 잠을 못 이루고 주의가 산만하며 때론 환청이 들리기도 한다. 쉽게 분노하고 감정의 기복이 많으며 자살 충동과 함께 아기에게 폭력적인 행동을 보이기도 한다.

이런 증상들은 즉각적인 입원 및 치료가 필요한 정신과적 응급 상황으로, 시기를 놓치면 돌이킬 수 없는 결과를 불러올 수 있다. 보통 환자 본인은 치료에 대해 회의적이고 협조하려 하지 않기 때문에 가족들의 동의하에 입원 치료를 받아야 한다.

그렇게 힘겹게 가진 아이였는데, 내 몸이 힘들다 보니 신체적으로도 정신적으로도 출산 전보다 더 힘들었어요. 아무리 달래도 울음을 그치지 않는 아기를 거칠게 아기 침대에 내려놓고 펑펑 울면서 이게 바로 산후 우울증이라는 걸 알았죠.

산후 우울증은 혼자 힘으로 극복할 수 없어요. 내 몸과 마음을 돌볼 여유가 필요한데 신생아는 24시간 지켜봐야 하니까요. 산후 우울감과 우울증을 개선하려면 무엇보다 육아지원군이 필요해요. 잠시 아기 곁을 떠나 피로를 회복할 수 있도록 남편이나 돌보미를 두는 게 가장 좋은 방법이에요. 너무 완벽한 엄마가 되려고 강박할 필요 없어요. 누구나 저처럼 처음 엄마니까요.

출산한 지 2주가 지났는데도 계속 오로가 나옵니다. 언제쯤 오로가 끝날까요?

자연분만이나 제왕절개 여부와는 상관없이 출산 후에는 태반이 몸 밖으로 나오면서 자궁에서 출혈이 발생합니다. 그때 출혈과 함께 림프액이나 자궁내막 조직 등의 찌꺼기가 몸 밖으로 나오는데 이것을 '오로'라고 합니다. 오로는 모든 산모에게 나타나는 자연적인 현상이기 때문에 걱정할 필요는 없지만 출혈이 계속되면 걱정도 되고 불편하기도 합니다. 또한 때로는 산모에게 위험한 신호일 수도 있습니다.

❤ 오로는 얼마나 지속될까?

오로는 사람마다 나오는 기간에 조금씩 차이가 있으며, 짧게는 2~3주부터 길게는 6~8주까지 지속된다. 오로가 끝나는 시기는 개인마다 차이가 있지만 일반적으로 적색 오로부터 백색 오로까지의 과정을 거치면서 양이 줄어들면 크게 걱정하지 않아도 된다. 오로는 시기에 따라 양이나 색에 차이가 있는데, 일반적으로 다음과 같이 분류한다.

적색 오로

출산 후 대략 3일까지는 생리처럼 붉은색의 오로가 발생하는데, 이를 적색 오로라고 한다. 때로는 일수일까지 적색 오로가 지속되기도 하지만 점차 색이 엷어지거나 양이 줄어들면 괜찮다. 만약 양이 줄어들지 않고 생리처럼 계속되면 병원에 가야 한다.

장액성 갈색 오로

시간이 지나면 오로의 색이 갈색으로 바뀌면서 양이 줄어드는데 이것을 장액성 갈색 오로라고 한다. 대부분 출산 후 10일까지 지속되지만 더 오래 나타날 수도 있다. 장액성 오로에서 다시 적색 오로가 발생한다면 새롭게 발생하는 출혈일 수 있으므로 양과 상관없이 병원에 가야 한다.

백색 오로

점차 색이 옅어지고 누르스름한 색을 띠며 점액 성분의 탁한 오로가 나오는데 이것을 백색 오로라고 한다. 자궁 안에 남아 있던 혈액이 대부분 흡수되거나 배출된 후 나오는 오로로, 대부분 출산 후 2~3주까지 지속되지만 때로는 5~6주까지 나오는 경우도 있다.

정상이 아닌 오로

오로는 시간이 지나면 점차 양이 줄어들면서 색이 엷어지지만 다음과 같은 증상이 나타날 때는 빨리 병원으로 가야 한다.

염증을 나타내는 오로

• 오로에서 고약한 냄새가 날 경우

• 고열이 동반되는 경우

산후 출혈

• 일주일 후에도 생리보다 많은 양의 붉은색 오로가 나오는 경우

• 한 시간에 한 장 이상 패드가 푹 젖을 정도로 많은 양의 오로가 갑자기 나오는 경우

• 출산 후 4일이 지났는데도 갈색 오로에서 다시 붉은색 오로가 시작되는 경우

• 갑자기 손발이 차거나 얼굴이 창백해지고 어지러움이 동반되거나 심장이 빨리 뛰는 경우

• 많은 양의 혈액 응고 덩어리가 갑자기 쏟아져 나오는 경우

올바른 오로 처치법

오로는 평상시 생리와는 달리 기간이 길고 염증의 우려가 있어 세심한 주의가 필요하다.

• 산모용 패드를 사용할 경우에는 장시간 착용하지 않고 자주 갈아준다. 특히 출산 직후에는 누워 있을 때 패드를 바닥에 깔아두는 것이 좋고, 패드를 자주 갈아주어 피부염과 같은 합병증을 줄인다.

• 소량의 오로를 닦을 때에는 반드시 항문 쪽을 향해 닦는다. 항문 대장균 등이 질을 통해 염증을 일으킬 수 있어 휴지로 닦거나 씻을 때에는 항상 주의해야 한다.

• 오로의 색깔과 양, 냄새 등을 확인한다. 오로는 출산 후 자궁의 건강 상태를 보여주는 현상 중 하나이므로 오로를 확인하여 산후 건강 상태를 체크한다.

• 탐폰과 같은 용품은 염증을 유발시킬 수 있기 때문에 피한다.

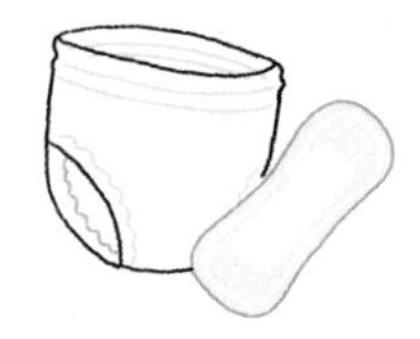

제왕절개 수술 후 3일째가 되었는데 아침부터 몸 여기저기가 아프고 열이 납니다

제왕절개 분만은 염증 등의 합병증 발생률이 자연분만에 비해 높습니다. 따라서 의료진도 수술 후 체온 측정에 신경을 많이 쓰며 원인 모를 발열에 대해서는 매우 민감하고 빠른 처치를 시행합니다. 일반적으로 많이 나타나는 발열 원인은 다음과 같습니다.

제왕절개 수술 후 발열의 원인

수술 후 1일째의 발열 전신 마취 후 폐가 완전히 펴지지 않아 자발적인 호흡 상태가 힘든 무기폐로 인해 발열 증상이 나타날 수 있다. 이는 수술 후 올 수 있는 흔한 증상이며, 특히 제왕절개 수술 후에는 복부의 통증 때문에 기침이나 심호흡이 힘들어 더 잘 나타난다.

수술 후 3일째의 발열 수술 후 3일째의 발열은 젖몸살이라고 하는 유방 울혈에 의한 것이 대부분이다. 출산 방법에 상관없이 공통적으로 나타날 수 있으며 열이 나면서 유방이 붉게 부어오르면 울혈을 풀어주어야 한다.

상처 감염에 의한 발열 수술 때문에 생긴 상처의 감염은 흔히 발생한다. 만약 수술 부위가 붉게 변하면서 통증이 있다면 염증을 의심해봐야 한다. 항생제 치료가 필요할 수도 있고 때론 퇴원이 늦어질 수도 있다.

산욕열이란?

분만 후 24시간 내에는 열이 나기 쉽다. 자궁이나 절개 부위 상처에서 나왔던 피가 흡수되면서 신체적 변화가 많기 때문이다. 또한 제왕절개 수술을 한 경우에는 출산 후 이틀까지 38도 이상 열이 나는 산모가 적지 않다. 그런데 만약 그 이상 고열이 계속된다면 생식기 감염으로 인한 것일 확률이 높다.

일반적으로 분만 후 10일 이내에 두 번 이상 38도 이상의 열이 나는 것을 산욕열이라고 한다. 산욕열은 특별한 처치 없이 정상 체온으로 돌아오기도 하지만 열이 쉽게 내리지 않는 경우가 많고, 때로 패혈증과 같은 심각한 합병증이 나타날 수 있으므로 의사와의 상담 후 광범위 항생제를 써서 치료한다.

제왕절개 상처 부분이 너무 아픕니다. 언제쯤 괜찮아질까요?

분만을 위해 복부를 절개하는 제왕절개술은 상처가 남습니다. 눈으로 보이는 상처는 가늘고 긴 10cm 남짓의 자국뿐이지만 실제로 수술을 하기 위해서는 피부 밑으로 여러 층을 절개해 들어가야 하므로 상처의 범위가 매우 광범위합니다. 따라서 수술 후에도 여러 이유로 통증이 남을 수 있습니다.

제왕절개 수술 후 통증의 종류

수술 직후의 통증 마취로 인해 제왕절개 수술 직후에는 통증이 발생하지 않지만 전신마취나 척추마취 후 마취가 풀리면 바로 배에 통증이 나타난다.

수술 이후부터 퇴원까지의 통증 수술 부위가 아물어갈 때쯤이면 땅기는 듯한 통증만 나타나며 특별히 힘들 정도의 통증은 점차 줄어들어 시간이 지나면 사라진다.

봉합사를 제거한 이후의 통증 봉합사를 제거한 이후 수술 부위 중심으로 열감이 느껴지거나 붉게 달아오르고 통증이 있다면 감염이나 수술 이후 생긴 진물이 피하지방층에 고이는 합병증일 수 있다. 이럴 때는 상당 기간 동안 상처 부위를 소독하고 관리해야 한다.

양쪽 끝이 땅기는 듯한 통증 제왕절개 수술 후 수술 부위에 양쪽으로 땅기는 듯한 통증이 나타나는 경우가 많은데 대부분 수술 중 절개한 근막이나 근육의 치유 과정 중에서 발생하는 통증으로 수주에서 수개월 내에 없어진다.

출산 후 충분한 시간이 지났는데도 나타나는 묵직한 만성 골반통 수술 후 1년이 지나도 골반이나 복부의 통증을 호소하는 여성이 많은데, 대부분은 제왕절개 수술 후 복강 내 여러 장기의 유착으로 통증이 발생한다. 유착이 심한 경우 복강경을 통해 유착 부위를 확인하고, 이와 동시에 유착 박리술을 시행하기도 한다.

켈로이드 상처로 인한 통증 켈로이드 체질로 인해 상처 주변으로 염증이나 피부염이 심하게 나타날 수도 있는데 이런 경우에는 켈로이드 제거술을 고려하기도 한다.

24

자연분만으로 출산했는데 회음부 통증이 너무 심합니다. 좋은 방법이 없을까요?

회음부 절개는 자연분만 시 나타날 수 있는 열상을 막고, 항문 손상을 최소화하며, 임신 전의 질 상태로 돌아가기 위한 의학적인 절개술입니다. 그런데 간혹 회음부 절개 주위가 깊게 찢어져 심한 통증을 유발할 수 있습니다.

이럴 때 도움이 되는 것이 바로 좌욕입니다. 물을 팔팔 끓인 후 엉덩이가 쑥 들어갈 정도 크기의 대야에 붓고 식혀(체온보다 조금 높은 40도 정도) 회음부 부위를 담그면 됩니다. 좌욕은 회음부가 잠길 정도의 깊이가 좋으며, 물이 식으면 뜨거운 물을 보충해주고, 시간은 10분을 넘기지 않습니다.

좌욕은 하루에 세 번 정도로 소변이나 대변을 본 이후에 하는 것이 청결을 유지하는 데 좋습니다. 좌욕 후에는 바로 속옷을 입지 말고 부드러운 수건으로 깨끗이 물기를 제거한 뒤 약한 바람으로 말려주는 것이 좋은데, 이때 케겔 운동을 병행해도 좋습니다.(케겔 운동법 34쪽 참조)

회음부 절개로 인한 통증 완화법

하루에 세 번 좌욕을 한다 회음부 절개 때 쓰이는 봉합사는 대부분 물에 녹기 때문에 따뜻한 물을 이용한 좌욕이 좋다. 또한 질에는 유익한 균이 살고 있어 좌욕만으로도 상처의 감염 없이 치유될 수 있다.

출산 후 초기에는 회음부 부위에 냉찜질을 한다 회음부에 냉찜질을 하면 부기와 통증을 완화시키는 데 좋다.

국소마취 성분이 있는 연고를 바른다 국소마취 성분이 첨가된 연고를 바르면 통증을 완화하는 데 도움이 된다. 통증이 너무 심할 때는 진통제를 복용하는 것도 한 방법이다.

회음부 방석을 사용한다 회음부 방석은 방석 한가운데 구멍이 뚫린 것으로, 수유할 때 깔고 앉으면 회음부 통증을 줄일 수 있다.

가정용 좌욕기

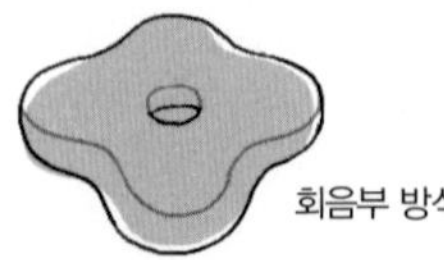

회음부 방석

25

출산 후 다시 진통이 오는 것처럼 배가 아픕니다. 괜찮은 걸까요?

임신으로 커진 자궁은 점차 수축을 통해 원래대로 돌아가는데 이를 '자궁의 복구'라고 합니다. 출산 직후 임신으로 커진 자궁은 17.5cm 정도로 배꼽 바로 아래에서 손으로 만져질 정도이지만 지속적으로 크기가 줄어들어 출산 후 약 7일이 지나면 배에서 만져지지 않을 정도로 작아지고, 4~6주가 지나면 7.5cm 정도로 임신 전 정상 자궁 크기로 돌아옵니다.

이렇게 자궁의 크기가 원래대로 돌아올 때 우리 몸에서는 출산과 마찬가지로 지속적인 수축을 일으키는데, 이런 자궁 수축을 '훗배앓이' 혹은 '산후통'이라 부릅니다. 이는 대부분의 산모에게 나타나는 지극히 정상적인 현상입니다.

산후통이 더 심해질 수 있는 요인

- 출산 후 복용하고 있는 자궁 수축제의 영향
- 수유 중에 분비되는 옥시토신
- 여러 번 출산을 경험한 경산모의 경우
- 쌍둥이나 4kg 이상의 거대아 출산 등으로 자궁이 크게 확장되었던 경우

산후통이 너무 심하다면?

산후통이 심한 경우에는 진통제를 처방받아 복용하는 것도 도움이 될 수 있다. 정상적으로 수축이 잘되는 경우라면 의사와 상의하여 자궁 수축제를 빼고 처방받을 수도 있다. 일반적으로 자궁을 따뜻하게 마사지를 해주면 혈액순환이 잘되면서 산후통이 완화되는 효과를 얻을 수 있다. 때로는 가득 찬 방광이 자궁의 수축을 방해하여 심한 산후통이 나타나기도 하니 소변이 보고 싶을 때는 자주 봐서 방광을 비워주는 것이 좋다.

26

출산 후 병원은 언제 방문하는 것이 좋은가요?

출산 이후 산모는 몸 상태를 꼭 체크해야 합니다. 보통 제왕절개 수술을 한 산모는 출산 후 1주일이 지난 시점에서, 자연분만 산모는 2주일이 지난 후에 몸 상태를 체크하기 위해 병원을 방문합니다. 진료 시에는 병원에서 다음과 같은 검사를 받게 됩니다.

출산 후 받아야 할 검사

회음부 절개 부위나 수술 상처의 확인 회음부 절개 부위의 봉합이 제대로 되었는지, 또 수술 부위에 염증이나 다른 문제는 없는지, 잘 아물고 있는지를 체크한다. 내진을 통해 오로의 양과 색을 확인하며 기타 다른 부위의 출혈 여부를 진단한다.

초음파 검사 초음파 검사를 통해 자궁의 크기가 정상적으로 회복되고 있는지, 자궁내막에 태반과 같이 출혈을 일으키는 조직이 남아 있지 않은지를 확인한다.

자궁경부 세포진 검사 산후에 꼭 필요한 검사지만, 출산 후 바로 하지 않고 약 2개월이 경과한 이후 시행한다. 2년마다 국가에서 무료로 시행하는 자궁경부암 검사 대상자라면 임신 도중에는 대부분 암 검사를 시행하지 않기 때문에 반드시 검사를 받아야 한다.

예약된 검사 시기 전에 병원을 방문해야 하는 응급 상황

갑작스러운 출혈 오로는 출산 후 나오는 자연적인 현상이지만 생리처럼 붉은 피가 다량으로 나올 때는 출혈이 의심되므로 빨리 병원을 방문한다.

38도 이상의 발열 퇴원 이후 38도 이상의 열이 날 경우 산욕열의 가능성이 있다. 산욕열일 경우 항생제 치료가 필요하기 때문에 빨리 병원을 방문하는 것이 좋다.

수술 상처 부위의 염증 수술 부위의 발적, 열감, 통증이 있는 경우 염증을 의심할 수 있으므로 병원을 방문해 항생제 치료를 받아야 한다.

배가 심하게 불러 오는 경우 제왕절개 수술 후 장 기능이 돌아오지 않는 경우에는 가스로 인해서 출산 전처럼 배가 불러오는 경우가 있다. 엑스레이 검사 등이 필요하기 때문에 병원을 방문해야 한다.

27

출산 후 3일부터 가슴이 부어오르면서 너무 아파요. 어떻게 해야 하나요?

출산 후 유방이 점점 탱탱해지면서 통증이 생기기도 합니다. 대부분 모유 수유가 원활하지 않아서 생기는 '젖몸살(유방 울혈)'입니다. 젖몸살은 수유 과정에 문제가 있거나 유선이 막혀서 나타나는데, 그 외에도 유선이 감염되면서 염증이 생겨서 통증이 발생하고 열이 오르기도 합니다. 이것을 '유선염'이라고 합니다. 유선염의 경우 38도 이상의 고열이 발생하며 독감과 비슷한 증상과 함께 유방 한쪽이 아프고 단단해지며 붓고 손을 댈 수 없을 정도의 통증을 유발합니다.

원활하지 않은 모유의 배출이 유방 울혈의 원인이라면 유선염은 박테리아나 곰팡이균에 의해 유선에 염증이 생기는 것입니다. 자주 수유를 하지 않거나 지나친 유축기 사용으로 젖의 양이 늘어난 경우, 조이는 브래지어나 안전벨트 등으로 유방을 압박한 경우, 성급하게 젖을 뗀 경우, 수유 방법이 잘못된 경우, 유두나 유륜에 상처가 난 경우에 나타날 수 있습니다.

유방 울혈과 유선염의 증상은 매우 비슷해 구분하기가 힘듭니다. 일반적으로 유방 울혈은 유방 마사지나 찜질, 적극적인 모유 수유를 통해 증상이 호전되기 때문에 특별한 약물 치료가 필요하지 않지만, 유선염은 염증을 동반하기 때문에 항생제 치료가 필요합니다.

⊕ 유방 농양

유선염을 방치하거나, 항생제 치료에도 불구하고 유방의 경계가 명확한 모양의 단단하고 아픈 병변이 발견된다면 유방 농양의 가능성도 생각해야 한다. 유방 농양은 염증이 오래되어 고름이 생긴 경우로, 주사를 이용하거나 수술적인 절개를 통해 고름을 제거한다. 유방 농양 역시 아이에게 감염되지 않기 때문에 모유 수유를 중단해서는 안 되고, 오히려 더 적극적인 모유 수유가 필요하다.

출산

분만할 때 어떤 문제가 발생할 수 있을까요?

분만은 모든 가족에게 닥치는 대형 사건입니다. 초산모라면 더 정신이 없을 테고,
경산모라 하더라도 첫째 때와는 다른 상황에 마주치는 경우가 많습니다.
일반적인 분만 과정만으로도 벅찬데 때에 따라 예상치 못한 문제가 발생할 수 있지요.
하지만 대부분의 문제는 적절한 처치로 해결할 수 있으니 당황하지 않고
침착하게 대처해야 합니다. 분만 상황에서 만날 수 있는 문제들과
대처 방법을 미리 알려드립니다.

분만하기 위해 병원에 가야 하는 증상

초산모는 분만 경험이 없기 때문에 언제 병원으로 달려가야 할지 모르는 게 당연하다. 일반적으로 초산모인 경우에는 분만까지 어느 정도 시간 여유가 있기 때문에 서두르지 않아도 되지만 경산모의 경우에는 진통 시작부터 분만까지 의외로 빨리 진행되는 경우가 있기 때문에 병원까지의 도착 시간을 고려하여 조금 서두르는 편이 좋다.

❶ 규칙적이고 강도가 점점 커지는 진통

본격적인 분만을 알리는 진통은 시간의 규칙성을 갖는다. 다음번 배 뭉침의 시각을 예견할 정도로 규칙성을 띠면 본격적인 진통임을 알 수 있다. 일반적으로 10분 간격의 규칙적인 진통이 오면 병원을 방문하여 내진 및 비수축 검사를 통해 입원을 결정하는 게 좋다.

❷ 양막의 파수

진통이 계속되면서 진통의 압력에 양막이 견디지 못하고 파수가 되기도 하는데 이것은 분만이 시작함을 알리는 증상이기 때문에 병원으로 가야 한다. 양막이 파수될 때 퍽 하

는 소리가 나는 경우도 있으며 소변처럼 따뜻한 물이 허벅지를 타고 흘러내린다. 그러나 태아에게는 큰 위험이 없으니 당황하지 말고 병원에 갈 준비를 하자. 이때 양수를 씻어내는 간단한 샤워 정도는 괜찮지만 감염의 우려가 있으니 물로 회음부를 씻거나 뒷물은 하지 않는 게 좋다.

❸ 이슬

이슬은 자궁문이 열리면서 자궁경부 입구에 모여 있던 점액질과 혈액 성분이 밖으로 나오는 것을 말한다. 분만이 곧 시작됨을 알리는 신호이기도 하다. 이슬이 비친 후 바로 분만이 진행되는 경우도 있지만 때로는 며칠이 지나도록 분만이 진행되지 않는 경우도 있으니 진통이 오는 양상을 좀 더 관찰하는 것이 좋다. 하지만 출혈량이 많거나 10분 이내의 규칙적인 진통이 동반된다면 병원에 가야 한다.

예정일이 다 되어도 확실한 분만의 시작 증상이 없을 경우가 있다. 그러나 느끼지 못할 정도로 태동이 점점 줄어들거나 팬티가 늘 축축하게 젖어 있는 경우, 갑자기 열이 나는 경우에는 정확한 상황 판단을 위해 병원을 방문하는 게 좋다. 경우에 따라서는 예정일이 지나지 않았다 하더라도 유도분만을 시도할 수도 있다.

태아가 탯줄을 목에 감고 있는 경부 제대륜

탯줄은 임신 40주 동안 태아의 생명을 지켜주는 소중한 끈이다. 탯줄의 길이는 태아마다 차이가 있지만 평균 50cm 정도인데 별다른 원인 없이 태아의 목이나 어깨 등에 감기는 경우가 있다. 이런 경우를 경부 제대륜이라고 하는데, 전체 산모 중 1/4에서 나타나는 흔한 일 중 하나이다.

경부 제대륜의 처치

경부 제대륜을 가지고 태어난 태아는 특별한 처치 없이 정상적으로 분만하는 경우가 대부분이어서 걱정하지 않아도 된다. 탯줄이 한 번만 감겨 있을 때에는 자연스럽게 손으로 탯줄을 풀어주면서 분만을 시도하지만 두 번 이상인 경우에는 탯줄이 목을 꽉 감을 수 있기 때문에 클램프로 탯줄을 먼저 잡고 자른 뒤 분만을 시도하기도 한다.

분만 전 탯줄이 먼저 나오는 제대 탈출

탯줄은 분만 시 신생아와 함께 나와야 하지만 때때로 분만 전에 자궁경부 밖으로 빠져나올 때가 있다. 이를 제대 탈출이라고 하며 아직 태어나지 않은 태아에게 산소 공급이 중단될 수 있는 응급 상황이다.

제대 탈출의 원인과 처치

제대 탈출은 태아의 머리가 골반에 진입하기 전 양막이 터지면서 양수와 함께 탯줄이 자궁 밖으로 밀려 나오면서 발생하는데 양수과다증, 쌍둥이 분만 중 둘째 아이를 분만할 때, 조산, 역아(둔위) 분만일 경우 생길 수 있다.

제대 탈출이 발생하면 탯줄로 공급되던 산소가 막히면서 태아에게는 저산소증을 초래하고 심하면 태아가 사망할 수도 있으므로 즉각적인 분만이나 제왕절개 수술을 하게 된다.

태아에게 산소 공급이 잘 안 되는 태아 곤란증

태아 곤란증이란 말 그대로 태아가 곤란한 상태로, 의학적인 관점에서 보면 태아에게 가는 산소 공급이 잘 안 되어 태아가 매우 힘들어하는 상태를 말한다. 태아 곤란증이 지속되면 대부분 제왕절개 수술과 같이 즉각적인 수술이 필요하다.

태아 곤란증의 원인과 처치

태아 곤란증의 원인은 산모가 빈혈이나 출혈로 인해 태아에게 충분한 혈액을 공급하지 못하는 경우, 산모가 만성 저산소증으로 혈액 내에 산소가 충분하지 못한 경우, 산모의 임신성 고혈압 등으로 태반으로 가는 혈류량이 감소하는 경우, 혈액을 공급하는 탯줄이 압박을 받는 경우, 양수량이 감소하여 태아가 잘 움직이지 못하는 경우 등을 들 수 있다.

태아 곤란증은 주로 비수축 검사와 초음파를 통해 진단하며, 태아 곤란증이 발견되면 대부분 제왕절개 수술로 분만을 하게 된다.

자궁 수축 부전

태아의 분만이 성공적으로 이루어진 이후 태반은 자궁에서 분리되어 자궁 밖으로 반출된다. 이때 태반 자리에서 출혈이 일어나는데 이러한 출혈은 분만 후 자궁에서 진통과 같은 수축이 일어나 딱딱해지면서 자연스럽게 지혈된다. 이렇게 수축된 자궁은 분만 후 3주가 지나면 골반 안으로 들어가고, 4~5주 정도 지나면 임신 전 크기로 돌아간다.

하지만 이런 자궁 수축이 여러 가지 원인으로 제대로 이루어지지 않아 분만한 이후에도 자궁이 마치 늘어난 풍선처럼 흐물흐물해진 경우를 자궁 수축 부전이라고 한다. 자궁 수축 부전은 지속적인 출혈을 일으켜 산후 출혈의 가장 중요한 원인이 된다.

자궁 수축 부전의 원인

① **과도한 자궁의 팽창** 자궁이 과도하게 팽창된 경우에는 분만이 끝나도 제자리로 돌아오지 못하고 출혈을 일으키는데 쌍둥이 임신, 거대아, 양수과다증 등을 원인으로 꼽을 수 있다.

② **자궁의 외상이나 분만 과정의 이상** 분만의 진행 과정이 너무 빠른 급속 분만이나 너무 오래 걸리는 지연 분만, 분만 도중 발생하는 산도의 열상, 조기 양막 파수로 인한 자궁의 염증, 과도한 분만촉진제 사용, 무리한 분만 시도 등은 분만 후 자궁 수축 부전으로 인한 산후 출혈의 원인이 될 수 있다.

자궁 수축 부전의 처치

1차 대응: 분만 후 자궁 출혈 시 초기 대응 단계

분만과 동시에 태반이 반출되는 시기로 자궁의 출혈이 시작되면 의료진은 출혈량을 확인하면서 출혈을 멈추기 위한 노력을 한다. 아울러 앞으로 생길지 모르는 수술과 수혈에 대비한다. 이 시기는 자궁 출혈의 매우 중요한 시기로, 출혈의 원인을 빨리 파악하여 빠른 판단과 함께 빠른 처치가 이루어지면 대량 출혈을 막을 수 있다. 산모의 바이털 사인 및 실혈량을 파악하면서 다음 단계에 대비한다.

• 출산 후 자궁을 손으로 마사지하면 자궁을 수축시키는 프로스타글란딘 호르몬이 분비되어 자궁이 단단해지면서 수축되는 것을 느끼게 된다. 대량의 산후 출혈이 아니라면 이러한 자궁 마사지를 통해서도 자궁 수축 효과를 볼 수 있다. 배탈이 났을 때 어머니가 배를 살살 문질러주듯이 보호자가 산모 옆에서 자궁을 살살 문질러주면 의외로 큰 효과를 얻을 수 있다.

• 자궁 이완을 방지하고 강력한 수축을 일으키는 약제를 투여한다. 자궁 수축 약물은 조기에 투여하는 것이 바람직하며 대부분은 수축제를 통해 어느 정도 출혈이 멎는다.

• 출혈이 줄어들면 실혈량을 측정하면서 수혈을 준비하거나 불완전 자궁 수축의 원인을 파악한다.

2차 대응: 적절한 초기 대응에도 불구하고 지속적으로 출혈이 발생하는 경우

임신부의 생명을 지키기 위해 모든 노력을 기울여야 하는 단계다.
출혈이 계속되면 수혈을 시작하는데, 수혈이 진행되고 있는데도 수혈량보다 출혈량이 더 많으면 산모는 결국 혈액 부족으로 저혈량성 쇼크에 빠진다. 따라서 출혈의 원인이 되는 자궁을 제거해야 할지도 모르며 때로는 자궁으로 가는 혈관을 막아 근본적인 지혈을 시행한다. 수술적 방법으로는 자궁 적출술이, 비수술적 방법으로는 자궁 동맥 색전술이 있다.

① **자궁 적출술** 산후 출혈의 마지막 처치는 자궁을 제거하는 수술인 자궁 적출술이다. 수혈 등을 비롯한 여러 보존적인 치료에도 손을 쓸 수 없을 정도로 많은 양의 출혈이 발생하면 지체 없이 자궁 적출술을 시행한다. 자궁은 여자에게 매우 소중한 장기이지만 생명의 소중함 앞에서는 어쩔 수 없는 결정임을 알아야 한다.

② **자궁 동맥 색전술** 자궁 동맥 색전술은 자궁을 보전하고 급성 출혈을 막기 위한 비수술적 방법으로, 최근 치료 방사선 기술이 발전하면서 산부인과의 응급 출혈 상황에서 많이 시도되고 있다. 방사선 기술을 통해 자궁으로 가는 혈관을 찾아 선택적으로 혈관을 지혈하는 방법으로, 산후 출혈에 좋은 성과를 내고 있다. 하지만 자궁 동맥 색전술은 시술하기까지 시간이 지체될 수 있기 때문에 급성 대량 출혈일 때에는 빠른 지혈을 위해 수술을 선택할 수밖에 없다.

커진 자궁이 원래 크기로 돌아가지 못하는 자궁 복구 부전

자궁은 출산 후 지속적인 수축을 통해 3주가 지나면 골반 안으로 들어가고, 4~5주가 지나면 임신 전의 크기로 돌아갑니다. 하지만 출산 후 자궁 수축이 불완전하여 자궁이 원래 상태로 돌아가지 못하고 커진 상태로 남아 있는 경우가 있는데 이를 자궁 복구 부전이라고 하며 산후에 갑자기 일어나는 출혈의 원인이 됩니다. 오로가 나오다가 덩어리와 함께 생리처럼 출혈이 일어나고 배에 통증이 느껴지면 일단 병원을 방문해서 정확한 진단을 받아야 합니다.

자궁 복구 부전의 원인과 처치

자궁 복구 부전은 쌍둥이 임신이나 거대아 출산처럼 자궁이 일반적인 임신보다 커져 있을 때나 잔류 태반, 자궁근종, 자궁 내 염증 등 자궁 수축을 방해하는 요인이 있을 때 주로 발생한다.
자궁 복구 부전이 의심되면 강력한 자궁 수축제로 수축을 돕는 동시에 출혈량을 자세히 관찰해야 한다. 출혈이 멈추지 않는 경우에는 자궁 동맥 색전술을 시도하며 위급할 경우 드물긴 하지만 자궁 적출술까지 이루어지는 경우도 있다.

[부록]

태교와 태담

태교 여행

균형 잡힌 영양소 섭취

임신 중 조심해야 할 음식

임신 중 부부관계

임신 중 하기 좋은 운동

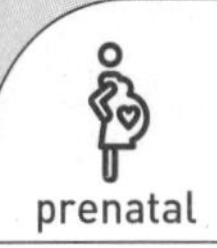

태교와 태담

임신 기간 동안 배 속에서 자라는 태아를 보면 가장 신비로운 것 중 하나가 바로 오감의 발달입니다. 임신 초기부터 태아는 맛을 느끼고 듣고 평형을 유지하며 빛을 감지하고 물체를 손과 발로 느끼는 감각의 수용체를 형성하면서 오감 발달을 위한 준비를 시작합니다. 이런 감각의 수용체는 태아의 뇌 발달과 신경세포의 발달로 임신 중기부터 완성되어 갑니다.

뇌는 수많은 세포를 형성하기 위해 평평한 구조에서 점차 울퉁불퉁한 구조로 표면적을 넓히고, 신경을 전달하는 신경세포의 수가 증가할 뿐 아니라 증가 속도 역시 빨라집니다. 태아의 오감은 점점 발달해서 임신 후기에 이르러서는 엄마 아빠의 목소리를 구별하고, 빛의 움직임에 따라 눈동자를 같이 움직이며, 양수의 맛을 느끼기도 합니다. 탯줄을 손으로 쥐어보며 탯줄의 감각을 느끼기도 하고 얼굴을 쓰다듬거나 손가락을 빨면서 자신의 몸 구석구석을 느끼기도 합니다.

이런 일상적인 자극은 출산까지 남은 기간 동안 계속되는데 엄마의 심장 소리와 말소리, 자궁을 지나가는 혈관 소리 등 반복적인 자극이 계속해서 태아의 머리에 새겨집니다. 이때 태아에게 새로운 자극, 즉 새로운 음악과 새로운 목소리, 새로운 터치 등을 경험하게 해주면 잠들어 있는 뇌신경을 깨우는 데 도움이 됩니다. 이런 신선한 자극을 경험하고 태어난 태아는 세상에 빠르게 적응할 뿐 아니라 잠재된 능력을 발현할 수도 있습니다. 이것이 바로 태교의 중요성을 말해주는 이론적인 바탕입니다.

태교는 엄마의 노력도 중요하지만 아빠도 태아의 감각을 일깨우는 데 동참해야 합니다. 태교의 더 중요한 가치는 부모 간의 교감입니다. 남편과 아내의 교감은 임신으로 인한 엄마의 우울한 감정을 해소하는 데에도 도움이 되며, 출산 이후 아이와 함께 행복한 가정을 꾸려나가는 데 중요한 초석이 됩니다.

태교란?

태교는 말 그대로 태아를 교육시킨다는 뜻입니다. 출산 3개월 전이면 태아는 대부분의 오감 발달이 완성되어 새로운 세상의 자극을 받아들일 준비를 마친 상태입니다. 태아는 남은 3개월 동안 엄마 배 속에서 반복적인 자극만을 느끼며 조용히 출산을 기다립니다. 그러니 남은 임신 기간 동안 새로운 자극을 통해 태아의 잠들어있는 뇌의 감각적 능력을 일깨우면 출생 후 아이의 정서적, 학습적인 능력을 향상할 수 있습니다. 이것이 바로 태교의 효과입니다.

이론적으로 보면 임신 후반기 태교가 가장 중요하지만 임신 기간을 특별히 구별하지는 않습니다. 일각에서는 오히려 정자와 난자가 수정되기 전부터 준비해야 한다고 주장하기도 합니다. 이를 전태교라고 합니다. 전태교는 태아의 건강과 지능의 발달뿐 아니라 엄마와 아빠가 건강한 임신을 위해 하는 운동, 식생활의 조절, 규칙적인 사회생활을 통해 아이를 준비하는 그 모든 과정을 의미합니다.

음악 태교

음악 태교는 외부의 소리로 배 속 태아의 청각을 자극하여 뇌를 발달시킨다는 이론에 근거한 태교입니다. 여기에는 태아도 이미 소리를 들을 수 있다는 사실이 전제됩니다.

우리가 소리를 듣기 위해서는 귀가 만들어져야 하며 귀로 들은 소리를 판단하고 이해하는 뇌의 발달이 이루어져야 합니다. 태아는 임신 18주면 소리를 듣기 위한 준비를 합니다. 속귀는 임신 18주에 이미 완성되며, 청각을 이해하는 뇌의 발달은 임신 24주면 80%가 완성되고, 임신 32주에는 신생아와 비슷한 청각 세포를 지니게 됩니다.

엄마의 자궁에서 엄마의 심장 박동 소리, 자궁을 지나가는 혈액 소리 등 지속적이고 반복적인 소리에 익숙해져 있던 태아는 청각의 발달과 함께 외부의 소리를 듣기 시작합니다. 그리고 다양한 청각 자극은 그동안 잠자고 있던 뇌를 자극하여 뇌의 시냅스 발달을 촉진합니다.

또한 음악 태교는 호르몬의 영향으로 감정 기복이 심한 임신부에게 심신을 안정하고 감정을 다스리게 해주며 스트레스나 피로에 지친 몸과 마음을 추스르는 데에도 도움을 줍니다. 임신 초기에는 입덧을 완화시킬 뿐 아니라 음악을 통해 편안한 분위기에서 식사함으로써 소화를 돕고, 임신 후기에는 분만과 출산에 대한 두려움을 극복하게 해주지요. 엄마의 이런 안정은 태아에게도 좋은 영향을 줍니다.

음악 태교, 이렇게 해보세요!

음악 태교를 잘하려면 매일 규칙적으로 음악을 감상하는 것이 가장 좋습니다. 감상 시간은 30분 정도가 좋으며, 태동이 없는 태아의 수면 시간보다는 활발히 움직이는 시간이 좋습니다. 조용한 장소에서 온도와 습도를 조절하여 가장 쾌적한 환경을 만들고 편안한 의자에 기대어 온몸을 이완시킨 채 음악을 감상해보세요. 같은 음악을 반복해서 들어도 좋고 비슷한 톤의 음악을 바꾸어가며 들어도 좋습니다.

✦태교에 좋은 음악

❶ 임신부의 마음을 안정시켜주는 음악
바흐 – 〈G선상의 아리아〉, 〈브란덴부르크 협주곡 5번〉
비발디 – 〈사계〉, 〈두 개의 만돌린과 현악 합주를 위한 협주곡〉
모차르트 – 〈자장가〉, 〈교향곡 25번〉, 〈교향곡 40번〉, 〈교향곡 41번〉, 〈바이올린 협주곡 5번〉
베토벤 – 〈로망스〉, 〈피아노 소나타 17번〉, 〈피아노 소나타 21번〉, 〈피아노 협주곡 5번〉
요한 슈트라우스 – 〈빈 숲 속의 이야기〉, 〈아름답고 푸른 도나우〉
차이콥스키 – 〈호두까기 인형〉, 〈백조의 호수〉, 〈안단테 칸타빌레〉
슈베르트 – 〈세레나데〉, 〈아베마리아〉, 〈자장가〉
리스트 – 〈사랑의 꿈〉

❷ 임신부의 편한 호흡을 돕는 음악
베토벤 – 〈월광〉 제2·3악장
바흐 – 종교 음악

❸ 임신부가 불안할 때 마음을 평온하게 하는 음악
베토벤 – 〈전원교향곡〉
베르디 – 가곡
모차르트 – 소나타
라흐마니노프 – 〈피아노 협주곡 2번〉
팔로 – 〈스페인 교향곡〉

❹ 임신부의 감정 기복이 심할 때 들으면 좋은 음악
차이콥스키 – 〈백조의 호수〉
베토벤 – 〈전원〉 제3악장
드뷔시 – 〈바다〉, 〈달빛〉

❺ 임신부의 소화 활동을 돕는 음악
하이든 – 〈종달새〉
드보르자크 – 〈아메리카〉
요한 슈트라우스 – 〈아름답고 푸른 도나우〉

❻ 임신부가 우울할 때 들으면 좋은 음악
드뷔시 – 〈물에 비친 그림자〉
라벨 – 〈물의 희롱〉
헨델 – 수상 음악
스메타나 – 〈몰다우〉

태담

임신 24주가 되면 태아는 엄마 아빠의 소리를 구별할 정도로 청각이 발달합니다. 특히 배 속에서 반복적으로 들었던 소리와 감각은 뇌의 발달과 더불어 머리에 저장되지요. 배 속에서 늘 듣던 소리는 분만 후 낯선 세상에 나온 태아에게 평온을 찾게 해줍니다.

태담을 통한 태교는 이런 반복적인 자극에 새로운 자극을 태아에게 전달함으로써 태아의 감각적인 능력과 함께 뇌의 발달을 도모하는 태교 방법입니다. 친숙해진 엄마 아빠의 말소리는 태아에게 안정감을 주며, 태아는 엄마 아빠가 건네는 말소리의 뜻을 아직 이해하지 못하지만 좋은 이야기라는 것을 깨달으며 뇌의 기능을 확장합니다.

태담이 좋다는 건 알지만 어떻게 해야 할지 모르겠다면 다음에 알려주는 몇 가지 방법으로 태담 건네기를 시작해보세요. 처음에는 어색하더라도 계속 시도하다보면 뱃속의 아기에게 이야기하는 것이 금방 익숙해질 겁니다.

태담, 이렇게 해보세요!

❶ 태아의 태명을 지어주세요

단순히 '아가야'로 부르는 것보다 태명을 지어 불러주세요. 태명은 태아 스스로 자신을 인식하게 하는 가장 좋은 방법입니다. 부부만의 추억을 담은 이름이나 태아에게 희망하는 바를 담은 이름, 무엇보다 아름답고 따뜻한 이름을 지어주세요.

❷ 아빠의 목소리를 반복적으로 들려주세요

몇몇 연구 결과에 의하면, 아빠의 저음 목소리는 엄마의 목소리보다 양수를 통해 아이에게 더 잘 전달된다고 합니다. 태아 매일 반복하여 듣는 엄마의 목소리 못지않게, 저음의 아빠 목소리에 흥미를 가집니다. 아빠의 말소리를 통해 자극을 전해줄 때 태담의 효과는 더욱 커집니다.

❸ 평소 이야기하는 말투로 태아에게 말을 걸어요

태담은 평소 말투로 태아에게 말을 건네는 것이 좋습니다. “좋은 아침이야. 어제 잘 잤니?”라는 안부로 시작하여 마치 아이가 세상에 나왔을 때처럼 태아에게 말을 건네보세요. 때로는 노래를 들려주거나 동화책을 읽어주어도 좋습니다. 태아가 태동을 하면 태아의 발을 어루만져주며 이야기를 해주세요. 가능한 한 엄마와 아빠가 가장 편한 상태로 태아에게 자극을 주면 된답니다.

❹ 태어나서 보게 될 주변 세상을 이야기해요

앞을 못 보는 사람에게 주변을 말로 설명해주듯이 태아에게 이 세상의 모습을 자세히 이야기해주세요.

“방금 울린 건 전화기라고 하는 거야.”

“지금은 자동차를 타고 여행을 떠나고 있어.”

“파란 하늘에 맑은 바다는 별아가 이 세상에 태어나면 제일 먼저 보여주고 싶은 것들이야.”

마치 세상에 나온 아이에게 자연을 설명해주듯 이야기를 시작해보세요.

❺ 태아의 수면 사이클을 고려하세요

태아도 수면과 활동을 번갈아 반복합니다. 그러니 될 수 있으면 고요히 자는 시간보다는 깨어 있을 때 자극을 전해주세요. 수면은 다음 발달을 위해 에너지를 저장하는 중요한 시간이므로 태아의 수면은 가급적 방해하지 않는 것이 좋습니다.

❻ 이야기를 들려주듯 책을 읽어주세요

태아에게 말을 거는 것을 쑥스러워하는 예비 엄마 아빠가 많습니다. 그럴 때는 태아에게 책을 읽어주세요. 따뜻하고 편안한 내용이라면 어떤 책이라도 좋습니다. 어린아이를 위한 동화책을 미리 준비해서 읽어주어도 좋고 재미있는 동시도 좋습니다. 엄마 아빠가 평소에 읽는 가벼운 내용의 책을 함께 소리 내어 읽는 것도 좋답니다.

하루에 책 한 권을 다 읽을 기세로 많이 읽어주기보다는 매일매일 시간을 정해서 조금씩 꾸준히 들려주세요. 어떤 책을 고를지 모르겠다면 시중에 엄마나 아빠가 읽어주기 좋은 태교 동화나 태아의 발달을 자극하는 태교책이 많이 있으니 참고하세요. 태교용 책은 매일 조금씩 읽기 좋게 짧게 끊어져 있으니 부담 없이 읽어줄 수 있을 거예요.

음식 태교

간혹 음식과 태교가 무슨 관련이 있는지를 묻는 분들이 있지만 음식은 가장 중요한 태교 중 하나입니다. 엄마의 규칙적이고 절제된 식사 습관을 통해 공급되는 질 좋은 영양분은 태아의 성장과 발달에 초석이 될 뿐 아니라 출생 후에도 아이의 성장을 이루는 발판이 됩니다.
몇몇 흥미로운 연구 결과에 의하면, 임신 중 섭취하는 음식물에 따라 양수의 맛이 달라지며 태아는 자궁 안에서 이런 양수의 맛을 구별한다는 보고가 있습니다. 또한 태아 프로그래밍 이론에 의하면, 엄마의 영양 상태에 따라 태아가 향후 성장할 때의 영양이 결정된다고 합니다. 이처럼 임신 중 음식 섭취는 건강뿐 아니라 출생 후에도 아이의 건강에 중요한 영향을 미치므로 음식 태교의 중요성이 더욱 강조되고 있습니다.

음식 태교, 이렇게 해보세요!

❶ 편안한 상태에서 음식을 먹어요
음식은 스트레스를 가장 덜 받는 상태에서 먹는 것이 좋습니다. 친한 친구나 남편과 즐거운 대화를 하면서 식사하거나 편안한 환경에서 식사를 즐겨보세요. 때로는 음악을 들으면서 식사를 하는 것도 음악 태교와 음식 태교를 병행하는 좋은 방법이 될 수 있습니다.

❷ 물을 충분히 마셔요
물은 체세포를 형성하는 중요한 성분일 뿐 아니라 노폐물을 제거하고 신선한 영양분을 공급하기 위한 기초가 되는 음식입니다. 임신 중에는 충분한 수분 공급을 위해 하루 2L 이상의 물을 마시는 것이 좋습니다. 엄마가 물을 마실 때 목을 통해 넘어가는 물소리를 들으면 태아는 시원한 평온함을 느낀다고 합니다. 물은 순수한 생수를 기준으로 하며, 탄산음료 등의 시판 음료는 피합니다.

❸ 적게 자주, 균형 잡힌 식사를 해요

임신 중에는 일반 여성이 하루에 섭취해야 하는 칼로리보다 300kcal 정도 추가된 2,000~2,500kcal의 식단이 필요합니다. 임신 중 가장 좋은 식생활은 소식다식입니다. 소식다식의 식단은 엄마뿐 아니라 태아에게도 균형 잡힌 영양을 공급하는 방법입니다. 한 끼 식사에 500kcal씩 네댓 끼 정도로 나누어 먹으면 위에 부담이 덜하고 소화가 잘 되므로 임신으로 떨어진 소화 능력도 보완할 수 있습니다.

❹ 될 수 있으면 유기농 식재료를 선택해요

우리와 이웃한 일본의 방사능 문제뿐 아니라 중국산 식자재의 안정성이 문제 되고 있습니다. 가능한 한 국내산 식재료를 사용하고 유기농 식재료를 이용하여 혹시라도 태아에게 미칠지 모르는 조그마한 오염이라도 예방하는 것이 좋습니다.

❺ 식사량은 평상시보다 30% 적게, 식사 시간은 평소처럼 길게 해요

임신부는 임신 전보다 소화 능력이 떨어져 임신 전처럼 먹게 되면 위와 장에 무리가 올 수 있습니다. 그러니 임신이 진행될수록 평소 한 끼 먹던 양보다는 적게, 대신 천천히 식사함으로써 소화될 시간을 충분히 가지는 것이 좋습니다. 임신부는 배부를 때 숟가락을 놓는 것이 아니라 배고픔이 사라지면 숟가락을 놓으라는 이야기가 있습니다. 그만큼 배부른 식사는 임신부에게 무리가 됩니다.

❻ 식사 도중에도 항상 태아에게 좋은 이야기를 태담으로 들려주세요

음식 태교의 좋은 점은 다른 태교와 함께할 수 있다는 것입니다. 음식을 먹을 때 태아의 태명을 부르면서 음식의 맛과 모양을 설명해보세요. 평소 익숙해진 목소리와 더불어 하는 음식물 섭취는 태아에게 또 다른 자극이 된답니다.

태교 여행

과거에는 여행과 같은 장거리 이동을 금기시했지만 지금은 배 속의 아이와 함께하는 태교 여행이 보편적입니다. 과연 장거리 여행이 괜찮을까요? 이에 대한 제 대답은 'YES'입니다. 태아가 잘 자라고 있고 엄마가 특별한 질환을 앓고 있지 않다면 여행을 특별히 제한할 필요는 없습니다. 오히려 계획되고 준비된 여행이라면 심신의 안정에도 좋고 태아와 특별한 교감을 이룰 수 있어 태교에 긍정적인 효과를 줄 수 있습니다.

태교 여행 시 주의해야 할 점

- 임신 초기, 6주에서 12주 정도까지는 장거리 여행을 피하는 것이 좋습니다. 또한 입덧이나 질 출혈 등의 증상이 있어도 여행은 자제하세요.

- 너무 덥거나 습한 곳, 바이러스 등과 같은 질환이 유행하는 곳은 피하세요. 또한 해발 2,000m 이상의 고지대나 예방접종이 필요한 저개발 국가도 적합하지 않습니다.

- 편하고 간편한 옷차림을 준비하세요. 화장실이나 좌석에서 편리하도록 위아래가 분리된 옷을 입고 에어컨 바람에 대처할 수 있도록 여벌의 옷도 준비하는 것이 좋습니다. 신발은 굽이 낮고 미끄럼 방지가 되어 있는, 발이 편한 것으로 준비합니다.

- 물은 될 수 있으면 끓인 물을 섭취하고 확인되지 않은 물은 양치질도 하지 않는 것이 좋습니다. 식수용으로 안전이 확인된 물을 섭취하고, 생수는 항상 뚜껑이 봉해진 것을 마시고 얼음이 든 음료도 삼갑니다. 과일은 직접 껍질을 깎아 먹는 것이 좋고, 회 같은 날음식은 신선하지 않은 경우에는 피해야 합니다. 저개발 지역에서 파는 길거리 음식들도 피하는 것이 좋습니다.

- 여러 곳을 돌아다니는 여행보다는 무리하지 않고 며칠간 심신의 안정을 취하는 여행을 권합니다.

- 물놀이를 할 때는 오염 가능성이 있는 곳은 삼가야 하며, 햇볕이 따가운 낮 시간을 피하고, 충분한 물을 섭취해 탈수를 예방합니다.

- 상비약을 준비해서 가져가세요. 또한 해외의 경우 여행지 근처의 산부인과 병원이 어

디에 있는지, 숙소에 임신부를 위한 편의 시설이나 응급 시설이 갖추어져 있는지 확인해두고 대사관의 연락처도 미리 알아두는 것이 좋습니다.

tip 여행 시 필수 상비약
타이레놀(발열 및 진통 효과), 소화제, 파스 역할을 해 주는 시프겔, 선크림, 항균 성분이 함유된 크림, 철분제나 엽산제와 같이 평소 복용하는 영양제

자동차 여행 시 주의점

- 가능한 한 임신부는 운전을 하지 않고 뒷좌석에 타는 것이 좋습니다. 조수석은 만약의 사고 시 에어백에 의한 2차 사고 가능성이 있습니다.
- 부득이 임신부가 운전하게 될 경우 핸들과의 거리를 최소한 25cm 이상 유지해야 합니다.
- 운전할 때는 등을 시트에 기대어 앉아야 하며, 시트 각도는 뒤쪽으로 10도 정도 기울이는 것이 적당합니다.
- 운전 시간은 가능한 한 짧게 하고 한 시간마다 충분한 휴식을 취하도록 합니다.
- 자동차는 실내 환기를 자주 합니다.
- 차량 어디에 탑승하든 안전벨트는 꼭 매야 합니다.
- 만일 교통사고가 나면 아무리 경미한 사고라도 병원에 가서 태아의 상태를 진단받도록 합니다. 또 사고 후 최소한 하루 이상은 절대 안정을 취해야 합니다.

✦자동차 운전과 안전벨트

임신부들이 차량 이동 시 복부의 압박감 때문에 안전벨트를 매지 않으려는 경우가 있지만, 사고로부터 임신부와 태아를 보호하려면 안전벨트를 반드시 착용해야 합니다. 다만 배 위에 벨트를 직접 할 경우 충격이 가해졌을 때 태아에게 영향을 줄 수 있으니 아래 벨트는 자궁 위치를 피해 골반을 지나도록 아래쪽으로 착용하고, 위쪽 벨트는 유방과 유방 사이를 지나도록 착용합니다. 안전벨트가 복부에 직접 닿지 않도록 수건이나 담요, 쿠션 등을 끼워 넣는 것도 복부의 피로를 줄이는 데 도움이 됩니다.

비행기 여행 시 주의점

비행기로 여행할 때 가장 우려되는 점은 바로 이코노미클래스 증후군(DVT)입니다. DVT란 장시간 좁은 좌석에서 같은 자세로 오랫동안 앉아 있을 경우 심장으로 돌아오는 피의 흐름이 늦어져 발생하는 혈전 질환입니다. 혈전이 발생하면 심장, 폐, 뇌로 가는 혈관을 막아 이로 인해 호흡 곤란과 심장마비 등을 일으킬 수 있습니다. 특히 임신 중에는 무거워진 자궁으로 인해 혈액의 흐름이 방해받기 때문에 DVT의 위험이 더 커집니다. 하지만 이런 무서운 질환을 예방할 수 있는 간단한 방법을 알려 드릴 테니 큰 걱정은 안해도 된답니다.

✦ 임신부의 장거리 비행 여행 시 DVT 퇴치법

❶ 창가보다는 통로 좌석을 선택해요

DVT의 가장 큰 원인은 여행 중 수면입니다. 아무래도 잠을 청하게 되면 같은 자세로 계속 있기 때문에 DVT에 노출되기 쉽습니다. 잠을 자지 않기 위해 중간중간 화장실을 가거나 복도에서 몸을 움직이는 것이 좋은데 그러려면 창가 자리보다는 통로 좌석이 좋습니다.

❷ 비상구와 화장실 앞쪽처럼 넓은 공간을 이용해요

잠을 자거나 TV를 보기보다는 움직여야 하는데 비행기는 사실 움직일 공간이 거의 없습니다. 가급적 넓은 공간이 확보된 좌석을 예약하고 틈틈이 화장실이나 복도, 비상구 앞의 공간에서 스트레칭을 하는 게 좋습니다.

❸ 비행기가 만석이 아니라면 빈자리를 활용해요

오랜 시간의 비행기 여행은 허리 통증 및 가진통 같은 불편함을 일으킬 수 있습니다. 비행기가 만석이 아니라면 승무원에게 연속된 빈자리를 이용할 수 있는지 문의해보세요. 좌석에 여유가 있다면 보통 임신부에게는 그런 자리로 이동하도록 도와줍니다.

❹ 신발은 편안한 것으로 준비해요

혈액 순환을 돕기 위해서는 편안한 신발을 신거나 비행 중에는 잠깐씩 신발을 벗어놓는 것이 좋습니다. 절대로 다리를 꼬지 않으며 편안하게 앉은 자세에서 발끝과 발목을 돌려 굳은 근육을 풀어주고 다리가 많이 붓는다면 의료용 압박스타킹을 신는 것도 도움이 됩니다.

❺ 이착륙 시 사용하는 안전벨트는 배 밑으로 편안하게 착용해요

안전벨트는 배 아래로 착용하고 복부에 벨트가 직접 닿지 않도록 수건 등을 끼워줍니다.

✦ 대한항공 이용 시 알아둘 TIP

임신 기간(탑승일 기준)	항공 여행 가능 여부
32주 미만	제한 없이 자유롭게 여행할 수 있습니다(단 임신성 고혈압, 당뇨 등 합병증이 있는 임신부는 탑승수속 시 의사진단서 및 건강상태 서약서를 제출해야 합니다).
32~36주	탑승 수속 시 건강상태 서약서를 제출해야 합니다 (예약 시 항공사에 미리 임신 주차를 알려야 합니다).
37주 이상 (다태 임신 33주 이상)	임신부와 태아의 건강을 위해 탑승할 수 없습니다.

- '도움이 필요한 승객'을 위한 카운터가 있는 공항인 경우 해당 카운터에서 탑승수속을 진행할 수 있습니다.
- 항공기 탑승 시 우선 탑승할 수 있습니다.

✦ 아시아나항공 이용 시 알아둘 TIP

임신 기간(탑승일 기준)	항공 여행 가능 여부
32주 미만	제한 없이 자유롭게 여행할 수 있습니다(단 임신성 고혈압, 당뇨 등 합병증이 있는 임신부는 탑승수속 시 의사진단서 및 건강상태 서약서를 제출해야 합니다).
32~36주	• 탑승 수속 시 서약서 제출 및 증빙서류 제출이 필요합니다. • 증빙 서류 : 탑승일 기준 7일 이내에 작성된 진단서나 소견서(Medical Certificate) 원본 1부, 사본 2부 • 기재 내용 : 항공여행의 적합 여부, 분만(출산) 예정일 – 주수 포함, 초산 여부, 분만 징후 및 임신 관련 합병증 유무, 기내 주의사항에 대한 확인
37주 이상 (다태 임신 33주 이상)	고객의 안전을 위하여 항공기에 탑승하실 수 없습니다.

- 전용 카운터가 있는 경우 이용할 수 있습니다(전용 카운터가 없는 공항은 직원에게 문의 바랍니다).
- 전용 카운터에서 수하물 우선 처리, 항공기 우선 탑승이 가능합니다.

장거리 여행시 좋은 운동법

✦ 다리가 부었을 때 좋은 꼼지락 체조

장거리 이동으로 다리가 부었을 때는 발가락을 반복해서 오므리고 피는 동작만으로도 도움이 됩니다. 여기에 추가하면 좋은 체조 동작을 소개합니다.

❶ 발가락 부분을 바닥에 붙이고 발뒤꿈치를 위아래로 움직인다.

❷ 발끝을 들어 올린다.

❸ 무릎을 양손으로 감싸 안고 발의 힘을 뺀 후 발목을 돌린다.

✦ DVT를 예방하는 비행기 체조

준비 운동

❶ 눈을 감았다 뜬 후, 눈동자를 상하좌우로 움직인다. 고개도 상하좌우로 풀어주고 한 바퀴 돌린다.

❷ 어깨를 으쓱하듯이 위로 올려 당겨주고 앞에서 뒤로, 뒤에서 앞으로 돌린다.

상체 운동

❶ 한쪽 팔을 반대편 어깨 뒤쪽으로 놓고, 다른 팔로 팔꿈치를 가볍게 잡은 뒤, 뒤쪽으로 밀어준다. 그 자세 그대로 머리 뒤로 팔을 넘겨 당긴다. 다른 쪽 팔도 같은 동작을 반복한다.

❷ 손을 깍지 끼고 앞으로 쭉 펴면서 상체를 구부린다. 이때 척추가 충분히 펴지는 느낌이 들어야 한다. 그리고 다시 제자리로 몸을 돌린다.

❸ 손을 깍지 끼고 머리 뒤쪽에 댄 뒤 팔꿈치를 앞으로 모으면서 무릎 쪽으로 숙인다. 빠르게 4회 반복한 후 천천히 1회 더 반복한다.

❹ 발꿈치를 들고 오른손은 의자 팔걸이를, 왼손은 오른쪽 무릎을 잡은 후 왼쪽 어깨를 오른쪽 무릎 쪽으로 천천히 내려준다. 같은 동작을 3~4회 반복하고 방향을 바꿔 한다.

지압하기

❶ 귓불과 머리카락이 끝나는 경계에서 만나는 점(풍지)을 양손의 엄지로 천천히 자극하면 머리가 맑아진다.

❷ 어깨 부분에 움푹 들어간 부분(견정)을 손가락으로 눌러주면 어깨의 피로가 풀린다.

❸ 엄지와 검지 사이의 아픈 부분(합곡)을 자극하면 소화기에 영향을 주어 속이 편해진다.

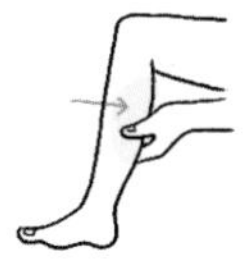

❹ 종아리 뒤쪽 근육 아랫부분(승산)을 지그시 눌러 자극을 주면 종아리의 피로를 풀어주고 혈액순환에도 도움을 준다.

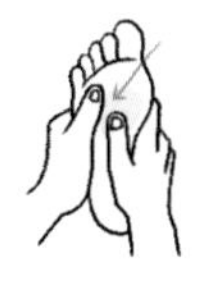

❺ 발바닥 중앙의 움푹 파인 곳(용천)을 지그시 눌러 자극을 주면 신체적, 정신적 스트레스를 풀 수 있다.

nutrient

균형 잡힌 영양소 섭취

건강한 임신을 위해서는 균형 잡힌 식사로 충분한 영양소를 섭취해야 합니다. 물론 모든 영양소는 과다 섭취하는 것보다는 적당량을 섭취하는 것이 좋으며 부족한 경우에는 보충제로라도 섭취하는 것이 좋습니다. 이런 건강한 식습관은 나 자신뿐 아니라 아이를 위한 엄마의 첫 노력임을 잊지 마세요.

임신 중 반드시 섭취해야 하는 영양소

✦아연

아연은 태아의 세포분열을 돕기 때문에 세포분열이 가장 왕성한 임신 초기에도 꼭 필요하며 태아의 발육이 가장 많이 이루어지는 임신 후기에도 매우 중요한 영양소예요. 임신 초기의 여성은 비임신 여성에 비해 소변을 통한 아연 배출이 감소합니다. 임신에 필요한 아연을 축적했다가 엄마의 골격과 근육에서 아연을 유출하여 부족한 아연을 보충하는 것이지요. 아연은 인슐린 생성에 중요한 역할을 하므로 첫아이 때 임신성 당뇨를 겪었거나 당뇨병 가족력이 있는 여성이라면 충분한 아연 섭취가 필요해요.
아연은 비타민 B군의 흡수를 촉진시키기 때문에 엽산과 함께 복용하면 흡수를 돕고 임신 중 떨어진 면역력 강화에도 효과적이며 민감해진 피부 질환에도 효능이 있는 것으로 알려져 있어요.

아연의 권장 섭취량

아연의 하루 권장량은 약 10mg이며, 임신부의 경우 15mg의 섭취량이 필요해요. 식품으로 보충하는 아연은 몸에 큰 부작용이 보고되고 있지 않지만 보충제로 하루 200mg 이상 복용했을 때 복통이나 구토, 메스꺼움, 무기력, 빈혈, 어지러움 등과 같은 중독 증상이 나타날 수 있어요. 아연을 과다 섭취한 경우 구리와 철분 흡수에 방해되기 때문에 하루 100mg 이상의 아연은 섭취하지 않는 것이 좋아요.
아연의 주된 공급원은 동물성 식품이에요. 굴, 게, 새우와 같은 어패류뿐 아니라 소고기와 같은 육류에도 아연이 풍부하게 함유되어 있어요. 그 외 견과류와 씨앗류, 곡류도 좋은 공급원이랍니다.

✦ 칼슘

임신 중 강조되는 음식 성분 중 하나가 바로 칼슘이에요. 칼슘은 태아의 뼈 발달에 대부분을 차지하고 있으며 임신부에게 칼슘이 부족하면 임신 중 골감소증이 나타날 수 있기 때문에 임신 중 칼슘은 엽산, 철분 다음으로 중요한 영양소예요.

칼슘의 권장 섭취량

성인의 하루 칼슘 권장량은 800mg이며, 임신부에게는 이보다 약 400mg 더 많은 1,200mg 정도를 권장합니다. 칼슘은 흡수율이 매우 낮기 때문에 필요한 칼슘을 음식으로 모두 보충하기는 쉽지 않아요. 다행히 임신 중에는 음식으로 섭취하는 칼슘의 흡수율이 높아져요. 여성 호르몬인 에스트로겐의 영향으로 칼슘 대사가 촉진되어 평소보다 더 많은 양의 칼슘이 흡수되고 배설이 억제되기 때문이죠. 여성 호르몬이 지속적으로 증가하는 임신 5개월부터는 흡수량이 더 늘어나 평상시보다 약 두 배 정도 흡수됩니다. 그러므로 칼슘 보충제도 좋지만 흡수율을 높이는 방향으로 식생활을 바꿀 것을 권장합니다.

칼슘의 흡수율을 높이는 방법

❶ 부족한 비타민 D를 보충함으로써 칼슘의 흡수율을 높여요.

❷ 임신 중 복용하는 철분제는 칼슘과 같은 통로로 흡수되어 서로 흡수를 방해해요. 그러니 식사 이후보다는 공복에 복용하는 것이 서로의 흡수를 위해 좋아요. 칼슘 보충제를 복용한다면 철분제는 다른 시간에 복용해야 해요.

❸ 인산이 첨가된 가공식품이나 인스턴트식품은 칼슘과 결합하여 소변으로 배출되기 때문에 칼슘과 함께 섭취하지 않는 것이 좋아요.

❹ 다량의 단백질이나 당류도 칼슘의 흡수를 떨어뜨리니 단백질 보충제나 단 음식은 칼슘과 함께 섭취하는 것을 피해요.

❺ 비타민 C와 D가 풍부한 음식은 칼슘 흡수를 도와줘요. 따라서 칼슘이 많은 음식을 조리할 때 이런 비타민이 풍부한 식재료를 함께 사용해 조리해요.

✦ 오메가3

뇌 발달과 혈관 청소에 중요한 역할을 하는 것으로 알려진 오메가3는 연어, 정어리, 참치 등에 많이 함유된 불포화 지방산의 일종인데, 체내에서는 합성되지 않기 때문에 반드시 식품으로 섭취해야 해요.

오메가3가 풍부한 식품은 대부분 생선 종류여서 최근 바닷물의 오염으로 논란의 중심에 있긴 합니다. 그래도 임신 중 오메가3의 섭취는 태아의 두뇌 및 안구 발달에 큰 역할을 하는 것으로 알려져 있으며, 최근 연구 결과에 따르면 오메가3를 적정량 섭취할 경우 조산 및 저체중아 출생의 확률이 낮아진다고 합니다. 그러니 태아의 급격한 성장이 이루어지는 임신 중기 이후의 임신부, 조산의 경험이 있거나 조산이 예상되는 임신부는 출산 이후 합병증을 예방하기 위해 더욱 신경 써서 섭취하는 것이 좋아요.

오메가3는 출산 이후에도 신생아의 성장 및 발달에 매우 필요하므로 모유 수유 동안 적정량의 오메가3를 꾸준히 섭취해 모유를 통해 DHA를 전달하는 것이 좋아요.

오메가3가 풍부한 음식

임신 중 오메가3 권장량은 아직 정립된 것은 없지만 1일 권장 칼로리의 2% 정도를 섭취하는 것이 좋아요. 즉 하루 2,000kcal 정도의 열량을 섭취한다면 2g 정도는 오메가3가 함유된 식사를 하는 것이 좋으며, 임신 중 가장 필요한 DHA는 200mg 이상 섭취해야 해요.

오메가3는 고등어나 방어, 장어, 꽁치, 참치 뱃살, 삼치, 연어 등 생선에 풍부하게 함유되어 있어요. 일주일에 고등어 두 마리 정도의 생선을 섭취하는 식단뿐 아니라 견과류와 같은 식물성 오메가3 및 오메가3 강화식품을 선택하여 먹는 습관을 들여보세요.

오메가3 보충제를 선택할 때 고려할 점

오메가3는 음식으로 섭취하는 것이 가장 좋지만 부득이한 경우에는 보충제로 섭취해요. 임신부가 오메가3 보충제를 고를 때에는 다음의 몇 가지 사항을 고려해 주세요.

- 임신부용 오메가 대형 어류에는 수은과 같은 환경오염 물질이 포함될 가능성이 크므로 생애 주기가 짧고 먹이사슬 최밑단에 있는 멸치, 정어리를 사용한 정제 어유의 임신부용 오메가3를 권해요.
- 순도와 함유량 오메가3 중 대표적인 DHA와 EPA 성분이 60% 이상 되는, 여러 번 정제를 거친 고순도의 오메가3나 식물성 오메가3를 선택해요.
- 제조 일자 오메가3는 유통과 소비 과정에서 산화가 진행되기 때문에 반드시 제조 일자를 확인해요.

• 식약처에서 기능성을 인정한 제품 식약처가 인증하는 문구나 마크가 표시되어 있는 제품을 구입하세요. 혹시 제품으로 인한 피해가 발생했을 때 구제받을 수 있어요.

✦ 단백질

단백질은 우리 몸의 세포를 재생하는 데 필요할 뿐 아니라 에너지원으로 사용되는 필수 영양소예요. 또한 항체를 만들어내고 여러 호르몬을 전달하며 체세포의 근간을 이루는 성분이기 때문에 임신뿐 아니라 평상시에도 늘 보충해주는 것이 좋아해요. 평소에는 하루에 30~40g의 단백질을, 임신 중에는 하루 70~80g의 단백질을 섭취해야 합니다. 단백질은 임신 초기에는 태아의 여러 조직 및 태반의 생성과 분화에 큰 영향을 미치며, 중기부터는 이런 기관의 발달 및 성숙, 태아 근육의 발달뿐 아니라 모체의 유방 및 자궁의 발달, 체액량의 증가 등 모체와 태아에게 매우 중요한 역할을 해요.

임신 중 단백질 섭취 방법

임신부와 수유부에게 필요한 대표적인 단백질 공급원은 우유와 달걀 등으로 하루 달걀 한 개, 우유 한 컵 정도는 섭취해야 해요. 단백질 섭취 시 가장 중요한 것은 동물성 단백질과 식물성 단백질을 적당히 배분하는 거예요. 동물성이나 식물성 단백질이 풍부한 음식은 비타민, 무기질, 칼슘, 철분 등도 적절히 조화되어 있기 때문에 상호 보충 관계를 통해 우리 몸에 가장 최적의 영양분을 공급할 수 있어요. 단백질은 대부분 음식으로 보충이 가능하니 따로 보충제를 먹지 않아도 돼요.

단백질이 풍부한 권장 음식

동물성 단백질	
달걀	2개
저지방 슬라이스 치즈	30g(1,2장)
에멘탈치즈	70g
저지방우유	1컵(250ml)
소나 양, 돼지고기	35g(조리된 무게)
닭고기	40g
구운 생선	50g
참치나 연어 통조림	50g
저지방 요거트	200g
생치즈	150g

식물성 단백질	
호밀 식빵	4조각(120g)
곡물 시리얼	3컵(90g)
파스타	330g
쌀밥	400g
렌틸콩	3/4컵(150g)
조리된 콩	200g
두부	120g
견과류	60g
두유	300ml
콩고기	100g

(각 음식당 단백질 10g 함유. 영양은 풍부하고 지방은 낮은 식품들)

food

임신 중 조심해야 할 음식

임신을 하면 주변에서 음식에 대해 참 많은 이야기를 듣게 됩니다. 어떤 음식이 좋고 어떤 음식은 먹으면 안 되고를 넘어 심지어 닭고기를 먹으면 아기 피부가 닭살 같아진다는 속설까지 들려옵니다. 어떤 음식을 조심하면 좋은지, 이런저런 속설에는 근거가 있는 것인지, 임신 중에 꼭 알아야 할 음식 이야기를 알려드립니다.

조금만 조심하며 섭취하면 되는 음식

✦ 육회

육회를 좋아하는 여성들은 임신 중 소고기를 날것으로 먹어도 되는지 고민하기 마련인데, 결론부터 말하면 육회는 임신에 큰 영향을 주지 않습니다. 물론 소고기에는 몇 가지 기생충이 존재하지만 최근에는 감염 사례가 보고된 바가 없는데, 그 이유는 바로 사육 방식의 변화 덕분입니다. 과거 소를 방목으로 사육하던 시절에는 소가 기생충에 감염된 음식을 섭취하고 사람에게 옮기는 숙주 역할을 했지만 최근에는 거의 축사에서 사료만 먹이며 사육하기 때문에 기생충에 감염될 우려가 사라졌습니다. 그러니 신선한 육회라면 적당히 드셔도 좋습니다. 다만 식중독은 조심해야 합니다. 식중독은 신선하지 못한 음식물을 섭취해서 생기는 것이기 때문에 생식을 할 때는 신선한 고기를 먹는 것이 좋고 의심이 가는 상황이라면 완전히 익혀 먹는 것이 좋습니다.

✦ 소의 생간

소의 생간 섭취에 대해 우려 섞인 목소리가 나오는데, 임신부도 예외는 아닙니다. 임신 중 소의 생간을 먹으면 기생충에 감염될 수 있습니다. 소고기와 달리 소의 생간에는 개회충이 서식하고 있어 자칫 눈에 치명적인 손상이 올 수 있습니다. 개회충이 태아에게 미치는 영향은 확실히 밝혀진 바 없지만 임신부는 조심하는 게 좋습니다. 또한 소의 간은 병원성 대장균 O157이 검출되어 한때 일본에서는 섭취를 금지하기도 했습니다. 이 균은 출혈성 대장염을 일으키는 원인균으로 면역력이 떨어진 임신부에게는 매우 위험합니다.

✦회

'회' 하면 생각나는 것이 바로 기생충입니다. 물론 민물고기가 아닌 바다 어패류인 경우 기생충에 대해 안전하다고 생각하지만, 임신 중에는 먹기 전에 한 번쯤 고민하게 됩니다. 그럼 임신부는 회를 먹으면 안 될까요? 사실 몇 가지만 주의한다면 상관없습니다. 위생적인 환경에서 갓 잡은 신선한 회를 섭취하고 중금속 오염이 걱정되는 참치와 같은 큰 생선을 자주 먹지 않으면 됩니다. 오히려 생선에는 양질의 단백질과 오메가3와 같이 임신부에게 필요한 필수 영양소가 다량 함유되어 있어 권장하는 식품입니다.

✦복숭아

임신 중 섭취한 복숭아가 신생아의 아토피를 일으킨다는 연구 결과는 없으며, 임신 중 자궁 수축이나 출혈을 일으킨다는 이야기도 사실이 아닙니다. 복숭아는 풍부한 수분 및 비타민 C, 당분을 함유하고 있어 피로 해소에 좋을 뿐 아니라 펙틴질과 같은 식이섬유가 풍부하여 장 운동에도 도움을 줍니다. 더욱이 복숭아에는 얼굴을 검게 하는 멜라닌 세포의 생성을 촉진하는 타이로시나아제를 억제하는 효능이 있어 임신성 기미 억제에도 도움을 줍니다. 그러나 복숭아에 알레르기를 일으킨 경험이 있는 임신부는 조심하는 것이 좋으며, 다량으로 섭취할 경우 설사를 일으킬 수 있기 때문에 많은 양을 섭취하는 것은 좋지 않습니다.

✦녹두

미국에서는 녹두와 같은 곡물을 덜 익혔을 때 박테리아에 감염될 확률이 있기 때문에 충분히 익혀서 먹을 것을 권장하고 있으며 그 외 특별한 주의를 기울이지는 않습니다. 녹두는 철과 아연, 비타민 B가 풍부할 뿐 아니라 소화에 도움을 주고 임신 부종에도 효과가 좋은 곡물로 알려져 있습니다. 조리법만 주의하면 임신 중 건강하게 섭취할 수 있는 곡물입니다.

임신 중 섭취를 권하지 않는 음식

✦ 율무

율무는 임신부에게는 오래전부터 금기시되는 곡물이었습니다. 사실 임신부와 율무에 대한 연구 결과가 아직까지 확실하게 밝혀진 것은 없습니다. 다만 동물 실험에서 율무가 자궁의 수축을 일으키는 것으로 보고된 적이 있고 임신 초기 조산을 유발하는 곡물로 밝혀져, 임신 중에는 가급적 먹지 않는 게 좋습니다. 또한 율무는 혈당을 떨어뜨리는 성질이 있으니 임신성 당뇨로 혈당을 조절해야 하는 임신부라면 율무 섭취 시 조심해야 합니다.

✦ 계피

임신과 계피에 대한 확실한 연구 결과는 없지만, 동물 실험에서 계피는 자궁 수축을 일으키는 물질로 알려져 있습니다. 따라서 만삭 이전에는 계피의 섭취를 피하는 게 좋습니다. 우리나라 음식에는 계피가 향만 내는 정도로 적은 양이 들어가기 때문에 식품으로서 큰 영향은 없을 것으로 생각되지만 가급적 피하는 게 좋습니다.

✦ 알로에

알로에는 동물 실험에서 자궁을 수축시키는 것으로 밝혀져 임신부에게 권하는 식재료가 아닙니다. 임신부 및 수유부, 12세 이하 어린이는 알로에 섭취를 제한할 것을 권합니다. 만약 장 운동 개선을 목적으로 알로에를 먹고 있는 여성이라면 임신 중에는 다른 식품으로 대체하는 것이 좋습니다. 하지만 튼살 등 피부 보호를 위해 사용하는 알로에는 임신 중에도 제한 없이 사용할 수 있습니다.

✦ 와인 한 잔

과거에는 임신부가 하루 한 잔씩 와인을 먹으면 혈액 순환에 좋다는 연구 결과가 발표된 적이 있지만 임신기에는 알코올을 완전히 금하는 것이 맞습니다. 임신부는 호르몬의 영향으로 감정 조절이 안 되는 데다가 쉽게 피로하고 잠을 충분히 못 이루는 경우가 많기 때문에 술에 중독될 가능성이 큽니다. 따라서 한 모금의 술도 안 된다는 생각이 건강한 임신을 위해 필요한 마음가짐입니다.

먹으면 안 된다고 알려져 있으나 무해한 음식

✦ 닭고기

어머니 세대에서는 임신 중 먹지 말아야 할 육류로 닭고기를 꼽습니다. 아마도 태어날 아기의 피부가 닭처럼 울퉁불퉁해질 것 같다는 미신 때문일 수도 있지만, 《동의보감》에 닭과 달걀은 임신 중 피해야 할 음식으로 나와서일 수도 있습니다. 하지만 닭고기는 임신 중 금기시할 필요가 전혀 없는 식품으로, 오히려 양질의 단백질 공급원입니다.

✦ 오리고기

임신 중 오리고기를 섭취하게 되면 유산이나 사산을 일으키고 태아가 거꾸로 자리를 잡는다고 해서 금기시되는 음식 중 하나였습니다. 그렇지만 오리고기는 양질의 단백질뿐 아니라 임신 중 꼭 필요한 엽산, 철분, 칼슘, 아연 등이 매우 풍부합니다. 또한 혈액순환에 도움을 주는 불포화지방산의 함량이 높아 임신부뿐 아니라 태아에게도 좋습니다.

✦ 견과류

견과류는 식물성 오메가3의 대표적인 공급원으로, 풍부한 단백질이 들어있어 임신 중 먹어야 할 대표적인 식품 중 하나입니다. 한때 임신 중 견과류를 먹으면 태어나는 신생아가 천식을 앓게 될 확률이 높아진다는 설이 있었지만 최근의 연구 결과에 의하면 오히려 알레르기를 앓을 확률이 줄어든다고 하니 걱정하지 않아도 됩니다.

✦ 팥

팥을 먹으면 기형아를 낳는다거나 유산된다는 속설이 있습니다. 하지만 전혀 걱정하지 않아도 됩니다. 팥에는 항산화 물질이 매우 풍부하여 각종 질병 예방에 좋으며, 풍부한 단백질과 오메가3, 필수 지방산 등이 있어 심혈관계에 좋습니다. 최근 외국에서는 임신부가 섭취해야 할 12가지 필수 음식으로 규칙적인 섭취를 권하고 있을 정도입니다.

✦ 엿기름(식혜)

엿기름이 들어간 식혜는 임신 중 금기 식품으로 알려져 있는데 전혀 걱정하지 않아도 됩니다. 엿기름이 들어간 음식은 오히려 장 운동과 혈당 조절에 좋은 식품이므로 안심하고 먹어도 좋습니다.

임신 중 부부관계

임신 중 부부관계를 멀리하는 경우가 많지만 걱정하지 않아도 됩니다. 태아는 양막이 보호하기 때문에 정액이 해가 될 수 없고 양수 안에 있기 때문에 부부관계의 충격 정도는 충분히 보호됩니다. 또한 오르가슴 시 자궁 수축을 유발하기도 하지만 이것이 조기 진통으로 이어지지는 않습니다. 오히려 부부 사이의 교감과 사랑으로 오는 만족감과 안정감이 태아에게도 좋은 영향을 미친다고 합니다. 다만 임신 때는 몸 쓰는 운동을 조심하듯 부부관계 역시 무리해서는 안 됩니다. 일반적으로 다음과 같은 점을 주의하면 됩니다.

✦ 임신 중 부부관계 시 주의점

❶ 격렬한 부부관계는 피해요

임신 자체로도 임신부에게는 무리가 갈 수 있기 때문에 부드러운 관계를 시도해보세요. 숨이 찰 정도의 과도한 행위는 피하는 것이 좋습니다.

❷ 체위에 신경 써요

배를 압박하는 체위나 자궁 깊이 삽입하는 체위는 삼갑니다.

❸ 강한 자극은 피해요

임신 때는 피부가 매우 민감하기 때문에 부드러운 터치를 시도하는 것이 좋습니다. 자궁 기저부를 압박하거나 문지르면 자궁 수축을 유발할 수 있으므로 주의해야 합니다.

❹ 유두를 자극하지 않아요

유두를 자극하면 옥시토신이 분비되어 자궁 수축을 유발할 수 있습니다.

❺ 숨이 차거나 자궁이 수축되면 부부관계를 잠시 멈춰요

임신 때는 복압이 증가하여 평상시보다 폐활량이 줄어듭니다. 부부관계 도중 숨이 차거나 자궁 수축이 일어난 경우에는 잠시 쉬었다가 다시 시도하는 것이 좋습니다.

❻ 청결에 신경 써요

부부관계 전후로 청결을 유지하고, 남성의 경우 다른 파트너와의 관계를 하지 않아야 합니다. 성 접촉에 의한 염증이 의심되면 반드시 콘돔을 사용해야 합니다.

임신 초기 부부관계

임신 초기는 태아가 착상하여 성장하는 시기여서 부부관계는 하지 말아야 한다고 알려져 있지만 실제로 출혈이나 유산의 위험이 없다면 일부러 피할 필요는 없습니다. 다만, 임신 초기에는 임신부가 입덧 등으로 몸이 힘든 상태일 수 있고 정신적으로 무척 예민한 시기이기 때문에 남편의 일방적인 요구에 의한 부부관계는 피하는 것이 좋습니다.

✦ 임신 초기 부부관계 시 주의점

❶ 부부간에 대화를 많이 나눠요

임신은 여성의 몸이 변화하는 시기입니다. 이 시기는 여성이 가장 예민하고 감정적이 되니 부부관계를 시작하기 전 부부간에 충분히 대화를 나누는 것을 권합니다.

❷ 임신 전과는 다른 자세로 부부관계를 해요

임신 전에는 어떤 체위도 상관없었지만, 이제는 아내의 몸을 배려해야 되는 시기입니다. 과격한 자세나 격렬한 행위 그리고 깊은 삽입 등은 피합니다.

❸ 청결에 유의해요

부부관계 전후로 항상 청결을 염두에 둬야 합니다. 다른 사람이 자주 이용하는 외부 숙박 시설보다는 집에서 부부관계를 하는 것이 좋습니다.

❹ 출혈이 생기면 즉시 관계를 중단해요

임신 초기에는 출혈이 가장 많이 나타날 수 있는 시기입니다. 만약 부부관계 시 출혈이 보이거나 배가 땅기는 느낌이 있으면 즉시 관계를 중지해야 합니다.

✦ 임신 초기 체위

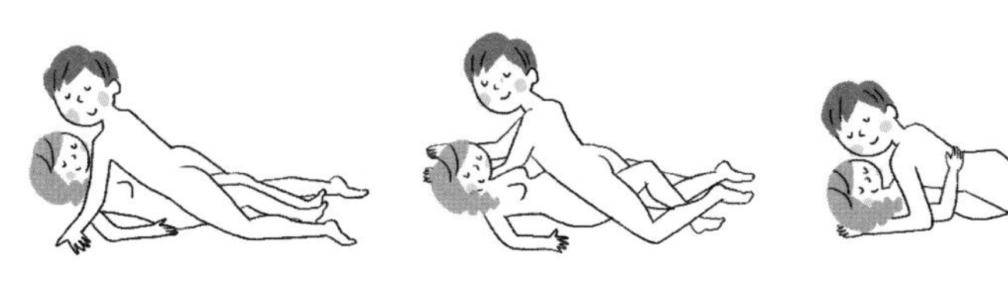

정상위 교차위 신장위

임신 중기 부부관계

임신 중기는 임신부가 정신적으로나 신체적으로 임신 초기보다 매우 안정된 상태라고 할 수 있습니다. 유산의 위험이나 입덧에서 어느 정도 벗어났기 때문입니다. 그러니 임신 중기에는 체위에만 신경 쓴다면 적당한 부부관계를 즐겨도 좋습니다.

✦임신 중기 부부관계 시 주의점

❶ 배를 압박하지 않아요

임신 중기부터는 배가 제법 나오는 시기이므로 부부관계 시 주의해야 해요.

❷ 태동에 신경 써요

임신 중기부터는 태동을 느낄 수 있으니 태동이 너무 심하거나 태동 때문에 통증이 온다면 잠시 부부관계를 멈추는 것이 좋아요. 오르가슴을 느끼면 자궁의 수축이 일어나고 태동이 잠시 줄기도 하지만 걱정하지 않아도 됩니다.

❸ 피곤하지 않을 정도의 부부관계가 좋아요

임신 중기에는 심리적으로 안정되고 호르몬의 영향으로 성감이 좋아져서 부부관계 횟수가 증가할 수 있어요. 그래도 점차 배가 불러오면서 폐활량이 줄어들어 숨이 차기도 하고 허리나 골반에 무리가 갈 수도 있으므로 무리하지 않도록 해요.

✦임신 중기 체위

임신 중기는 어느 정도 배가 불러온 시기이므로 배에 무리가 가지 않도록 신경 써야 하며, 배를 압박하지 않는 체위로 시도합니다.

후측위　　　전좌위　　　전측위

임신 후기 부부관계

임신 후기에는 임신 기간 동안 늘어난 체혈이 자궁과 질 쪽으로 모이게 되고, 자궁이 압박을 하면서 혈액의 충혈이 많아집니다. 따라서 부부관계 시 출혈을 보이면 병원에 방문해 출혈의 원인을 확인해야 합니다.

✦ 임신 후기 부부관계 시 주의점

❶ 격렬한 부부관계는 절대 금해요

격렬한 부부관계를 금하고 특히 마지막 한 달은 부부관계를 피하는 것이 좋아요.

❷ 출혈을 동반하거나 자궁 수축이 잦으면 부부관계를 즉시 중단하고 병원을 방문해요

분만과 관련 있을 수 있으므로 출혈의 원인을 파악하기 위해 병원을 방문해야 해요.

❸ 부부관계의 시간은 줄이고 전희 중심으로 해요

부부관계의 시간보다는 서로의 몸짓을 확인하는 방법으로 사랑을 나누는 것이 좋아요.

❹ 여성이 누워있는 정상위는 피해요

여성이 반듯하게 누워있을 경우 자궁이 혈관 등을 압박할 수 있기 때문에 이런 체위는 피해야 해요. 아내를 뒤에서 감싸며 부부관계를 하는 후측위나 후좌위가 좋습니다.

❺ 불필요한 자극은 줄여요

유두를 자극하거나 자궁 기저부를 자극할 경우 자궁 수축을 일으킬 수 있으니 이런 자극들은 피하도록 해요.

✦ 임신 후기 체위

임신 후기는 부부관계가 가장 조심스러운 시기입니다. 자궁이 혈관을 압박하지 않고 배에 충격을 주지 않는 체위로 시도합니다.

후측위

후좌위

임신 중 부부관계를 피해야 하는 경우

임신 기간 중에도 건강하고 안전한 부부관계는 오히려 권장하고 있습니다. 하지만 임신 시기와 관계없이 위험 증상이 있다면 부부관계는 피하는 것이 좋습니다. 다음과 같은 경우 부부관계는 피하고 부부 사이에 정신적 유대감과 친밀도를 높일 수 있도록 해주세요.

● 임신 초기 출혈 등을 동반하여 절박유산이 의심되는 경우
● 임신 중기부터 조기 진통이 의심되는 경우
● 자궁경관 무력증과 같이 자궁 입구가 짧아져 있는 경우
● 조기 양막 파수의 경험이 있는 경우
● 출산 예정일 4주 전, 쌍둥이 임신인 경우에는 출산 예정일 8주 전
● 남편이 성병이 의심되거나 간염 활동성 보균자인 경우

✦ 임신 중 피해야 할 체위

임신 중에는 일반적으로 깊이 삽입하는 체위나 배에 충격을 주는 체위는 피하는 것이 좋습니다. 임신부가 누워서 위를 바라보는 자세는 임신 후반기로 갈수록 무거워진 자궁이 혈관을 누를 수 있기 때문에 삼가야 합니다.

후배위 승마위 굴곡위

임신 중 부부관계, 이렇게 했어요

임신 기간은 임신부의 신체적, 심리적 변화로 인해 부부관계에서도 많은 변화가 생깁니다. 선배맘들이 어떤 식으로 부부관계에서 생기는 문제를 해결했는지 살짝 들어보세요.

출혈 때문에 부부관계를 할 수 없어서 생각해낸 것이 스킨십이었어요. 남편이 손을 잡거나 머리를 쓰다듬어주는 등 서로의 애정을 많이 느낄 수 있도록 했답니다. 그러면서 잠자리에서는 배 속의 아이랑 대화도 나누며 애정을 확인하는 시간을 많이 가졌어요.

오전 11:35

10개월간은 금욕 생활을 했어요. 대신 사랑 표현은 키스로 대신했어요. 하루에 열 번도 넘게 한 것 같아요. 부부관계가 꼭 사랑을 표시하는 것 같지는 않아요.

오전 11:40

저희는 임신과 상관없이 부부관계를 했어요. 임신이라고 해서 꼭 금욕을 하는 것은 어리석다고 봅니다. 즐거운 마음으로 하면 아이에게도 좋을 것 같아요. 너무 심하지만 않다면요.

오전 11:45

남편이 어느 날부터 자꾸 눈치를 주더라고요. 그래서 생각한 것이 오럴섹스예요. 처음에는 변태 소리를 듣지 않을까 걱정했는데 서로를 이해하면서 사랑으로 지내니 이제는 둘 다 만족하고 있어요.

오전 11:50

길고 긴 밤을 태교에 신경 쓰며 지냈습니다. 그래서 영화를 보거나 책을 읽으며 시간을 보냈어요. 10개월간 함께해준 남편에 대한 고마움이 무엇보다 컸습니다.

오전 11:55

임신 중 하기 좋은 운동

임신이 진행되면서 배가 점점 커지고 몸이 무거워지면 조금만 걸어도 숨이 차오르고 계단을 오르기가 무서워집니다. 허리와 다리에도 과부하가 걸려서 심한 요통과 골반통이 발생하고 다리에는 경련과 함께 통증이 오기도 합니다. 슬프게도 일단 이런 증상들이 오기 시작하면 출산 이외에는 증상을 막을 다른 특별한 방법은 없습니다. 하지만 미리 대비하면 이런 과부하를 충분히 대처할 수 있는데, 그 예방책이 바로 운동입니다.

임신 전부터 규칙적인 운동을 하면 심폐 기능과 함께 근력을 기를 수 있으며, 임신 중에도 꾸준한 운동을 통해 몸의 변화에 탄력 있게 적응할 수 있습니다. 새로운 운동보다는 임신 전부터 하던 운동이면 더욱 좋고, 태아에게 무리가 되지 않는다면 어떤 운동도 가능합니다. 혼자 하는 운동은 쉽게 지치고 포기하기 쉬우므로 부부가 함께 운동을 하면 더 좋겠지요. 그럴 여건이 되지 않는다면 같은 상황에 있는 임신부들과 어울려 운동을 하는 것도 좋은 방법입니다.

운동은 체력을 기르는 효과뿐 아니라 운동 후 발생하는 엔도르핀으로 우울증 같은 정신적인 합병증을 이길 수 있고 아울러 태아에게 충분한 산소를 공급하는 태교도 됩니다.

임신부들이 쉽게 할 수 있는 운동은 걷기나 수영, 요가 등입니다. 임산부에게 적합한 운동 방법에 대해 자세히 안내합니다.

요즘 대형 스포츠센터나 공립 스포츠센터에는 임산부를 위한 운동 클래스가 개설된 경우가 많으니 늦어도 임신 후기에는 적당한 운동을 시작하기를 권해요. 힘들다고 움직이지 않으면 급격한 체중 증가를 막을 수 없으니까요. 또 운동은 확실히 분만을 도와준답니다.

걷기

기구나 특별한 장소가 필요한 운동과는 달리 걷기 운동은 언제 어디서나 할 수 있고 힘들면 언제든 쉬었다가 할 수 있습니다. 도심이 아닌 숲길과 같은 곳에서의 걷기 운동은 심적인 안정감도 주기 때문에 운동 태교라고 부르기도 합니다.

✦임신 중 걷기 운동, 어떻게 할까?

●운동 시작 전 준비를 철저히 해요. 옷은 땀을 잘 흡수할 수 있는 면 소재가 좋고, 언제든 수분을 보충할 수 있도록 물을 준비합니다. 또한 임신부는 자외선에 노출될 경우 임신성 기미와 같은 피부 질환이 생길 수 있으므로 선크림을 꼭 발라줍니다. 신발은 발에 딱 맞는 것이 좋습니다.

●임신부는 배가 불러오고 가슴이 커져서 걷는 자세가 좋지 않으면 오히려 허리에 무리가 와 요통을 일으키게 됩니다. 그러니 바른 자세로 걸어야 합니다. 가슴을 편 상태에서 시선은 전방 10~15m를 주시하고, 손은 가볍게 좌우로 흔들며 턱을 뒤로 당기고 허리를 펴는 자세가 좋습니다. 배가 불러오면 자연스럽게 몸을 앞으로 구부리게 되는데 이런 자세는 좋지 않으며, 너무 뒤로 젖히는 자세도 요통을 가중시킬 수 있습니다. 걸을 때는 다소 빠른 걸음이 좋지만 임신 중에는 적당한 강도로 조절해야 합니다.

●혼자 하는 운동보다는 주위 사람과 함께 걷는 것이 좋아요. 이어폰으로 음악을 들으면서 혼자 운동을 하다 보면 사고 위험이 있으니 주변의 임신부나 남편과 함께 걷는 것이 좋습니다. 응급상황에서 도와줄 사람이 옆에 있으면 더 좋겠죠.

●무리한 걷기는 오히려 운동 후 다리의 부종이나 근육의 경련을 불러올 수 있습니다. 중간중간 쉴 수 있는 곳을 운동 장소로 정하고 쉬는 것이 좋습니다. 또 너무 더운 날이나 습도가 높은 날 하는 야외 운동은 무리를 줄 수 있으니 에어컨 시설이 있는 실내에서 러닝머신 위를 천천히 걷는 것도 좋은 방법입니다.

임산부 수영

수영은 임신 중에 할 수 있는 대표적인 운동으로, 물의 부력 덕분에 뼈나 허리에 무리가 오지 않아 임신부에게 적합한 운동입니다. 수영은 서서 하는 운동과는 달리 다양한 자세를 취할 수 있으며 혈액순환을 좋게 하기 때문에 임신으로 생긴 부종이나 요통, 다리 경련 등과 같은 합병증을 예방하거나 증상을 완화하는 데 도움을 줍니다. 그렇지만 임신 중 수영을 할 때도 주의가 필요합니다.

✦임신 중 수영할 때 주의할 점

●수영장에서 가장 많이 일어나는 임신부의 사고는 미끄러져서 넘어지는 것입니다. 절대로 뛰거나 서두르지 말고 걸을 때 미끄러지지 않도록 주의해야 합니다.

●자유영이나 배영은 요통이나 골반통 완화에 도움을 주지만, 평영이나 접영은 오히려 증상을 악화시킬 수 있으니 주의합니다.

●갑자기 찬물에 들어가는 것은 심장에 무리를 줄 수 있으니 충분한 준비 운동과 스트레칭 후 물의 온도에 차츰 적응하면서 물에 들어가야 합니다.

●사람이 많은 수영장은 피하는 것이 좋고, 수질이 괜찮은지 체크하세요. 특히 외국 여행지에서 수영할 때는 더욱 조심해야 하며 바닷물에 들어갈 때는 해파리나 다른 독성 있는 생물들에게 공격을 받을 수 있는지 확인한 후 들어갑니다.

●임신 기간 중 무리한 운동은 무조건 금물입니다. 수영 도중 숨이 차거나 배의 수축이 있을 때는 쉬었다가 해야 합니다. 사람마다 수영 능력이 다르므로 본인이 운동의 강도를 조절하는 것이 중요합니다.

●임신 중 자외선은 피부 트러블의 주범이기 때문에 야외 수영장일 경우에는 자외선 차단지수가 50SPF인 선크림을 바르세요.

임산부 요가

대부분 요가 학원에서는 임신 14주 이후에 요가를 시작할 것을 권합니다. 임신 초기에는 조심하자는 의미일 것입니다. 하지만 임신 초기 요가가 유산을 일으킨다는 연구 보고는 아직 없습니다. 또한 초보자의 요가 동작은 단순한 동작부터 시작하기 때문에 유산이나 출혈의 징후가 없다면 요가 전문가와 상의한 후 일찍 시작해도 괜찮습니다.

✦ 요가를 시작할 때 주의할 점

- 복장은 편안한 것으로 준비하고 액세서리는 하지 않는 것이 좋습니다.
- 요가는 공복에 하는 것이 좋습니다.
- 아침저녁으로 두 번씩 5~10분 정도로 시작해서 점차 시간을 늘려갑니다.
- 미끄러지지 않는 매트를 준비하고 충분한 수분 섭취를 위해 물을 준비합니다.
- 자궁 수축 등의 이상 징후가 나타나면 즉시 동작을 멈추고 휴식을 취해야 합니다.

✦ 요가가 임신에 미치는 장점

- 골반과 허리의 근육, 인대를 강화해 요통을 줄여줍니다.
- 마음을 안정시켜 임신 중 일어나는 감정 변화에 도움을 줍니다.
- 혈액 순환을 증진해 요통이나 골반통을 감소시키고 몸의 부종을 줄여줍니다.
- 골반 근육을 강화해 분만 시 힘을 줄 때 용이하게 해줍니다.
- 운동 태교를 통해 태아의 뇌 발달에 좋은 영향을 줍니다.
- 다른 임신부들과 함께 요가를 배우며 유대 관계를 쌓을 수 있습니다.
- 요가 호흡법은 충분한 산소를 태아에게 공급하는 데 도움을 주며 분만에도 도움이 됩니다.

✦ 필라테스

필라테스는 허리 및 골반 강화에 매우 좋기 때문에 임신부에게 적합한 운동입니다. 임신으로 인해 느슨해진 골반과 허리의 근육과 인대를 강화하여 요통이나 부종 등에 효과가 있고, 호흡법과 골반근 강화를 통해 분만에 큰 도움을 줍니다. 요가에 비해 복잡하거나 난이도 높은 동작들이 적어 임신부도 쉽게 따라할 수 있습니다.

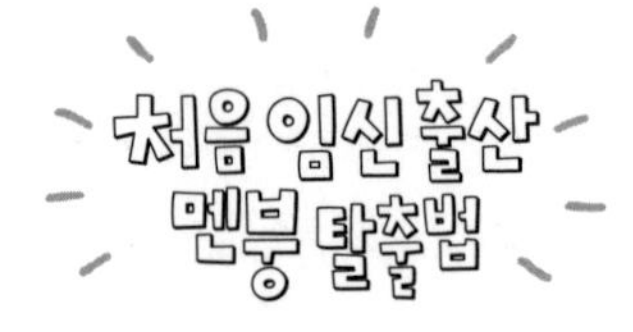

초판 1쇄 발행 2021년 9월 27일
개정판 1쇄 발행 2023년 11월 15일

지은이 | 황인철
기획 | 까사리브로

펴낸이 | 박현주
책임편집 | 김정화
디자인 | 인앤아웃
본문 일러스트 | 김미선
도움글 | 《85년생 요즘 아빠》 최현욱
인쇄 | 도담프린팅

펴낸 곳 | ㈜아이씨티컴퍼니
출판 등록 | 제2021-000065호
주소 | 경기도 성남시 수정구 고등로3 현대지식산업센터 830호
전화 | 070-7623-7022
팩스 | 02-6280-7024
이메일 | book@soulhouse.co.kr
ISBN | 979-11-88915-74-3 13590